高等院校大学数学系列教材

U0289734

应用概率论
与数理统计

（第3版）

主　编　马志宏　张海燕
副主编　王学会　张文辉
参　编　张振荣　孙丽洁　穆志民

清华大学出版社
北　京

内 容 简 介

本书内容包括随机事件及其概率、一维随机变量及其分布、多维随机变量及其分布、随机变量的数字特征、样本及统计量、参数估计、假设检验、回归分析和方差分析,介绍了使用 MATLAB 软件做统计计算的基本方法,并在各章中融入了课程思政元素.

本书的特色是首次将课程思政元素融入概率论与数理统计教材之中,强调阐述基本概念的同时更注重具体应用.本书是清华大学出版社"十四五"规划教材,可作为高等院校非数学专业学生的概率论与数理统计教材,也可供具有相当数学基础的读者自修之用.

图书在版编目(CIP)数据

应用概率论与数理统计/马志宏,张海燕主编. —3 版. —北京:清华大学出版社,2021.8(2023.12重印)
高等院校大学数学系列教材
ISBN 978-7-302-58897-9

Ⅰ. ①应… Ⅱ. ①马… ②张… Ⅲ. ①概率论—高等学校—教材 ②数理统计—高等学校—教材
Ⅳ. ①O21

中国版本图书馆 CIP 数据核字(2021)第 159292 号

责任编辑:佟丽霞
封面设计:傅瑞学
责任校对:赵丽敏
责任印制:沈　露

出版发行:清华大学出版社
　　　　网　　　址:https://www.tup.com.cn, https://www.wqxuetang.com
　　　　地　　　址:北京清华大学学研大厦 A 座　　　　　　邮　　编:100084
　　　　社 总 机:010-83470000　　　　　　　　　　　邮　　购:010-62786544
　　　　投稿与读者服务:010-62776969, c-service@tup.tsinghua.edu.cn
　　　　质量反馈:010-62772015, zhiliang@tup.tsinghua.edu.cn
印 装 者:三河市君旺印务有限公司
经　　销:全国新华书店
开　　本:185mm×260mm　　印　张:13.75　　　　字　　数:334 千字
版　　次:2013 年 4 月第 1 版　2021 年 9 月第 3 版　印　次:2023 年 12 月第 4 次印刷
定　　价:42.00 元

产品编号:091998-01

前 言

为了全面推进高校课程思政建设,实现立德树人根本任务,需着力将教书育人落实于课堂教学之中.本书在2016年第2版的基础上修订了部分内容,在教学中坚持做到"育人"先"育德",注重传道授业解惑、育人育才的有机统一,并首次将挖掘出的20个课程思政元素融入教材.

概率论与数理统计是研究"随机现象"数量规律的一门学科,它应用非常广泛,几乎遍及自然科学、社会科学、工程技术、军事科学及生活实际等各领域.通过学习概率论与数理统计,可以掌握用概率论的思想和观点观察、处理"随机"事件;通过设计和进行随机实验得到相关数据,引导学生对"数据"产生兴趣,并运用概率论和数理统计知识处理各种数据,从而发现随机现象基本规律,达到培养学生学数学、用数学去探索和研究未知世界的能力.

在本版教材编写中,笔者结合教学内容,挖掘课程思政元素,将其以"思政小课堂"形式贯穿于各个章节之中."思政小课堂"包括"【学】【思】【悟】".【学】主要是指相关章节内容、例题、结论的总结;【思】根据【学】部分的内容,提出一些思考以及应用,包含一些社会热点问题,引发大家思考;【悟】在【学】【思】的基础上以社会主义核心价值观为主线,坚定学生理想信念,激发其学习兴趣,鼓励其努力学习,为实现中国梦而奉献自己的力量.

第3版的修订工作仍由天津农学院的教师完成,他们是:张海燕(第1、4章),王学会、孙丽洁、马志宏(第2、3、5章),张振荣、张文辉、穆志民(第6～9章).王伟晶在第3版的修订过程中提出了许多宝贵的意见和建议.课程思政内容由马志宏教授编写,张海燕、马志宏完成了全书的统稿与审阅工作.

由于首次将课程思政元素融入教材之中,难免有不妥之处,恳请各位读者批评指正.

编 者

2021年3月于天津

◈ 第 2 版 前 言 ◈

　　本书是在 2013 年出版的第 1 版的基础上修订的,自出版以来,我们经过两年半的教学实践,积累了一些经验,并采纳了使用本书的师生们的意见,修改了第 1 版中存在的不妥之处,使教材的质量得以提高.

　　在本版中,第 2~4 章增加了部分应用性更强、涉及面更广的例题;第 3 章新增了条件分布的简要介绍;第 4 章调整了部分知识的先后顺序;第 5 章对统计量的分布做了进一步的说明,使得该章更好地起到承上启下的作用;第 9 章删去 MATLAB 软件概述部分,仅介绍使用该软件进行统计计算的基本方法;由于新课改后,部分地区的高中文科学生没有学过排列组合的相关知识,为此,本版增加了一个附录,用尽量少的篇幅介绍有关排列组合的一些简单知识. 其余各章的部分例题也有少部分的改动,同时增删了部分习题,以使叙述更加顺畅,知识体系更趋完善,结构更加严谨,学生更加易于理解. 书中划 * 号部分为选学内容.

　　此次修订工作仍由天津农学院的教师完成,她们是:张海燕(第 1、4 章),王学会(第 2、3 章),张文辉(第 7、8 章),张振荣(第 6、9 章),孙丽洁(第 5 章、附录),张海燕完成了全书的统稿与审阅工作.

　　书中不妥之处,恳请读者批评指正.

编　者
2015 年 8 月于天津

◆第 1 版 前 言◆

本教材是"科技部创新方法专项资助——科学思维、科学方法在高等学校教学创新中的应用与实践"的子课题"农林专业数学课程应用案例研究"（项目编号：2009IM010400-1-49）的研究成果，是清华大学出版社"十二五"规划教材.

概率论与数理统计是定量研究随机现象统计规律性的一门数学学科.

概率论起源于17世纪中叶，最初是为了解答博弈问题，直到20世纪才建立起严格的学科体系. 目前概率论的思想和数理统计方法越来越广泛地被人们所采用. 概率论不仅在工业、农业等自然学科中有广泛的应用，在管理科学、医学及社会科学中也有广泛的应用.

概率论与数理统计的概念较为抽象、公式较为繁杂，学起来有一定难度. 农科院校本科生教学计划中数学学时、特别是用于概率论与数理统计教学的学时较少，学生微积分基础参差不齐，需要根据学生程度编写一本适合农科院校教学计划的概率论与数理统计教材，以适应农科院校"扩招"后教学的需要，切实提高教学质量. 为此本教材删去了较长的理论证明，尽量多作直观解释，同时增加了部分应用案例以及一些典型例题和习题讲解，努力做到有助于学生理解基本概念和基本原理. 在全书最后增加一章"MATLAB软件的使用"，以引导学生尝试使用数学工具解决实际问题.

参加本教材编写工作的人员均为天津农学院的教师，她们是：张海燕（第1、4、5章）、王学会（第2、3章）、张文辉（第7、8章）和张振荣（第6、9章），孙丽洁编录了附表，赵翠萍审阅了全书，张海燕完成了全书的统稿工作.

天津农学院基础科学学院及教材科的领导及教师在本教材的出版过程中给予了周到的服务和大力协助，在此一并致谢！

由于时间仓促，编者水平有限，不妥之处，殷切地盼望同行和读者批评指正.

编 者

2013 年 2 月于天津

目 录

第1章

随机事件及其概率

在自然界和人类社会活动中,人们观察到的现象大体可归结为两种类型. 一类是可事先预言的,即在准确地重复某些条件下,它的结果总是肯定的;或是根据它过去的状态,在相同条件下完全可以预言将来的发展. 我们将这类现象称为必然现象. 例如,在一个标准大气压下,水加热到 100℃时必然沸腾;水稻的生长从播种到收割,总是经过发芽、育秧、长叶、吐穗、扬花、结实这几个阶段. 另一类现象是事前无法预言的,即在相同条件下重复进行试验,每次结果未必相同;或是知道它过去的状态,在相同条件下,未来的发展事前却不能完全肯定,我们将这类现象称为随机现象. 例如,新生婴儿可能是男或是女;在相同海况与气象条件下,某定点海面的浪高时起时伏.

概率论与数理统计是研究随机现象及其统计规律性的一门数学学科,概率论是整个随机理论的理论基础,它不仅研究随机现象的基本规律,还通过引入随机变量来刻画和描述随机现象,并在此基础上研究随机变量的规律性. 数理统计则是通过观测试验数据,根据建立在概率论基础上的统计原理,对挑选的试验数据进行分析、整理,进而对所研究的随机现象进行推断和预测.

随着科学技术的发展和社会的进步,概率论与数理统计的理论和方法已逐步渗透到自然科学和社会科学的各个领域,在工农业生产、科学研究、经营管理、质量控制、环境监测和抗灾救险等方面都发挥着越来越重要的作用.

1.1 随机事件

1.1.1 随机试验

例 1.1 抛掷一枚均匀硬币,落地后可能正面向上,也可能反面向上.

例 1.2 某射手向同一目标连续射击 5 次,目标被击中的次数可能是 0,1,2,3,4,5 中的任何一个数.

例 1.3 甲、乙二人进行 3 次定点投篮比赛,比分也会出现多种结果.

例 1.4 某急救中心在一个工作日内收到的求助信号,可能是任何一个非负整数.

以上各例描述的都是随机现象,也是自然界中普遍存在的一种现象. 它们的共同特点是试验结果的不确定性. 人们经过长期观察和深入研究发现,在随机现象表现的这种不确定性背后,却隐藏着内在的规律性. 虽然在一次试验之前,人们无法准确预测究竟会出现哪种结果,但在相同条件下进行重复试验时,其结果却呈现出明显的统计规律性.

我们将通过随机试验来研究随机现象.

我们把试验作为一个广泛的术语,它包括各种各样的科学试验,甚至对某一事物的某一特征的观察也认为是一种试验.下面举一些例子来说明:

E_1:掷一枚硬币,观察正面 H、反面 T 出现的情况.

E_2:掷一枚骰子,观察其出现的点数.

E_3:记录电话交换台一分钟内接到的呼唤次数.

E_4:袋中装有红、白两色的球各若干,从袋中任取一球,观察其颜色.

E_5:一射手进行射击,直到击中目标为止,观察其射击的情况.

E_6:在一批灯泡中,任意抽取一只,测试其寿命.

以上 6 个试验的例子,其共同的特点是:试验可能结果不止一个,例如,E_1 有两种可能的结果,E_2 有 6 种可能的结果,E_6 可能的结果无穷多;试验前不能确定哪一个结果会出现,并且可以在相同的条件下重复进行试验.

我们将具有以下 3 个特征的试验称为随机试验,简称试验,常用 E 表示.

(1) 可以在相同的条件下重复进行;

(2) 每次试验的可能结果不止一个,并且能事先明确试验的所有可能结果;

(3) 进行试验之前不能确定哪一个结果会出现,但试验结束时能确定出现的结果.

1.1.2 随机事件与样本空间

随机试验 E 的所有可能结果组成的集合称为 E 的样本空间,记为 Ω.样本空间的元素,即 E 的每个结果,称为样本点.

下面写出了 1.1.1 节中试验 $E_i(i=1,2,\cdots,6)$ 的样本空间 Ω_i.

Ω_1:$\{H,T\}$.

Ω_2:$\{1,2,3,4,5,6\}$.

Ω_3:$\{0,1,2,\cdots\}$.

Ω_4:$\{白色,红色\}$.

Ω_5:$\{+,-+,--+,\cdots\}$,这里"+"表示击中,"-"表示没有击中.

Ω_6:$\{t\mid t\geqslant 0\}$.

随机试验 E 的结果称为随机事件(即样本空间 Ω 的子集),简称事件.一般用大写英文字母 $A,B,\cdots$ 表示.

由一个样本点组成的单点集,称为基本事件(不能再分解的事件).由若干基本事件组合而成的事件称为复合事件.

例如 E_2 中,事件"点数 1"是由一个样本点组成的,它是 E_2 的基本事件;如事件"点数 2","点数 3",$\cdots$,"点数 6"都是基本事件.而出现偶数点,出现素数点都不止含有一个样本点,是复合事件而不是基本事件.在 E_3 中,事件 $A=\{10\}$ 表示该电话交换台一分钟内接到的呼唤次数为 10 次,它是样本空间 Ω_3 的子集,同时,它也是一个基本事件.

样本空间 Ω 包含所有的样本点,它是 Ω 自身的子集,在每次试验中它总是发生的,称为必然事件.在每次试验中都不发生的事件称为不可能事件,不可能事件也是 Ω 的子集,通常用 $\varnothing$ 表示.

例如 E_2 中,点数不大于 6 的事件是必然事件;点数大于 6 的事件是不可能事件.

1.1.3　事件间的关系与运算

设试验 E 的样本空间为 Ω，$A,B,A_k(k=1,2,\cdots)$ 是 E 的事件.

1. 包含与相等

若事件 A 发生必将导致事件 B 发生，则称事件 A 为事件 B 的子事件，记为 $A\subset B$. 或称事件 B 包含事件 A. 可用图 1.1 来直观地说明，图中矩形表示样本空间 Ω，圆 A 与圆 B 分别表示事件 A 与事件 B，事件 B 包含事件 A.

若事件 B 包含事件 A，且事件 A 也包含事件 B，则称事件 A 与事件 B 相等，记为 $A=B$.

2. 事件的和（或并）

事件 A 与事件 B 至少有一个发生，这一事件称为事件 A 与事件 B 的和（或并），记为 $A\cup B$，如图 1.2 阴影部分所示.

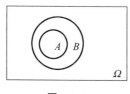

图　1.1

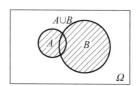

图　1.2

类似地，事件 $A_1,A_2,\cdots,A_n$ 中至少有一个发生的事件称为事件 $A_1,A_2,\cdots,A_n$ 的和事件，记为 $A_1\cup A_2\cup\cdots\cup A_n$，简记为 $\bigcup\limits_{i=1}^{n}A_i$；称 $\bigcup\limits_{i=1}^{+\infty}A_i$ 为可列个事件 $A_1,A_2,\cdots$ 的和事件.

3. 事件之差

事件 A 发生而事件 B 不发生的事件称为事件 A 与事件 B 的差事件，记为 $A-B$. 如图 1.3 中阴影部分所示. 不难看出 $A-B=A-AB$.

4. 事件之积（或交）

事件 A 与事件 B 同时发生的事件称为事件 A 与事件 B 的积事件，记为 $A\bigcap B$ 或 AB. 如图 1.4 阴影部分所示.

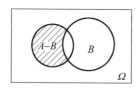

图　1.3

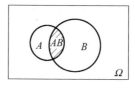

图　1.4

类似地可定义事件 $A_1,A_2,\cdots,A_n$ 的积事件：$\bigcap\limits_{i=1}^{n}A_i=A_1\bigcap A_2\bigcap\cdots\bigcap A_n$.

5. 事件互不相容（或互斥）

若事件 A 与事件 B 不能同时发生，即 $AB=\varnothing$，则称事件 A 与事件 B 为互斥事件，也称事件 A 与事件 B 互不相容. 基本事件是互不相容的. 图 1.5 直观地表示了事件 A 与事件 B 是互不相容的.

对于互不相容事件的和 $A \bigcup B$, 记作 $A+B$.

一般地, 若一组事件 $A_1, A_2, \cdots, A_n, \cdots$ 中任意两个都互斥, 称这组事件两两互斥.

6. 互为对立事件(或逆事件)

若事件 A 与事件 B 互斥, 且其和事件为必然事件, 即 $AB=\varnothing$, 且 $A+B=\Omega$, 则称事件 A 与事件 B 是互为对立事件. 记为 $B=\bar{A}$ 或 $A=\bar{B}$. 即 $\bar{A}=\Omega-A$. 如图 1.6 所示.

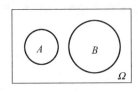

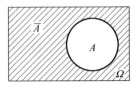

图　1.5　　　　　　　　　　　　　图　1.6

由以上定义可知: 对立事件一定互斥, 而互斥事件未必对立.

易见: $A-B=A-AB=A\bar{B}$, 这在以后的概率计算中十分有用.

7. 互斥事件完备组

设 Ω 为某随机试验 E 的样本空间, 如果一组事件 $A_1, A_2, \cdots, A_n$ 满足下列条件:

① $A_1, A_2, \cdots, A_n$ 两两互斥, 即 $A_i A_j=\varnothing (i \neq j), i, j=1, 2, \cdots, n$; ② $A_1+A_2+\cdots+A_n=\Omega$, 则称事件 $A_1, A_2, \cdots, A_n$ 为样本空间 Ω 的一个互斥事件完备组, 或称 $A_1, A_2, \cdots, A_n$ 为样本空间 Ω 的一个剖分.

8. 事件之间的运算规则

与集合的运算类似, 事件之间的运算满足下列规则.

(1) 交换律: $A \bigcup B=B \bigcup A, AB=BA$;

(2) 结合律: $(A \bigcup B) \bigcup C=A \bigcup (B \bigcup C), (AB)C=A(BC)$;

(3) 分配律: $(A \bigcup B)C=(AC) \bigcup (BC), (AB) \bigcup C=(A \bigcup C)(B \bigcup C)$;

(4) 德摩根(De Morgan)律: $\overline{A \bigcup B}=\bar{A} \bar{B}, \overline{AB}=\bar{A} \bigcup \bar{B}$;

(5) 包含律: $A \subset A \bigcup B, B \subset A \bigcup B; AB \subset A, AB \subset B$.

此外, 对于多个随机事件, 上述运算规则也成立.

从上面的图示中, 我们还可以得到以下一些关系: $A-B \subset A; A\bar{B}, \bar{A}B$ 与 AB 两两互斥, $A=A\bar{B} \bigcup AB, A \bigcup B=A\bar{B} \bigcup \bar{A}B \bigcup AB=A\bar{B} \bigcup B=B\bar{A} \bigcup A=A \bigcup (B-A), \cdots$.

上面这些表示法和事件的运算规则, 给我们处理复杂事件带来很大方便.

例 1.5　设 A, B, C 为任意三个事件, 试用 A, B, C 的运算关系表示下列各事件: ①三个事件中至少一个发生; ②没有一个事件发生; ③恰有一个事件发生; ④至多有两个事件发生; ⑤至少有两个事件发生.

解　① $A \bigcup B \bigcup C$;

② $\overline{ABC}=\overline{A \bigcup B \bigcup C}$;

③ $A\bar{B}\bar{C}+\bar{A}B\bar{C}+\bar{A}\bar{B}C$;

④ $(A\bar{B}\bar{C}+AB\bar{C}+\bar{A}BC)+(\bar{A}B\bar{C}+\bar{A}\bar{B}\bar{C}+A\bar{B}C)+\bar{A}\bar{B}C=\overline{ABC}=\bar{A} \bigcup \bar{B} \bigcup \bar{C}$;

⑤ $AB\bar{C} \bigcup A\bar{B}C \bigcup \bar{A}BC \bigcup ABC=AB \bigcup BC \bigcup AC$.

> **思政小课堂 1**
>
> 【学】本节的重点是事件的表示、关系与运算.
>
> 【思】事件的表示就如每个人名字的命名,是一个符号化的过程,事件的关系和运算就如人与人之间的关系处理一样,非常重要.
>
> 【悟】在不同课程体系的学习过程中,基本都是先讲述背景,设定符号,给出定义,推导定理、然后应用等;这些过程需要把自然现象或遇到的问题符号化及进行关系运算等. 一些学术论文的写作结构也是如此,所以大家在学习的过程中除了学习知识本身,还需要加强对知识结构的了解,在此过程中可以提高科技论文的写作.

1.2　随机事件的概率

研究随机现象,不仅要知道它可能出现哪些事件,更重要的是要知道各种事件出现的可能性大小,以揭示这些事件的内在统计规律.因此,我们需要一个能够刻画事件出现可能性大小的数量指标,通常地,我们把用来刻画事件 A 出现可能性大小的数量指标称为事件 A 的概率,记为 $P(A)$.

1.2.1　古典概率

一般地,若随机试验 E 满足以下两个条件:

(1) 有限性.试验的结果只有有限个,即试验产生有限个基本事件.

(2) 等可能性.每个结果出现的可能性都相同,即每次试验中各个基本事件出现的可能性相同,则称随机试验 E 为古典概型.

定义 1.1　设随机试验 E 是含有 n 个基本事件的古典概型,事件 A 包含 k 个基本事件,则事件 A 的概率为

$$P(A) = \frac{\text{事件 } A \text{ 包含的基本事件数}}{\text{样本空间中所含的基本事件总数}} = \frac{k}{n}.$$

在古典概型下定义的事件的概率为古典概率.

性质 1　对古典概率,有① $0 \leqslant P(A) \leqslant 1$;② $P(\Omega)=1$,$P(\varnothing)=0$;③若 A 与 B 互斥,则 $P(A+B)=P(A)+P(B)$.

例 1.6　盒子里有 10 只球,其中 6 只白球,4 只红球.现从盒子里任取一球,问取到白球的概率是多少?

解　设 A 表示"任取一球为白色"的事件,则有 $P(A)=\dfrac{3}{5}$.

例 1.7　书架上有 15 本书,其中 5 本精装书,10 本平装书.现随机地抽取 3 本,求至少抽到一本精装书的概率.

解　方法一　设 A 表示"随机抽取的 3 本书中至少有一本精装书"的事件,$A_i(i=1,2,3)$表示"3 本书中恰有 i 本精装书"的事件$(i=1,2,3)$,则有 $A=A_1 \cup A_2 \cup A_3$,所以

$$P(A) = P(A_1) + P(A_2) + P(A_3) = \frac{C_5^1 C_{10}^2}{C_{15}^3} + \frac{C_5^2 C_{10}^1}{C_{15}^3} + \frac{C_5^3}{C_{15}^3} = \frac{67}{91}.$$

方法二　$P(A)=1-P(\bar{A})=1-\dfrac{C_{10}^3}{C_{15}^3}=\dfrac{67}{91}$.

例 1.8　袋中有 10 只球,其中 6 只白球,4 只红球.从袋中任取球两次,每次取一只.考虑两种情况:(1)第一次取一球观察颜色后放回袋中,第二次再取一球,这种情况叫做有放回抽样;(2)第一次取后不放回袋中,第二次再取一球,这种情况叫做不放回抽样.试分别就上述两种情况,求:取到 2 只球都是白球的概率;取到的 2 只球颜色相同的概率.

解　设 A,B 分别表示"取得的 2 只球都是白球""取得的 2 只球都是红球",于是"取得颜色相同的球"的事件为 $A+B$.

(1) 有放回抽样

试验的基本事件的总数共 $10\times10=100$ 种,事件 A 包含的基本事件数为 $6\times6=36$,事件 B 包含的基本事件数为 $4\times4=16$,于是

$$P(A)=\frac{36}{100}=\frac{9}{25},\quad P(B)=\frac{16}{100}=\frac{4}{25},\quad P(A+B)=\frac{36+16}{100}=\frac{13}{25}.$$

(2) 不放回抽样

试验的基本事件的总数共 $10\times9=90$ 种,事件 A 包含的基本事件数为 $6\times5=30$ 种,事件 B 包含的基本事件数为 $4\times3=12$ 种,故有

$$P(A)=\frac{30}{90}=\frac{1}{3},\quad P(B)=\frac{12}{90}=\frac{2}{15},\quad P(A+B)=\frac{30+12}{90}=\frac{7}{15}.$$

例 1.9　将 3 个不同的球随机地放入 4 个不同的盒子中,试求每个盒子里至多有一个球的概率.

解　3 个球中的每个球都可以放入 4 个盒子中的任何一个,共有 4 种不同的放法.3 个不同的球放入 4 个盒子共有 $4\times4\times4=4^3$ 种放法,故试验的基本事件总数为 64.

所求事件 A "每个盒子中至多有一个球"包含的基本事件数:第一个球有 4 种放法,第二个球有 3 种放法,第三个球有 2 种放法.于是,3 个球放入 4 个盒子中去,每个盒子中至多有一个球的放法共有 $4\times3\times2=24$ 种.

故 $P(A)=\dfrac{24}{64}=\dfrac{3}{8}$.

例 1.9 是典型的"分房"问题.经常遇到的分房问题有:n 个人的生日问题;n 封信装入 N 个信封(或信筒)的问题;将 n 个人等可能地分配到 $N(n\leqslant N)$ 个房间的问题,等等.

例 1.10　设有 N 件产品,其中有 M 件次品.从中随机抽取 n 件(不放回抽样),求其中恰有 $k(k\leqslant M,k\leqslant n)$ 件次品的概率.

解　从 N 件产品中随机抽取 n 件(不放回抽样),共有 C_N^n 种取法.恰有 k 件是次品意味着:从 M 件次品中抽取 k 件及从 $N-M$ 件正品中抽取 $n-k$ 件,共有 $C_M^k C_{N-M}^{n-k}$ 种取法.于是所求概率为 $\dfrac{C_M^k C_{N-M}^{n-k}}{C_N^n}$.

例 1.11　货架上有外观相同的商品 12 件,其中 9 件来自产地甲,3 件来自产地乙.现从 12 件商品中随机地抽取两件,求这两件商品来自同一产地的概率.

解　设 A_1,A_2 分别表示"两件商品来自产地甲""两件商品来自产地乙",于是"两件商品来自同一产地"的事件为 $A_1\bigcup A_2$.

从12件产品中随机抽出2件商品,共有C_{12}^2种取法,且每种取法都是等可能的,每种取法是一个基本事件,于是基本事件总数是$C_{12}^2 = \dfrac{12 \times 11}{2 \times 1} = 66$. 事件$A_1$包含的基本事件数为$C_9^2 = \dfrac{9 \times 8}{2 \times 1} = 36$,事件$A_2$包含的基本事件数为$C_3^2 = \dfrac{3 \times 2}{2 \times 1} = 3$. 于是,所求概率为$P(A_1 \bigcup A_2) = \dfrac{36 + 3}{66} = \dfrac{13}{22}$.

例 1.12 某接待站在某一周曾接待过12次来访,已知所有这12次接待都是在周二和周四进行的,问是否可以推断接待时间是有规定的?

解 假设接待站的接待时间没有规定,而各来访者在一周的任一天中去接待站是等可能的,那么12次接待来访者都在周二、周四的概率为

$$\frac{2^{12}}{7^{12}} = 0.000\ 000\ 3.$$

人们在长期的实践中发现:"概率很小的事件在一次试验中实际上几乎是不发生的"(称之为小概率原理,我们在第7章假设检验中会进一步讨论). 本题中概率很小的事件(概率为0.000 000 3的事件即12次接待来访者都在周二、周四)竟然发生了,因此我们怀疑假设的正确性,从而推断接待站的接待时间是有规定的.

古典概型的局限性很显然:它只能用于试验产生的试验结果(或基本事件数)为有限个且等可能性成立的情况. 但在某些情况下,这个概念可引申到试验结果(或基本事件数)为无限多的情况,这就是所谓的几何概型.

思政小课堂2

【学】对n个人,N个房间问题,每个房间恰有一个人事件用A表示,则$P(A) = C_N^n \cdot n! \ / N^n$. 若$n = 64$,$N = 365$,$P(\overline{A}) = 1 - C_N^n \cdot n! \ / N^n = 0.997$,就表示64个人的集体里,至少有两个人在同一天过生日的概率为0.997.

【思】在一个6人的宿舍,至少2个人在同一个月出生的概率是多少?

【悟】大家在思考问题时一定要理性思考,要学会运用概率思维去思考问题. 学习的目的不仅是学会许多知识技能,更需要学会一种思维方式. 真正的学习是批判性的独立思考、时时刻刻的自我觉知、终身学习习惯的养成.

1.2.2 几何概率

一般地,若随机试验E满足以下两个条件:

(1) 随机试验E的样本空间Ω可用一个几何区域G表示;

(2) 每个样本点落在G中任一区域D中的可能性与区域D的几何测度(一维空间的长度,二维空间的面积,三维空间的体积)成正比,与其位置及形状无关,则称此随机试验E为几何概型.

定义 1.2 设随机试验E是几何概型,样本空间Ω用几何区域G表示,事件A对应的区域为D,则事件A的概率为

$$P(A) = \frac{D\ \text{的几何测度}}{G\ \text{的几何测度}}.$$

在几何概型下定义的事件概率为几何概率.

例 1.13 在区间$[-1,1]$上随机取一个数a,求$\cos\dfrac{\pi a}{2}$的值介于0到$\dfrac{1}{2}$之间的概率.

解 欲使$\cos\dfrac{\pi a}{2}$的值介于0到$\dfrac{1}{2}$之间,则需$-\dfrac{\pi}{2}\leqslant\dfrac{\pi a}{2}\leqslant-\dfrac{\pi}{3}$或$\dfrac{\pi}{3}\leqslant\dfrac{\pi a}{2}\leqslant\dfrac{\pi}{2}$,即需$-1\leqslant a\leqslant-\dfrac{2}{3}$或$\dfrac{2}{3}\leqslant a\leqslant1$,这两个区间的总长度为$\dfrac{2}{3}$,而区间$[-1,1]$的长度为$2$,由几何概率的定义知$\cos\dfrac{\pi a}{2}$的值介于$0$到$\dfrac{1}{2}$之间的概率为$\dfrac{2/3}{2}=\dfrac{1}{3}$.

例 1.14 甲、乙二人约定下午1点到2点之间在某处碰头,约定先到者等候10min即可离去,若二人各自随意地在$1\sim2$点之间选一个时刻到达该处,求甲、乙两人能碰上的概率.

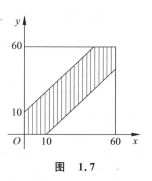

图 1.7

解 设甲、乙二人到达该处的时间分别是1点x分和1点y分,则$0\leqslant x\leqslant60,0\leqslant y\leqslant60$;若以$(x,y)$作为平面上点的坐标,则所有可能到达的时刻就可用平面上的一个边长为60的正方形区域$(0\leqslant x\leqslant60,0\leqslant y\leqslant60)$内的点来表示,则两人能"碰上"的充要条件是$|x-y|\leqslant10$(图$1.7$中阴影部分),因此所求概率为

$$P=\frac{\text{阴影部分面积}}{\text{正方形面积}}=\frac{60^2-(60-10)^2}{60^2}=\frac{11}{36}.$$

1.2.3 概率的统计定义

概率的古典定义是以等可能为基础的,然而在实际问题中,实现等可能性非常困难,此时人们自然认为要度量事件出现的可能性大小,最可靠的办法是重复做试验,于是就提出了概率的统计定义.

如果在n次重复试验中,事件A发生k次,则称比值k/n为事件A在n次试验中发生的频率,记为$f_n(A)$,即$f_n(A)=k/n$. 显然频率k/n与试验次数n有关,当n不同时,k/n常不同,而即使n相同,k/n也可能不同. 但是,在大量重复试验中,频率就将呈现出稳定性来. 即当试验次数n充分大时,事件发生的频率常在一个确定的数值附近摆动,n越大,这种摆动幅度越小. 这种规律称为频率的稳定性. 例如,历史上曾有许多人做过掷硬币的试验,得到的数据见表1.1.

表 1.1 掷硬币试验

试验者	投掷次数	"正面向上"的次数	"正面向上"的频率
蒲丰	4040	2048	0.5069
皮尔逊	12 000	6019	0.5016
皮尔逊	24 000	12 012	0.5005
维尼	30 000	14 994	0.4998

容易看出,"正面向上"的频率虽不尽相同,但却都在0.5附近摆动,而且当试验次数越大时,"正面向上"的频率也越接近于0.5. 一般情况下,我们这样引入概率的统计定义.

定义 1.3 在相同条件下重复进行n次试验,如果事件A发生的频率k/n在某个确定数值p的附近摆动,并且随着试验次数n的增大,摆动幅度越来越小,则称数值p为事件A

发生的概率,记为 $P(A)$,即

$$P(A) = p.$$

显然,掷一枚质地均匀的硬币,根据概率的统计定义,事件"正面向上"的概率为 0.5.

概率的统计定义仅仅指出了事件的概率是客观存在的,但无法用此定义来计算 $P(A)$ 的值.但它提供了一种概率估计的方法.例如在人口的抽样调查中,根据抽样的一小部分去估计全部人口的文盲比例;在工业生产中,依据抽取的一些产品的检验去估计产品的废品率;在医学上,根据积累的资料去估计某种疾病的死亡率,等等.

1.2.4　概率的公理化定义

前面介绍的古典概率与几何概率都是在等可能的前提下给出的,具有很大的局限性,实际中遇到的许多问题都不具有这种等可能性.概率的统计定义在数学上不够严密.因为它的主要依据是:当试验次数逐渐增大时,频率所呈现的稳定性.但是,试验次数究竟大到什么程度,频率又如何摆动等无法确切描述.概率论作为一门重要的数学分支,也有必要建立一套公理系统,以便使它的所有结论能够形成一个完整的理论体系.1933 年,苏联大数学家柯尔莫哥洛夫成功地将概率论实现公理化.下面给出概率的公理化定义.

定义 1.4　设 Ω 是随机试验 E 的样本空间,如果对于 E 的每一事件 A,都有确定的实数 $P(A)$ 与之对应,并且满足以下条件:

(1) (非负性)$P(A) \geqslant 0$;

(2) (规范性)$P(\Omega) = 1$;

(3) (可列可加性)对于 Ω 中两两互斥的事件 $A_1, A_2, \cdots, A_n, \cdots$,都有

$$P\left(\bigcup_{n=1}^{+\infty} A_n\right) = P(A_1 \bigcup A_2 \bigcup \cdots \bigcup A_n \bigcup \cdots)$$

$$= P(A_1) + P(A_2) + \cdots + P(A_n) + \cdots,$$

则称 $P(A)$ 为事件 A 的概率.

1.2.5　概率的性质

性质 1　$P(\varnothing) = 0$.

性质 2　设 $A_1, A_2, \cdots, A_n$ 是 n 个两两互斥的事件,则

$$P\left(\bigcup_{i=1}^{n} A_i\right) = \sum_{i=1}^{n} P(A_i).$$

性质 3　设 A 为任一事件,则

$$P(\overline{A}) = 1 - P(A).$$

证明　因为 $A\overline{A} = \varnothing, A \bigcup \overline{A} = \Omega, P(\Omega) = 1$,所以 $P(A) + P(\overline{A}) = 1$,从而 $P(\overline{A}) = 1 - P(A)$.

性质 4(减法法则)　设 A, B 为两个事件,则 $P(A - B) = P(A) - P(AB)$.

证明　由于 $A = A(B + \overline{B}) = AB + A\overline{B}$,故

$P(A) = P(AB) + P(A\overline{B})$,因此 $P(A - B) = P(A\overline{B}) = P(A) - P(AB)$.

推论 1　设 A, B 为两个事件,且 $A \supset B$,则 $P(A - B) = P(A) - P(B)$.

推论 2　若 $A \supset B$,则 $P(A) \geqslant P(B)$.

性质 5　对于任一事件 A,有 $P(A) \leqslant 1$.

性质6(加法法则)　设 A,B 为任意两个事件,则

$$P(A \bigcup B) = P(A) + P(B) - P(AB).$$

证明　由于 $A(B-AB)=\varnothing$(图1.8),并且 $A\bigcup B=A+(B-AB)$,故 $P(A\bigcup B)=P(A)+$

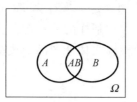

图　1.8

$P(B-AB)$. 又由 $AB\subset B$,根据性质3的推论可得 $P(B-AB)=P(B)-P(AB)$. 因此

$$P(A \bigcup B) = P(A) + P(B) - P(AB). \tag{1.1}$$

加法法则可以推广到任意有限个事件的和,如对任意三个事件 A,B,C,有

$$P(A \bigcup B \bigcup C) = P(A) + P(B) + P(C) - P(AB) - P(AC) - P(BC) + P(ABC).$$

例1.15　产品有一等品、二等品及废品3种,若一、二等品率分别为 $0.63,0.35$,求产品的合格品率及废品率.

解　令事件 A 表示产品为合格品,A_1,A_2 分别表示一、二等品,显然 A_1 与 A_2 互不相容,且 $A=A_1+A_2$,则合格品率 $P(A)=P(A_1+A_2)=P(A_1)+P(A_2)=0.98$,废品率 $P(\overline{A})=1-P(A)=0.02$.

例1.16　设有100件产品,其中有95件合格品,5件次品.从中任取5件,试求其中至少有一件次品的概率.

解　**方法一**　用 $A_i(i=0,1,2,3,4,5)$ 分别表示"5件产品中有 i 件次品",用 A 表示"至少有一件次品",于是 $P(A)=\sum\limits_{i=1}^{5}P(A_i)=\sum\limits_{i=1}^{5}\dfrac{C_5^i C_{95}^{5-i}}{C_{100}^5}\approx 0.2304$.

方法二　由于"至少有一件次品"的对立事件是"无次品",所以 $P(A)=1-P(\overline{A})=1-P(A_0)=1-\dfrac{C_{95}^5}{C_{100}^5}=1-0.7696\approx 0.2304$.

第二种解法显示了对立事件概率的性质在计算事件概率时的作用. 一般当所要求概率的事件较复杂时,常常考虑先求其对立事件的概率.

思政小课堂3

【学】比如频率与概率,在某种程度上体现了偶然性与必然性的对立统一. 频率是个试验值和经验值,具有偶然性,可能取多个不同值;概率是客观存在的,具有必然性,是唯一值;当试验次数较少时,频率与概率偏差相对较大. 但是当试验次数增多,频率稳定在某一常数附近,这个常数为事件的概率.

【思】什么时候频率可以代替概率?

【悟】恩格斯指出:"在表面上是偶然性在起作用的地方,这种偶然性始终是受内部的隐藏规律支配的,而我们的只是在于发现这些规律."这体现了唯物主义辩证法中的偶然性与必然性的对立统一.

1.3　条件概率

1.3.1　条件概率与乘法公式

在实际问题中,除了要考虑某事件的概率,还要考虑在其他事件已出现的条件下该事件的概率.如下例.

例 1.17　一批产品共 100 件,其中合格品 90 件,合格品中的一等品 60 件,现从中任取一件,则:(1)取到合格品的概率为 $\dfrac{90}{100}$;(2)若已知取到的是合格品,则它是一等品的概率为 $\dfrac{60}{90}$.

为此给出下面的定义以示区别.

定义 1.5　在已知某个事件 A 发生的条件下,事件 B 发生的概率,称为事件 B 在事件 A 下的条件概率,记为 $P(B|A)$.相应地,称 $P(B)$ 为无条件概率.

于是例 1.17 中,若用事件 A 表示取到合格品,用事件 B 表示取到一等品,则 $P(A)=\dfrac{90}{100}$,$P(B|A)=\dfrac{60}{90}$.

由此例可以看出,有没有附加条件,对最终结果通常是会有一定影响的.那么,附加条件对最终结果到底会产生什么影响呢?

一般情况下,我们规定:如果 $P(A)>0$,则在事件 A 发生的条件下事件 B 发生的条件概率为

$$P(B \mid A) = \frac{P(AB)}{P(A)}. \tag{1.2}$$

类似地,如果 $P(B)>0$,则在事件 B 发生的条件下事件 A 发生的条件概率为

$$P(A \mid B) = \frac{P(AB)}{P(B)}. \tag{1.3}$$

由条件概率公式(1.2)和(1.3)容易得到

$$P(AB) = P(A)P(B \mid A); \tag{1.4}$$

$$P(AB) = P(B)P(A \mid B). \tag{1.5}$$

公式(1.4)和(1.5)称为概率的乘法公式.将乘法公式推广到三个事件,可得

$$P(ABC) = P(AB)P(C \mid AB) = P(A)P(B \mid A)P(C \mid AB). \tag{1.6}$$

一般地,对 n 个事件 $A_1,A_2,\cdots,A_n$,我们有

$$P(A_1 A_2 \cdots A_n) = P(A_1)P(A_2 \mid A_1)\cdots P(A_n \mid A_1 A_2 \cdots A_{n-1}). \tag{1.7}$$

不难验证,条件概率符合概率公理化定义中的三个条件,即

(1) 非负性:对于每一事件 B,有 $P(B|A)\geqslant 0$;

(2) 规范性:$P(\Omega|A)=1$;

(3) 可列可加性:设 $B_1,B_2,\cdots$ 是两两互斥事件,则有 $P\left(\bigcup\limits_{i=1}^{+\infty} B_i \mid A\right) = \sum\limits_{i=1}^{+\infty} P(B_i|A)$.

事实上,1.2.5 节中对概率所证明的一些重要结果都适用于条件概率.例如,对于任意事件 B_1,B_2 有

$$P(B_1 \bigcup B_2 \mid A) = P(B_1 \mid A) + P(B_2 \mid A) - P(B_1B_2 \mid A).$$

例 1.18 已知 10 张考签中有 4 张难签,甲、乙两人参加抽签,各抽取一张,甲先抽取,抽取后不放回. 求:(1)甲抽到难签的情况下,乙抽到难签的概率;(2)甲、乙都抽到难签的概率;(3)甲没有抽到难签而乙抽到难签的概率.

解 用事件 A 表示甲抽到难签,用事件 B 表示乙抽到难签.

(1)甲抽到难签的情况下,乙抽到难签的概率为 $P(B \mid A) = \dfrac{3}{9} = \dfrac{1}{3}$;(2)甲、乙都抽到难签的概率为 $P(AB) = P(A)P(B \mid A) = \dfrac{4}{10} \times \dfrac{3}{9} = \dfrac{2}{15}$;(3)甲没有抽到难签而乙抽到难签的概率 $P(\overline{A}B) = P(\overline{A})P(B \mid \overline{A}) = \dfrac{6}{10} \times \dfrac{4}{9} = \dfrac{4}{15}$.

例 1.19 100 件产品中含 10 件次品,每次取出一件产品进行检查(不放回抽取),求:(1)前两次连续都取到合格品的概率;(2)前两次取到合格品,而第三次取到次品的概率.

解 事件 $A_i = \{$第 i 次取到合格品$\}$,则:(1)前两次都取到合格品的概率 $P(A_1A_2) = P(A_1)P(A_2 \mid A_1) = \dfrac{90}{100} \times \dfrac{89}{99} = 0.8091$;(2)直到第三次才取到次品的概率为 $P(A_1A_2\overline{A_3}) = P(A_1)P(A_2 \mid A_1)P(\overline{A_3} \mid A_1A_2) = \dfrac{90}{100} \times \dfrac{89}{99} \times \dfrac{10}{98} = 0.0826$.

1.3.2　全概率公式

在计算较复杂事件的概率时,往往同时利用概率的加法公式和乘法公式,把两者结合起来,就产生了全概率公式.

例 1.20 某工厂有甲、乙、丙三个车间生产同一产品,其产量分别占全厂产量的 25%,35%,40%,其次品率分别为 5%,4%,2%,现从全厂待出厂的该产品中任取一件,问取到次品的概率.

解 分别用 A_1, A_2, A_3 表示"甲、乙、丙三个车间生产的产品",B 表示"取到次品",于是
$$P(A_1) = 25\%, \quad P(A_2) = 35\%, \quad P(A_3) = 40\%,$$
$$P(B \mid A_1) = 5\%, \quad P(B \mid A_2) = 4\%, \quad P(B \mid A_3) = 2\%,$$
则
$$\begin{aligned}
P(B) &= P(A_1B + A_2B + A_3B) = P(A_1B) + P(A_2B) + P(A_3B) \\
&= P(A_1)P(B \mid A_1) + P(A_2)P(B \mid A_2) + P(A_3)P(B \mid A_3) \\
&= 0.25 \times 0.05 + 0.35 \times 0.04 + 0.4 \times 0.02 \\
&= 0.0345 = 3.45\%.
\end{aligned}$$

将这道题的解法推广到一般情形,就可得到如下的全概率公式.

定理 1.1 若事件 $A_1, A_2, \cdots, A_n$ 为样本空间 Ω 的一个互斥事件完备组,则对于任一事件 $B \subset \Omega$,都有
$$P(B) = \sum_{i=1}^{n} P(A_i)P(B \mid A_i). \tag{1.8}$$

式(1.8)称为全概率公式.

证明 因为 $A_1, A_2, \cdots, A_n$ 为样本空间 Ω 的一个互斥事件完备组,即 $A_1, A_2, \cdots, A_n$ 两

两互斥,并且 $A_1 + A_2 + \cdots + A_n = \Omega$,所以

$$B = B\Omega = B(A_1 + A_2 + \cdots + A_n) = A_1 B + A_2 B + \cdots + A_n B,$$

因此

$$P(B) = P(A_1 B + A_2 B + \cdots + A_n B) = P(A_1 B) + P(A_2 B) + \cdots + P(A_n B)$$
$$= P(A_1)P(B \mid A_1) + P(A_2)P(B \mid A_2) + \cdots + P(A_n)P(B \mid A_n)$$
$$= \sum_{i=1}^{n} P(A_i)P(B \mid A_i).$$

特别地,当 $n=2$ 时,全概率公式(1.8)变为 $P(B) = P(A)P(B \mid A) + P(\overline{A})P(B \mid \overline{A})$.

例 1.21　袋中有 10 张卡片,其中 2 张卡片是中奖卡,甲、乙二人依次从该袋中摸出一张,甲先乙后,问甲、乙两人各自中奖的概率.

解　分别用 A_1, A_2 表示"甲、乙两人摸到中奖卡",则

(1) 甲中奖的概率为 $P(A_1) = \dfrac{2}{10} = \dfrac{1}{5}$;

(2) 乙中奖的概率为 $P(A_2) = P(A_1 A_2 + \overline{A_1} A_2) = P(A_1 A_2) + P(\overline{A_1} A_2)$;即 $P(A_2) = $

$P(A_1)P(A_2 \mid A_1) + P(\overline{A_1})P(A_2 \mid \overline{A_1}) = \dfrac{2}{10} \times \dfrac{1}{9} + \dfrac{8}{10} \times \dfrac{2}{9} = \dfrac{1}{5}$.

此例验证了众所熟知的抽签机会均等,中奖与否与抽签顺序无关这一事实. 由以上例题可以看出,全概率公式适用问题的一般特征是:随机试验可分为两个层次,第一个层次的所有可能结果构成一个完备事件组,它们通常是第二个层次事件发生的基础或原因;需要求概率的事件是第二个层次中的事件. 而找到完备事件组是运用全概率公式的关键. 直观地说,只要知道了各种原因发生条件下该事件发生的概率(姑且称其为"原因"概率),则该事件的概率可通过全概率公式求得.

1.3.3　贝叶斯公式

上述问题的"逆问题"可叙述如下:

若已知各种"原因"的概率,且在进行随机试验中该事件已发生,问在此条件下,各原因发生的概率是多少? 如在例 1.20 中考虑这样的问题:若取到的产品是次品,问它是甲车间生产的概率有多大? 即求 $P(A_1 \mid B)$. 利用条件概率公式、乘法公式和全概率公式,得到

$$P(A_1 \mid B) = \frac{P(A_1 B)}{P(B)} = \frac{P(A_1)P(B \mid A_1)}{P(A_1)P(B \mid A_1) + P(A_2)P(B \mid A_2) + P(A_3)P(B \mid A_3)}$$
$$= \frac{0.25 \times 0.05}{0.25 \times 0.05 + 0.35 \times 0.04 + 0.4 \times 0.02}$$
$$= \frac{0.0125}{0.0345} \approx 0.3623.$$

将该问题的解法推广到一般情形,就可得到如下的贝叶斯公式.

定理 1.2　若事件 $A_1, A_2, \cdots, A_n$ 为样本空间 Ω 的一个互斥事件完备组,则对于任一事件 $B \subset \Omega$,均有

$$P(A_k \mid B) = \frac{P(A_k)P(B \mid A_k)}{\sum_{i=1}^{n} P(A_i)P(B \mid A_i)}, \quad k = 1, 2, \cdots, n. \tag{1.9}$$

式(1.9)又称为贝叶斯公式.

证明　$P(A_k \mid B) = \dfrac{P(A_k B)}{P(B)} = \dfrac{P(A_k) P(B \mid A_k)}{\sum\limits_{i=1}^{n} P(A_i) P(B \mid A_i)}.$

贝叶斯公式可视为全概率公式的逆概公式,使用公式的关键仍然是找到完备事件组. 总之,全概率公式刻画的是"由因推果",而贝叶斯公式刻画的是"知果寻因".

例 1.22　设 8 支枪中有 3 支未经试射校正,5 支枪已经试射校正. 一射手用校正过的枪射击时,中靶的概率为 0.8,而用未校正过的枪射击时,中靶的概率为 0.3. 今假定从 8 支枪中任取一支进行射击,问:(1)中靶的概率;(2)若结果中靶,求所用这支枪是已校正过的概率.

解　(1)分别用事件 A_1, A_2 表示"所取到的枪是校正过的"和"所取到的枪是未校正过的",B 表示"射击中靶",则由题设知

$$P(A_1) = \frac{5}{8}, \quad P(A_2) = \frac{3}{8},$$
$$P(B \mid A_1) = 0.8, \quad P(B \mid A_2) = 0.3,$$

由全概率公式得中靶的概率为

$$P(B) = P(A_1) P(B \mid A_1) + P(A_2) P(B \mid A_2) = \frac{5}{8} \times 0.8 + \frac{3}{8} \times 0.3 = 0.6125.$$

(2)由贝叶斯公式可知,若中靶,所用枪是已校正过的概率为

$$P(A_1 \mid B) = \frac{P(A_1) P(B \mid A_1)}{P(A_1) P(B \mid A_1) + P(A_2) P(B \mid A_2)}$$
$$= \frac{\dfrac{5}{8} \times 0.8}{\dfrac{5}{8} \times 0.8 + \dfrac{3}{8} \times 0.3} \approx 0.8163.$$

例 1.23　设某种病菌在人群中的带菌率为 0.03,当检查时,由于技术及操作之不完善等原因,使带菌者未必检出阳性反应,而不带菌者也可能呈阳性反应. 设

$$P(阳性 \mid 带菌) = 0.99, \quad P(阳性 \mid 不带菌) = 0.05,$$

现某人检出阳性,问他"带菌"的概率是多少?

解　用 A_1, A_2 表示"带菌"和"不带菌",B 表示"阳性",则由题设知

$$P(A_1) = 0.03, \quad P(A_2) = 0.97, \quad P(B \mid A_1) = 0.99, \quad P(B \mid A_2) = 0.05,$$

则所求概率为

$$P(A_1 \mid B) = \frac{P(A_1) P(B \mid A_1)}{P(A_1) P(B \mid A_1) + P(A_2) P(B \mid A_2)}$$
$$= \frac{0.03 \times 0.99}{0.03 \times 0.99 + 0.97 \times 0.05} = 0.3798.$$

本题可以看出,即使某人检出阳性,也不能过早下结论,因为他带菌的可能性尚不足 40%. 理由很简单,因为带菌率极低,绝大部分人均不带菌. 由于检验方法不完善,在众多不带菌的人中会检出许多呈阳性者. 可是一个不懂概率的人可能会这样推理:由于不带菌时检出阳性的机会才 5%,若某人呈阳性,说明有 95% 的机会带菌. 实际不然. 大而言之,概率思维是人们正确观察事物而必备的文化修养.

思政小课堂 4

【学】运用条件概率与贝叶斯公式计算"狼来了"故事中村民对孩子的可信度是如何逐步降低的？先设事件 A 为"小孩说谎"，事件 B 为"小孩可信"，再假设"可信的孩子说谎的概率为 0.1，不可信的孩子说谎的概率为 0.5"，即 $P(A|B)=0.1, P(A|\bar{B})=0.5$，村民最初对这个孩子的印象是较为可信的，不妨设 $P(B)=0.8$，利用贝叶斯公式可以计算出孩子第一次说谎后村民对他的可信度改变为

$$P(B\mid A)=\frac{P(B)P(A\mid B)}{P(B)P(A\mid B)+P(\bar{B})P(A\mid \bar{B})}=\frac{0.1\times0.8}{0.1\times0.8+0.5\times0.2}\approx0.414.$$

类似地可以计算出孩子第二次说谎之后，村民对孩子的可信度进一步下降，约为 0.138.

【思】银行对按期还款用户的信用评价问题与"狼来了"问题是否相似？

【悟】故事中的孩子用生命为代价诠释了诚信的重要性. 诚信是中华民族的传统美德，是一个人的立身之本. 孔子《论语·为政》："人而无信，不知其可也."诚信是公民必须恪守的基本道德准则之一，是社会主义核心价值观的基本内容之一.

1.4　事件的独立性

1.4.1　事件独立性的概念

条件概率反映了一个事件的发生对另一个事件的概率的影响. 一般来说，无条件概率 $P(B)$ 与条件概率 $P(B|A)$ 是不一样的，例如，若 $P(B|A)>P(B)$，则 A 的发生使 B 发生的可能性增大了，即 A 促进了 B 的发生. 但在某些特殊的情况下，这两者又是相等的，即若 $P(B|A)=P(B)$，则事件 A 发生与否对事件 B 发生的可能性毫无影响，此时，在概率论上，事件 A 与事件 B 是相互独立的，事实上，若 $P(B|A),P(B),P(B|\bar{A})$ 这三者中任意两者相等，均可说明事件 A 与事件 B 是独立的.

当 $P(B)=P(B|A)$ 时，乘法公式变为 $P(AB)=P(A)P(B|A)=P(A)P(B)$. 我们可由此给出两个事件相互独立的定义.

定义 1.6　设 A,B 是两个事件，如果 $P(AB)=P(A)P(B)$，则称事件 A 与事件 B 相互独立，简称 A 与 B 独立.

显然，若 A 与 B 独立，且 $P(A)\neq0, P(B)\neq0$，则

$$P(B\mid A)=P(B), \quad P(A\mid B)=P(A).$$

对于相互独立的事件，有以下定理.

定理 1.3　若事件 A 与事件 B 相互独立，则 $\bar{A}$ 与 B，A 与 $\bar{B}$，以及 $\bar{A}$ 与 $\bar{B}$ 也都相互独立.

证明　只证明 A 与 $\bar{B}$ 是相互独立的，其余两条同法可证.

由于 A 与 B 独立，即 $P(AB)=P(A)P(B)$，所以

$$P(A\bar{B})=P(A-B)=P(A-AB)=P(A)-P(AB)$$
$$=P(A)-P(A)P(B)=P(A)(1-P(B))$$

$$= P(A)P(\overline{B}).$$

即 A 与 $\overline{B}$ 是相互独立的.

推论 设 A,B 为两事件,在下列四对事件: A 与 B;$\overline{A}$ 与 B;A 与 $\overline{B}$;$\overline{A}$ 与 $\overline{B}$ 中,若只要有一对事件独立,则其余三对也独立.

事件的相互独立性是一个非常重要的概念,它还可以推广到多个事件的情形.

对于三个事件 A,B,C,如果

(1) $P(AB)=P(A)P(B)$;

(2) $P(AC)=P(A)P(C)$;

(3) $P(BC)=P(B)P(C)$;

(4) $P(ABC)=P(A)P(B)P(C)$,

则称事件 A,B,C 相互独立.

设 $A_1,A_2,\cdots,A_n$ 是 n 个事件,如果对于任意的 $A_{i_1},A_{i_2},\cdots,A_{i_k}(2\leqslant k\leqslant n)$,都有

$$P(A_{i_1}A_{i_2}\cdots A_{i_k}) = P(A_{i_1})P(A_{i_2})\cdots P(A_{i_k}),$$

则称 n 个事件 $A_1,A_2,\cdots,A_n$ 是相互独立的.

若事件 $A_1,A_2,\cdots,A_n$ 相互独立,则

$$P(A_1 \bigcup A_2 \bigcup \cdots \bigcup A_n) = 1 - P(\overline{A_1})P(\overline{A_2})\cdots P(\overline{A_n}).$$

显然,如果 n 个事件 $A_1,A_2,\cdots,A_n$ 相互独立,则其中任意 $k(1\leqslant k\leqslant n)$ 个事件也是相互独立的.

如果 n 个事件 $A_1,A_2,\cdots,A_n$ 满足,对于任意的 $i\neq j$,都有

$$P(A_iA_j) = P(A_i)P(A_j), \quad 1\leqslant i,j\leqslant n, i\neq j,$$

则称事件 $A_1,A_2,\cdots,A_n$ 是两两独立的.

特别值得注意的是,n 个事件两两独立,并不能保证它们相互独立,甚至不能保证它们中的三个相互独立.

在实际问题中,我们不常用 $P(AB)=P(A)P(B)$ 去判断事件 A 与 B 是否独立,而是相反,从事件的实际角度去分析判断其不应有关联,因而是独立的.再利用事件的独立性去计算较为复杂的事件的概率.例如,两个工人分别在两台机床上进行生产,彼此各不相干,则各自是否生产出废品或生产多少废品这类事件应是独立的.一个人的收入与其姓氏笔画这类事件凭常识推断,认定是独立的.

例1.24 加工某零件共需要经过三道工序,第一,二,三道工序的次品率分别是 2%,3%,5%.假定各道工序是互不影响的,问加工出来的零件的次品率是多少?

解 用 A_i 表示"第 i 道工序出现次品"($i=1,2,3$),以 B 表示"加工出来的零件是次品".由于各道工序是互不影响的,故 A_1,A_2,A_3 是相互独立的,因此 $\overline{A}_1,\overline{A}_2,\overline{A}_3$ 也是相互独立的.

方法一 由 $B=A_1\bigcup A_2\bigcup A_3$,可得

$$\begin{aligned}
P(B) &= P(A_1 \bigcup A_2 \bigcup A_3) = 1 - P(\overline{A_1 \bigcup A_2 \bigcup A_3}) \\
&= 1 - P(\overline{A_1}\,\overline{A_2}\,\overline{A_3}) = 1 - P(\overline{A_1})P(\overline{A_2})P(\overline{A_3}) \\
&= 1 - 0.98 \times 0.97 \times 0.95 = 0.096\,93.
\end{aligned}$$

方法二 $P(B)=P(A_1\bigcup A_2\bigcup A_3)$

$$= P(A_1)+P(A_2)+P(A_3)-P(A_1A_2)-$$

$$P(A_2 A_3) - P(A_1 A_3) + P(A_1 A_2 A_3)$$
$$= P(A_1) + P(A_2) + P(A_3) - P(A_1)P(A_2) -$$
$$P(A_2)P(A_3) - P(A_1)P(A_3) + P(A_1)P(A_2)P(A_3)$$
$$= 0.02 + 0.03 + 0.05 - 0.02 \times 0.03 - 0.03 \times 0.05 -$$
$$0.02 \times 0.05 + 0.02 \times 0.03 \times 0.05$$
$$= 0.096\,93.$$

思政小课堂 5

【学】设随机试验 E 中事件 A 发生的概率为 p，不论 p 如何小，只要不断独立地重复做试验 E，A 的发生几乎是必然的. 不妨设在 n 次独立重复试验中 A_i 表示第 i 次试验事件 A 发生，则 A 至少发生一次的概率为

$$P(A_1 \bigcup A_2 \bigcup \cdots \bigcup A_n) = 1 - P(\overline{A_1})P(\overline{A_2}) \cdots P(\overline{A_n}) = 1 - (1-p)^n \to 1 \quad (n \to +\infty).$$

【思】小概率事件虽然不易发生，但是大量重复的积累可能会达到质的飞跃.

【悟】从一次试验中几乎是不发生的小概率事件转化为几乎必发生的结果，这里面经历了量的积累，最终产生了质的变化. 提醒同学们"勿以恶小而为之，勿以善小而不为，""锲而不舍，金石可镂".

1.4.2　独立试验概型

在前面我们就提到，随机现象的统计规律性只有在相同条件下进行大量的重复试验或观察才呈现出来. 如果 n 次重复试验满足以下两个特点：

（1）每次试验的条件都相同，且可能的结果为有限个；

（2）各次试验的结果互不影响，或者称为相互独立的，

则称这样的 n 次重复试验为 n 次独立试验概型.

特别地，在 n 次独立试验概型中，当每次试验的可能结果只有两个，即只有两个事件 A 及 $\overline{A}$，且 $P(A) = p$，$P(\overline{A}) = 1 - p(0 < p < 1)$ 时，称为 n 重伯努利试验，或 n 重伯努利概型. 例如，在抛一枚硬币的试验中，考虑正、反面出现的情况；在有放回地抽查产品的试验中，考虑正品与次品被抽到的情形；射击时击中与未击中等试验都是伯努利概型. 这种概率模型在理论和实践方面均具有重要意义.

关于 n 重伯努利概型，有如下的定理.

定理 1.4　在 n 重伯努利试验中，若 $P(A) = p(0 < p < 1)$，则事件 A 在 n 次试验中恰好发生 k 次的概率为

$$P(n, k, p) = C_n^k p^k (1-p)^{n-k}, \quad k = 0, 1, 2, \cdots, n. \tag{1.10}$$

证明　由于在伯努利试验中，各次试验的结果相互独立，所以事件 A 在指定的 k 次试验中发生，而在其余的 $n-k$ 次试验中不发生，如在前 k 次试验中发生，而在后 $n-k$ 次试验中不发生的概率为

$$\underbrace{p \cdot p \cdot \cdots \cdot p}_{k个} \cdot \underbrace{(1-p)(1-p)\cdots(1-p)}_{n-k个} = p^k (1-p)^{n-k}.$$

又因为在 n 次试验中，事件 A 到底在哪 k 次试验中发生的情况共有 C_n^k 种（可理解为从 n 次试验中选出 k 次试验，在这 k 次试验中事件 A 发生，而在其余的 $n-k$ 次试验中事件 A

不发生),且这 C_n^k 个事件是互不相容的,按照概率的加法公式得到:在 n 次试验中事件 A 恰好发生 k 次的概率为

$$P(n,k,p) = C_n^k p^k (1-p)^{n-k}, \quad k = 0,1,2,\cdots,n.$$

例 1.25 设有 8 门大炮独立地同时向一目标各射击一发炮弹,若有不少于两发炮弹命中目标时,目标被击毁,如果每门炮弹命中目标的概率为 0.6,求击毁目标的概率.

解 设 A 表示"每一门炮弹击中目标"这一事件,则 $P(A) = 0.6$.每次射击,要么击中,要么未中,故本题是 $n=8$ 的伯努利概型,按定理 1.4 得所求概率为

$$\begin{aligned}
p &= \sum_{k=2}^{8} C_8^k \times 0.6^k \times (1-0.6)^{8-k} \\
&= 1 - C_8^0 \times 0.6^0 \times (1-0.6)^8 - C_8^1 \times 0.6 \times (1-0.6)^7 \\
&= 0.991.
\end{aligned}$$

例 1.26 对某厂的产品进行质量检查,现从一批产品中重复抽样,共取 200 件样品,结果发现其中有 4 件废品,问我们能否相信该厂生产废品的概率不超过 0.005?

解 假设该厂生产废品的概率为 0.005,一件产品要么是废品,要么不是废品,抽取 200 件产品来观测废品数相当于 200 重伯努利试验,故 200 件产品中出现 4 件废品的概率为

$$C_{200}^4 (0.005)^4 \times 0.995^{196} \approx 0.015.$$

根据小概率原理,小概率事件在一次试验中几乎是不可能发生的,但现在小概率事件"检查 200 件产品出现 4 件废品"竟然发生了,因此有理由怀疑"废品率为 0.005"这个假设的合理性,从而推断该厂生产废品的概率不超过 0.005 的说法是不可信的.

尽管小概率事件在一次试验中几乎不可能发生,但并不能因此而忽视小概率事件的发生. 据统计,民航飞机的失事率小于 $\dfrac{1}{300\ 000}$,但我们依旧能听到发生空难的消息,原因是小概率事件在大量重复试验中几乎必然要发生.

从上面的例子可以看出,利用伯努利模型解决问题的关键是把问题正确地归结为这一概型.一般而言,当所考虑的问题可视为独立观测若干次,每次只考虑非此即彼的两种状态(如"合格"与"不合格","开动"与"不开动","击中"与"未击中"等)时,往往可以归结为伯努利概型.伯努利概型是一个应用很广的概型,在以后的章节中,我们还将用随机变量的观点进一步研究它.

习 题 1

一、填空题

1. 写出下面随机事件的样本空间:

(1) 袋中有 5 只球,其中 3 只白球 2 只黑球,若从袋中任意取一球,观察其颜色_____;若从袋中不放回地任意取两次球(每次取出一个)观察其颜色_____;若从袋中不放回地任意取 3 只球,记录取到的黑球个数_____;

(2) 生产产品直到有 10 件正品为止,记录生产产品的总件数_____.

2. 设 A,B,C 是三个随机事件,试以 A,B,C 的运算来表示下列事件:(1)仅有 A 发生_____;(2)A,B,C 中至少有一个发生_____; (3) A,B,C 中恰有一个发生

_____　；(4)A,B,C 中最多有一个发生_____　；(5)A,B,C 都不发生_____　；(6)A 不发生，B,C 中至少有一个发生_____ .

3. 设 A,B,C 是同一个样本空间的任意的三个随机事件，根据概率的性质，则
(1)$P(\bar{A})=$_____　；(2)$P(B-A)=P(B\bar{A})=$_____　；(3)$P(A\bigcup B\bigcup C)=$_____ .

4. 袋中有 n 只球，记有号码 $1,2,\cdots,n(n>7)$，则事件(1)任意取出两球，号码为 1,2 的概率为_____　；(2)任意取出三球，没有号码为 1 的概率为_____　；(3)任意取出五球，号码 1,2,3 中至少出现一个的概率为_____ .

5. 从一批由 5 件正品、5 件次品组成的产品中，任意取出三件产品，则其中恰有一件次品的概率为_____ .

6. A,B,C 是三个随机事件，且 $P(A)=P(B)=P(C)=1/4$，$P(AC)=1/8$，$P(AB)=P(BC)=0$，则 A,B,C 中至少有一个发生的概率为_____　；A,B,C 都发生的概率为_____　；A,B,C 都不发生的概率为_____ .

7. 设 $P(A)=0.4$，$P(B)=0.3$，$P(A\bigcup B)=0.6$，则 $P(AB)=$_____ .

8. 设 $P(A)=0.6$，$P(A-B)=0.2$，则 $P(\overline{AB})=$_____ .

9. 设事件 A,B，如果 $B\subset A$ 且 $P(A)=0.7$，$P(B)=0.2$，则 $P(B|A)=$_____ .

10. 每次试验成功的概率为 $p(0<p<1)$，重复进行独立试验直到第 n 次才取得成功的概率是_____ .

二、选择题

1. 对于任意两事件 A,B，与事件 $A\bigcup B=B$ 不等价的是(　　).
   A. $A\subset B$　　　　B. $\bar{B}\subset\bar{A}$　　　　C. $A\bar{B}=\varnothing$　　　　D. $\bar{A}B=\varnothing$

2. 有 r 个球，随机地放在 n 个盒子中$(r\leqslant n)$，则某指定的 r 个盒子中各有一球的概率为(　　).
   A. $\dfrac{r!}{n^r}$　　　　B. $C_n^r\dfrac{r!}{n^r}$　　　　C. $\dfrac{n!}{r^n}$　　　　D. $C_r^n\dfrac{n!}{r^n}$

3. 抛掷 3 枚均匀对称的硬币，恰好有两枚正面向上的概率是(　　).
   A. 0.125　　　　B. 0.25　　　　C. 0.375　　　　D. 0.5

4. 设 A,B 为两个随机事件，则 $P(A\bigcup B)=$(　　).
   A. $P(A)+P(B)$　　　　　　　　　B. $P(A)+P(B)-P(AB)$
   C. $P(A)+P(AB)$　　　　　　　　D. $P(A)+P(B)+P(AB)$

5. 已知事件 A,B 满足 $P(AB)=P(\bar{A}\bar{B})$，且 $P(A)=0.4$，则 $P(B)=$(　　).
   A. 0.4　　　　B. 0.5　　　　C. 0.6　　　　D. 0.7

6. 设 A 与 B 满足 $P(B|A)=1$，则(　　).
   A. A 是必然事件　　　　　　　　B. $P(B|\bar{A})=0$
   C. $A\supset B$　　　　　　　　　　D. $P(A)\leqslant P(B)$

7. 事件 A,B 满足(　　)时，$P(A\bigcup B)=P(A)+P(B)$.
   A. A,B 必须相互独立　　　　　　B. A,B 必须互不相容
   C. A,B 必须同时发生　　　　　　D. 没有条件

8. 设 $P(A)>0$，$P(B)>0$，且 A 与 B 互不相容，则(　　)一定成立.
   A. A 与 B 对立　　　　　　　　B. $\bar{A}$ 与 $\bar{B}$ 互不相容

　　C. A 与 B 独立 　　　　　　　　　　D. A 与 B 不独立

9. 设 $0 < P(A) < 1, 0 < P(B) < 1, P(A|B) + P(\bar{A}|\bar{B}) = 1$，则 A 与 B（　　）.

　　A. 互为对立事件 　　　　　　　　B. 互不相容

　　C. 不相互独立 　　　　　　　　　D. 相互独立

10. 每次试验成功的概率为 $p(0 < p < 1)$，重复进行独立试验直到第 n 次才取得 r 次成功的概率是（　　）.

　　A. $C_n^{n-1} p (1-p)^{n-1}$ 　　　　　　　B. $C_n^1 p (1-p)^{n-1}$

　　C. $C_{n-1}^{r-1} p^r (1-p)^{n-r}$ 　　　　　D. $C_{n-1}^1 p (1-p)^{n-1}$

三、计算题

1. 将 3 个球随机放在 4 个杯子中，求杯子中球的最大个数分别为 1，2，3 的概率.

2. 抛两颗骰子，若 $A = \{$朝上的点数之和是 $6\}$，$B = \{$朝上的点数之和是 6 且有一颗的点数超过 $3\}$，$C = \{$已知朝上的点数之和是 6，在此条件下有一颗的点数超过 $3\}$，试求 $P(A)$，$P(B)$，$P(C)$.

3. 袋中有 4 个红球 3 个白球，如果每次取一个球，取后放回，共取两次，试求：(1) 第二次取出红球的概率；(2) 两次都取出红球的概率.

4. 从一副 52 张的扑克牌中任选 4 张，求下列各事件的概率：(1) 4 张花色各不相同；(2) 4 张是同一花色；(3) 4 张花色不全相同.

5. 将 2 封信向 3 个邮箱中投寄，求第一个邮箱内没有信的概率.

6. 在区间 $(0,1)$ 中随机地取两个数，求事件"两数之和小于 $\dfrac{6}{5}$"的概率.

7. 已知 A, B 两个事件满足条件 $P(AB) = P(\overline{AB})$，且 $P(A) = p$，求 $P(B)$.

8. 盒中有 12 个新乒乓球，每场比赛任取 3 个，用完后放回去，共赛 3 场，假设球均未损坏. 试求：(1) 3 场比赛取到的都是新球的概率；(2) 第二场比赛取到两新一旧 3 个球，而第三场比赛取到一新两旧 3 个球的概率.

9. 设三箱同类型产品各由三家工厂生产，已知第一家、第二家工厂产品的废品率均为 2%，第三家工厂产品的废品率为 4%，现任取一箱，从该箱中任取一件产品，(1) 试求所取产品为废品的概率；(2) 若取到的该件产品是废品，求它是由第一个厂家生产的概率.

10. 甲、乙两人射击，甲击中的概率为 0.6，乙击中的概率为 0.8，二人同时射击，并假定中靶与否是独立的，求：(1) 中靶的概率；(2) 甲中乙不中的概率；(3) 甲乙同时都不中的概率.

11. 对某种药物的疗效进行研究，假定这药物对某种疾病的治愈率为 0.8，现在 10 个患此病的病人中同时服用此药，求其中至少有 6 个病人治愈的概率.

12. 电灯泡使用寿命在 1000h 以上的概率为 0.2，试求 3 个灯泡在使用 1000h 后，最多有 1 个损坏的概率.

一维随机变量及其分布

在第 1 章研究随机试验时,只是孤立地考虑个别随机事件的概率,研究方法缺乏一般性,并且不便于引入数学工具.解决这些问题的关键是将随机试验的结果与实数对应起来,将随机试验的结果数量化,即引入随机变量及其分布函数的概念.本章主要介绍一维随机变量与分布函数的概念、离散型随机变量和连续型随机变量、几种重要的随机变量及随机变量函数的分布.

2.1 一维随机变量的概念

为了进一步研究随机现象的统计规律性,需要将样本空间和随机事件数量化,这就引入了随机变量的概念.随机变量的引入是概率论发展史上的重大事件,使概率论的研究前进了一大步.正是借助于随机变量这个有力工具,概率论的理论才得以应用到统计推断中去.

例 2.1 投掷一枚硬币,有正面向上和反面向上两种结果:ω_1 表示正面向上,ω_2 表示反面向上,记 $\omega_1=1$,$\omega_2=0$,则样本空间为 $\Omega=\{1,0\}$,且每一次投掷都对应唯一的一个实数.

例 2.2 在全班 30 人中随机抽取一名学生,观察其身高(cm),可能有 30 种结果:以 ω_i 表示"抽中第 i 号学生",x_i 为其对应的身高,样本空间为 $\Omega=\{\omega_1,\omega_2,\cdots,\omega_{30}\}$.这样,每一次随机抽取的学生都对应唯一的一个实数.

在例 2.1 和例 2.2 中,我们引入了样本空间 Ω 上的实值函数,即 Ω 内每一点与实数的对应关系,称之为随机变量,下面给出其定义.

定义 2.1 设随机试验 E 的样本空间为 Ω,如果对于每一个可能的试验结果 $\omega \in \Omega$,都存在唯一的实数值 $X(\omega)$ 与之对应(图 2.1),则称 $X(\omega)$ 为一个一维随机变量,简记为 X.随机变量通常用大写字母 X,Y,Z 等来表示.

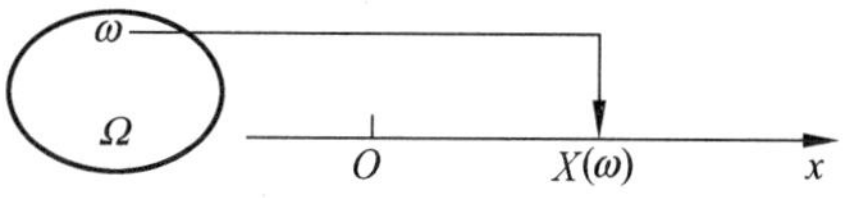

随机变量就是在试验结果中能取不同值的量,它的取值由试验结果而定,由于试验结果具有随机性,所以它也具有随机性.

图 2.1

注意 随机变量与一般的函数是有区别的.一般的函数表示两个实值变量之间的一种对应关系,它的定义域是实数集或实数集的一部分.但是随机变量强调随机试验的结果与实数之间的对应关系,它是依赖于随机试验结果而取值的变量,它的定义域为样本空间 Ω,而

在许多情况下 Ω 不一定是实数集合.

例 2.3 某射手每次射击命中目标的概率为 p,现在他连续向目标射击,直到击中目标为止,则"射击次数"Y 为随机变量,Y 可以取所有正整数.

例 2.4 某人早上醒来随机打开收音机听电台报时,则"等待时间"Y 为随机变量,Y 是一个取"连续值"的随机变量.

引入随机变量以后,随机事件就可以用随机变量的各种取值或取值范围来表示.对于随机变量 X,$\{X=a\}$,$\{X\leqslant b\}$,$\{a<X\leqslant b\}$ 等都表示随机事件,其中 a,b 为任意实数.例如,在例 2.2 中,"抽中学生的身高低于 170cm"这一随机事件可用 $\{X<170\}$ 来表示;"抽中学生的身高在 160～180cm 之间"这一随机事件可用 $\{160<X<180\}$ 来表示.又如,在例 2.3 中,"射击次数不超过 10 次"这一随机事件可用 $\{Y\leqslant 10\}$ 来表示;"射击次数在 2～10 次之间"这一随机事件可用 $\{2<Y<10\}$ 或 $\{Y<10\}-\{Y\leqslant 2\}$ 来表示.

这样,我们就可以把对随机事件的研究转化为对随机变量的研究,便可以利用数学分析的方法研究随机试验,而且通过随机变量,我们能够将各个事件联系起来,从而使全面研究随机试验的所有结果成为可能.

我们通常把取有限个值或取可数无穷多个值的随机变量称为离散型随机变量,如例 2.1、例 2.2、例 2.3 中的随机变量;其余的统称为非离散型随机变量.在非离散型随机变量中,有一类最重要的也是实际工作中经常遇到的随机变量,它可以取得某一区间内的任何数值,即连续型随机变量,如例 2.4 中的随机变量.

2.2 随机变量的分布函数

注意到随机变量的概念与函数变量概念相比还不"完美",尽管它的"值域"是实数集,但它的"定义域"是随机试验的样本空间 Ω,而通常 Ω 不是实数集.为此我们引入随机变量的分布函数概念,就是试图找到实数集到实数集的对应关系,使随机变量的概念进一步推广,更便于进行理论分析.

定义 2.2 设 X 是随机变量,x 是任意实数,函数
$$F(x) = P(X\leqslant x), \quad -\infty<x<+\infty$$
称为随机变量 X 的分布函数.

如果把 X 看成是数轴上随机点的坐标,那么,分布函数 $F(x)$ 在 x 处的函数值就是点 X 落入区间 $(-\infty,x]$ 内的概率.

分布函数 $F(x)$ 具有以下性质:

(1) 有界性:$0\leqslant F(x)\leqslant 1$.

事实上,因 $P(X\leqslant x)$ 是随机事件的概率,所以
$$0\leqslant P(X\leqslant x)=F(x)\leqslant 1.$$

(2) 单调性:$F(x)$ 在 $(-\infty,+\infty)$ 内单调不减,即若 $x_1<x_2$,则有
$$F(x_1)\leqslant F(x_2).$$

事实上,因为 $F(x_2)-F(x_1)=P(x_1<X\leqslant x_2)\geqslant 0$,所以 $F(x_1)\leqslant F(x_2)$.

(3) 规范性:$\lim\limits_{x\to-\infty}F(x)=F(-\infty)=0$,$\lim\limits_{x\to+\infty}F(x)=F(+\infty)=1$.

直观地,$x\to-\infty$ 表示点 x 沿 x 轴无限向左移动,这时随机变量 X 落在 x 左边的事件是不可

能事件,因此概率趋于 0,即 $\lim\limits_{x\to-\infty}F(x)=F(-\infty)=0.$ $x\to+\infty$ 表示点 x 沿 x 轴无限向右移动,这时随机变量 X 落在 x 左边的事件是必然事件,因此概率趋于 1,即 $\lim\limits_{x\to+\infty}F(x)=F(+\infty)=1.$

（4）连续性：$\lim\limits_{x\to x_0^+}F(x)=F(x_0)$,$x_0\in(-\infty,+\infty)$,即 $F(x)$ 在 $(-\infty,+\infty)$ 内处处右连续（证明略）.

注意到分布函数 $F(x)$ 是实变量 x 的函数,其"定义域"是实数集,"值域"是 $[0,1]$ 区间,是实数集的一个子集,这就使我们完全可以用数学分析等经典数学方法来研究随机变量的规律性.

利用分布函数可以计算随机变量落在任一区间内的概率,从而能够全面地描述随机变量的取值规律,所以,分布函数概念的引入是概率论发展史上的重要里程碑,后面章节会更详细介绍分布函数.

思政小课堂 6

【学】分布函数是实数集到实数集的映射关系.理解 $F(x)=P(X\leqslant x)$ 中随机变量 X 及自变量 x 的取值范围非常重要.

【思】分布函数的单调不减性与 5.1.2 节的样本分布函数（经验分布函数）有什么联系?

【悟】用发展的眼光看待一些重要概念的引入,从整体上对所学知识有个更清晰的了解,不断培养思辨能力.在学习中既要会求分布函数,又能判断一个函数是否可以成为分布函数,从正反两方面掌握分布函数的性质.大家一定要善于总结、归纳,多维度理解新概念,构建自己的整体观.

2.3　离散型随机变量

首先我们来研究离散型随机变量的概率分布,然后学习几种常见的离散型随机变量.

2.3.1　离散型随机变量及其概率分布

定义 2.3　如果随机变量 X 只取有限个值或可数无穷多个值,则称 X 是离散型随机变量.

例如,例 2.1、例 2.2、例 2.3 中介绍的都是离散型随机变量.

设 X 是一个离散型随机变量,所有的可能取值是 $x_1,x_2,\cdots,x_n,\cdots,X$ 取各个值的概率分别为

$$P(X=x_1)=p_1,\quad P(X=x_2)=p_2,\quad \cdots,\quad P(X=x_n)=p_n,\quad \cdots, \quad (2.1)$$

于是 X 的可能取值及相应的概率也可用如下的表格形式表示（表 2.1）.

表　2.1

X	x_1	x_2	x_3	$\cdots$	x_k	$\cdots$
P	p_1	p_2	p_3	$\cdots$	p_k	$\cdots$

定义 2.4 若式(2.1)或表 2.1 中的概率值满足

(1) 非负性:$0 \leqslant p_k \leqslant 1 (k=1,2,\cdots)$;

(2) 规范性:$\sum\limits_{k=1}^{+\infty} p_k = 1$,

则称式(2.1)或表 2.1 为随机变量 X 的概率分布、分布律或分布列.

因此一维离散型随机变量的概率分布有两种表示方法:等式形式(式(2.1))和表格形式(表 2.1).

例如,投掷一枚硬币,描述试验结果的随机变量 X 的概率分布为

X	0	1
P	0.5	0.5

再如,射击试验,每次击中概率为 p,直到击中目标为止,则射击次数 X 的概率分布为

X	1	2	3	$\cdots$	k	$\cdots$
P	p	pq	pq^2	$\cdots$	pq^{k-1}	$\cdots$

其中 $q=1-p$,显然 $pq^{k-1} \geqslant 0$,$\sum\limits_{k=1}^{+\infty} pq^{k-1} = \dfrac{p}{1-q} = 1$. 这个分布被称为**几何分布**,参数为 p.

概率分布是从概率的角度描述随机变量 X 的取值规律的,它直观地描述了随机变量取值的"分布"情况.下面通过具体例子说明离散型随机变量概率分布以及分布函数的求法,并进一步理解分布函数的性质.

例 2.5 设 10 件产品中有 2 件次品,现进行不放回抽取,每次抽一件,直到取到正品为止,用 X 表示抽取的次数,求 X 的概率分布.

解 已知 X 的取值范围是 1,2,3,并且有

$$P(X=1) = \frac{8}{10} = \frac{4}{5};$$

$$P(X=2) = \frac{2}{10} \times \frac{8}{9} = \frac{8}{45};$$

$$P(X=3) = \frac{2}{10} \times \frac{1}{9} \times \frac{8}{8} = \frac{1}{45}.$$

因此,X 的概率分布为

X	1	2	3
P	$\dfrac{4}{5}$	$\dfrac{8}{45}$	$\dfrac{1}{45}$

注意到 $\sum\limits_{i=1}^{3} p_i = 1$.

注意 按照分布函数的定义,若 X 是离散型随机变量,则求分布函数的公式为 $F(x) = P(X \leqslant x) = \sum\limits_{x_i \leqslant x} P(X=x_i)$.

一般地,若离散型随机变量 X 的概率分布为

X	x_1	x_2	x_3	$\cdots$	x_n	$\cdots$
P	p_1	p_2	p_3	$\cdots$	p_n	$\cdots$

则分布函数

$$F(x)=\begin{cases}0, & x<x_1, \\ p_1, & x_1\leqslant x<x_2, \\ p_1+p_2, & x_2\leqslant x<x_3, \\ \vdots & \vdots \\ p_1+p_2+\cdots+p_{n-1}, & x_{n-1}\leqslant x<x_n, \\ \vdots & \vdots \end{cases}$$

注意　分布函数 $F(x)$ 实质上是概率值的累积函数,它的图形是阶梯形,以随机变量的取值是有限个为例,$F(x)$ 的图形由两条射线和有限条线段构成,线段的两端点左实右虚(见图 2.2).

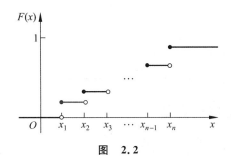

图　2.2

例 2.6　已知离散型随机变量 X 的概率分布如下,求 X 的分布函数 $F(x)$.

X	0	1	2	3
P	0.02	0.18	0.45	0.35

解　当 $x<0$ 时,$F(x)=P(X\leqslant x)=0$;

当 $0\leqslant x<1$ 时,$F(x)=P(X=0)=0.02$;

当 $1\leqslant x<2$ 时,$F(x)=P(X=0)+P(X=1)=0.2$;

当 $2\leqslant x<3$ 时,$F(x)=P(X=0)+P(X=1)+P(X=2)=0.65$;

当 $x\geqslant 3$ 时,$F(x)=P(X=0)+P(X=1)+P(X=2)+P(X=3)=1.$

因此,X 的分布函数(见图 2.3)为

$$F(x)=\begin{cases}0, & x<0, \\ 0.02, & 0\leqslant x<1, \\ 0.2, & 1\leqslant x<2, \\ 0.65, & 2\leqslant x<3, \\ 1, & x\geqslant 3. \end{cases}$$

分布函数 $F(x)$ 的图形如图 2.3 所示.

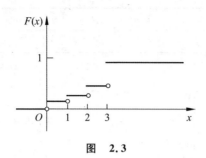

图 2.3

例 2.7 设随机变量 X 的分布函数为 $F(x)=\begin{cases}0, & x<-1,\\ 0.4, & -1\leqslant x<1,\\ 0.8, & 1\leqslant x<3,\\ 1, & x\geqslant 3,\end{cases}$ 求 X 的分布律.

解 由 $F(x)$ 的跳跃间断点可知 X 的取值为 $-1,1,3$，取值的相应概率为跳跃的高度，则 X 的分布律为

X	-1	1	3
P	0.4	0.4	0.2

2.3.2 常见的离散型随机变量

下面介绍 6 种常见的离散型随机变量及其概率分布.

1. 两点分布

定义 2.5 如果随机变量 X 的概率分布为

X	a	b
P	$1-p$	p

则称 X 服从两点分布（p 为参数）.

特别地，当 $a=0,b=1$ 时，称 X 服从 0-1 分布，也称为**伯努利（Bernulli）分布**.

在随机试验中，如果可能的试验结果只有两种，则对应的随机变量都服从两点分布或 0-1 分布.例如投掷一枚硬币，试验结果对应的随机变量服从 0-1 分布，其中 $p=0.5$.

2. 离散型均匀分布

定义 2.6 如果随机变量 X 取有限个值，而且取各个值的概率相等，即概率分布为

X	x_1	x_2	x_3	$\cdots$	x_n
P	$\dfrac{1}{n}$	$\dfrac{1}{n}$	$\dfrac{1}{n}$	$\cdots$	$\dfrac{1}{n}$

则称 X 服从离散型均匀分布.

显然 $p_i\geqslant 0(i=1,2,\cdots,n)$；$\sum\limits_{i=1}^{n}\dfrac{1}{n}=1$.

例如,掷骰子试验,点数 X 取值为 $1 \sim 6$,取各个值的概率相等,均为 $\dfrac{1}{6}$.

3. 二项分布

二项分布产生于独立重复试验,在 n 重伯努利试验中,事件 A 出现的次数服从二项分布.

定义 2.7 如果随机变量 X 的取值为 $0,1,2,\cdots,n$,且

$$P(X=k) = C_n^k p^k q^{n-k}, \quad k=0,1,2,\cdots,n,$$

其中,$0 < p < 1, q = 1-p$,则称 X 服从参数为 n,p 的二项分布,记作 $X \sim B(n,p)$. 显然

$$P(X=k) > 0,$$

且

$$\sum_{k=0}^{n} P(X=k) = \sum_{k=0}^{n} C_n^k p^k q^{n-k} = (p+q)^n = 1 \quad （二项展开式）.$$

二项分布适用于产品检查、婴儿性别调查等. 当 $n=1$ 时,二项分布就是两点分布.

例 2.8 一射手射击,射中的概率是 0.8,连续射击 5 次,用 X 表示射中的次数,求 X 的概率分布.

解 射击 5 次可看做在同样条件下的 5 次独立重复试验,则 $X \sim B(5,0.8)$. 故

$$P(X=k) = C_5^k 0.8^k 0.2^{5-k}, \quad k=0,1,2,3,4,5.$$

计算具体概率值,可得概率分布:

X	0	1	2	3	4	5
P	0.000 32	0.0064	0.0512	0.2048	0.4096	0.327 68

注意 在表中的 6 个概率值中,$P(X=4)=0.4096$ 最大.

为了简化二项分布的计算过程,本书附有二项分布的概率表(见表 A.1).其中随机变量 $X \sim B(n,p)$,表中 p 的最大值是 0.3,n 取值为 $2 \sim 30$.

在例 2.8 中,欲求 $P(X=1)$,注意到 $X \sim B(5,0.8)$,由于 $0.8 > 0.3$,我们转而考虑随机变量 $Y=5-X$,显然 $Y \sim B(5,0.2)$,且 $P(X=1)=P(Y=4)$.

为求出概率 $P(Y=4)$,由于 $P(Y=4)=P(Y \leqslant 4)-P(Y \leqslant 3)$,在表 A.1 中找到 $p=0.2$ 的纵列,并找到 $n=5$ 所对应的横行.查出 $P(Y \leqslant 4)=0.9997$,$P(Y \leqslant 3)=0.9933$,得到 $P(X=1)=P(Y=4)=0.9997-0.9933=0.0064$,与表格中按定义求出的概率值相等.

例 2.9 在例 2.8 中,求射中三次及以上的概率.

解 $P(X \geqslant 3)=1-P(X<3)=1-[P(X=0)+P(X=1)+P(X=2)]$
$$=1-0.057\,92=0.942\,08 \approx 0.9421.$$

采用查表法,注意到 $X \sim B(5,0.8)$,$Y=5-X \sim B(5,0.2)$,于是查表 A.1 得到

$$P(X \geqslant 3) = P(Y \leqslant 2) \approx 0.9421.$$

例 2.10 设有 15 个工人在工作中相互独立地使用电力,在任一时刻每个工人都以同样的概率 $p=0.3$ 需要一个单位的电力(相当于一个小时内平均有 18min 需要一个单位的电力).问在任一时刻需要供应 10 个或 10 个以上单位电力的概率是多少?

解 设在任一时刻需要供应的电力数为 X,则 $X \sim B(15,0.3)$,于是,所求的概率为

$$P(X \geqslant 10) = 1-P(X \leqslant 9) = 1-0.9963 = 0.0037 \quad （查表 A.1）.$$

在二项分布中,n 越小,相应概率值越好计算,特别是 $n=1$ 的二项分布即为 0-1 分布. n 越大,相应概率值越难计算,因此应该寻找当 n 很大时的二项分布的极限分布.下面介绍的泊松分布就是二项分布 $B(n,p)$ 当 $np \to \lambda (n \to +\infty)$ 时的极限分布.

4. 泊松分布

定义 2.8 若随机变量 X 的概率分布为

$$P(X = k) = \frac{\lambda^k}{k!} \mathrm{e}^{-\lambda}, \quad k = 0, 1, 2, \cdots, n, \cdots,$$

则称 X 服从参数为 $\lambda(\lambda > 0)$ 的**泊松(Poisson)分布**,记为 $X \sim P(\lambda)$.

注意 由指数函数的性质可得 $P(X = k) = \frac{\lambda^k}{k!} \mathrm{e}^{-\lambda} > 0$;由 e^x 的幂级数展开式可得

$$\sum_{k=0}^{+\infty} P(X = k) = \sum_{k=0}^{+\infty} \frac{\lambda^k}{k!} \mathrm{e}^{-\lambda} = \mathrm{e}^{\lambda} \mathrm{e}^{-\lambda} = 1,$$ 所以泊松分布满足概率分布的定义.

泊松分布是最重要的离散型分布之一.在实际问题中,服从泊松分布的随机变量很多.例如,单位时间内经过某路口的行人数,单位时间内某寻呼台收到的呼叫次数,葡萄干在大蛋糕中的分布,大森林中某种动物的分布,显微镜下观看某种细菌的分布,大型铸件的单位体积中疵点的数目等,都服从或近似服从泊松分布,而分布的参数都是相应的单位时间或单位面积(体积)内的平均数.

例 2.11 某商店出售某种商品,由历史记录分析,月销售量 X 服从参数为 5 的泊松分布,问在月初时要进多少该商品,才能以 0.998 的概率满足顾客的需要?

解 由题意可知 $X \sim P(5)$,即

$$P(X = k) = \frac{5^k}{k!} \mathrm{e}^{-5}, \quad k = 0, 1, 2, \cdots.$$

设月初进货该商品 x 就可保证以 0.998 的概率满足顾客需要,于是

$$P(X \leqslant x) = 0.998, \quad \text{即} \quad P(X > x) = P(X \geqslant x+1) = 0.002.$$

事实上,$P(X > x) = \sum\limits_{k=x+1}^{+\infty} P(X = k)$,查表 A.3 可知 $P(X \geqslant 13) = 0.002\,019$,当 $x+1 = 13 \Rightarrow x = 12$ 时,即月初至少进该商品 12 件时,才能以 0.998 的概率满足顾客的需要.

本例是泊松分布的一个简单应用.泊松分布在医学、生物学、保险科学、工业统计及公用事业的排队等问题中是比较常见的.

下面给出一个当 n 很大、p 很小时的二项分布的近似计算公式,这就是有名的泊松逼近.

定理 2.1(泊松定理) 设随机变量 $X_n (n = 1, 2, \cdots)$ 服从二项分布 $X_n \sim B(n, p_n)$,其概率分布为

$$P(X_n = k) = \mathrm{C}_n^k p_n^k (1 - p_n)^{n-k}, \quad k = 0, 1, 2, \cdots, n,$$

又设 $np_n = \lambda$ 是常数,则

$$\lim_{n \to +\infty} P(X_n = k) = \frac{\lambda^k}{k!} \mathrm{e}^{-\lambda}, \quad k = 0, 1, 2, \cdots.$$

证明 由 $p_n = \dfrac{\lambda}{n}$,得

$$P(X_n = k) = \mathrm{C}_n^k p_n^k (1 - p_n)^{n-k}$$

$$= \frac{n(n-1)\cdots(n-k+1)}{k!}\left(\frac{\lambda}{n}\right)^k\left(1-\frac{\lambda}{n}\right)^{n-k}$$

$$= \frac{\lambda^k}{k!} \cdot 1 \cdot \left(1-\frac{1}{n}\right) \cdot \left(1-\frac{2}{n}\right) \cdots \left(1-\frac{k-1}{n}\right) \cdot \left(1-\frac{\lambda}{n}\right)^n \cdot \left(1-\frac{\lambda}{n}\right)^{-k}.$$

注意到,对于固定的 k,当 $n\to+\infty$ 时,

$$\left(1-\frac{1}{n}\right) \cdot \left(1-\frac{2}{n}\right) \cdots \left(1-\frac{k-1}{n}\right) \to 1;$$

$$\left(1-\frac{\lambda}{n}\right)^n \xrightarrow{n\to+\infty} e^{-\lambda}; \quad \left(1-\frac{\lambda}{n}\right)^{-k} \xrightarrow{n\to+\infty} 1,$$

所以

$$\lim_{n\to+\infty} P(X_n = k) = \frac{\lambda^k}{k!}e^{-\lambda}.$$

显然,定理中的条件 $np_n=\lambda$ 意味着当 n 很大时,p_n 必定很小,因而泊松定理表明,对于 $X\sim B(n,p)$ 来说,当 n 很大,p 很小(一般地 $0<np<8$)时,

$$B(n,p) \approx P(\lambda), \quad 其中 \quad \lambda = np.$$

为简化计算,本书附有泊松分布表(表 A.3),根据 λ 值和 k 值可得出 $P(X=k)$ 的值.

例 2.12　设某商店订购 1000 瓶汽水,运输过程中瓶子被打破的概率为 0.004,求商店收到的汽水瓶中:

(1) 恰有 2 瓶被打破的概率;

(2) 多于 2 瓶被打破的概率;

(3) 至少有 1 瓶被打破的概率.

解　设被打破的瓶子数为 X,则 $X\sim B(1000,0.004)$. 由于 n 较大,p 较小,所以可用泊松近似公式计算.

$$P(X = k) = C_{1000}^k \cdot 0.004^k \cdot 0.996^{1000-k} \approx \frac{\lambda^k}{k!}e^{-\lambda}.$$

这里 $\lambda=np=1000\times0.004=4$,可认为 X 近似服从泊松分布 $P(4)$.

(1) $P(X=2)\approx\frac{4^2}{2!}e^{-4}\approx0.1465$;也可查表 A.3 得 $P(X=2)=P(X\geqslant2)-P(X\geqslant3)=0.908\,422-0.761\,897\approx0.1465$;

(2) 直接查表 A.3 可得 $P(X>2)=P(X\geqslant3)\approx0.7619$;

(3) $P(X\geqslant1)=1-P(X=0)=1-\frac{4^0}{0!}e^{-4}\approx0.9817$,直接查表 A.3 可得 $P(X\geqslant1)\approx0.9817$.

例 2.13　设某种机器发生故障的概率为 0.005,在 360 台该种机器中,求:

(1) 恰有 3 台机器发生故障的概率;

(2) 有 3 台以上(含 3 台)机器发生故障的概率.

解　设 360 台机器中发生故障的机器数为 X,则 $X\sim B(360,0.005)$,由于 n 较大,p 较小,所以可以用泊松近似公式计算,而 $\lambda=np=360\times0.005=1.8$,由泊松定理知 $X\sim P(1.8)$,于是

(1) $P(X=3)\approx\frac{1.8^3}{3!} \cdot e^{-1.8}\approx0.1607$;

(2) $P(X\geqslant 3)=1-P(X=0)-P(X=1)-P(X=2)\approx 1-\left(1+1.8+\dfrac{1.8^2}{2!}\right)e^{-1.8}$

$\approx 0.2694.$

直接查表 A.3 可得 $P(X\geqslant 3)=0.269\,379\approx 0.2694.$

5. 超几何分布

设一批同类产品共 N 个,其中有 M 个次品,现从中任取 n 个$(n\leqslant N-M)$,则这 n 个产品中所含的次品数 X 是一个离散型随机变量,其概率分布为

$$P(X=k)=\frac{C_M^k C_{N-M}^{n-k}}{C_N^n},\quad k=0,1,2,\cdots,l,$$

其中,$l=\min(M,n)$,称这个概率分布为**超几何分布**.

事实上,若当 $N\to +\infty$ 时,$\dfrac{M}{N}\to p$ $(n,k$ 不变$)$,则

$$\frac{C_M^k C_{N-M}^{n-k}}{C_N^n}\to C_n^k p^k q^{n-k},$$

即超几何分布的极限分布是二项分布.

6. 帕斯卡(Pascal)分布

设在一次随机试验中,事件 A 发生的概率为 $P(A)=p$,现重复独立地进行这个试验,直到事件 A 正好发生 r 次停止.用 X 表示实际进行的试验次数,则 X 的取值显然是

$$X=r,r+1,r+2,\cdots.$$

随机事件“$X=k$”表示事件 A 在第 k 次试验中发生,且在前面的 $k-1$ 次试验中恰好发生 $r-1$ 次.从 $k-1$ 次试验中选取 $r-1$ 次,可能的情形共有 C_{k-1}^{r-1} 种,再利用试验的独立性,得到

$$P(X=k)=C_{k-1}^{r-1}p^r q^{k-r},\quad k=r,r+1,r+2,\cdots;\quad q=1-p,$$

称这个概率分布为**帕斯卡分布**.

思政小课堂 7

【学】假定某工厂有同型号纺织机 80 台,各台是否正常工作是相互独立的.每台纺织机发生故障的概率都是 0.01.工厂有机器维修工 4 人,这里假定 1 台纺织机可由 1 个人来处理故障.试讨论下面两种情况下,哪种情况纺织机发生故障来不及维修的概率更高.

(1) 每人各自负责指定的 20 台纺织机;(2) 4 人共同负责 80 台纺织机.

解 设 X 为同一时刻纺织机发生故障的台数,由题意知 X 服从二项分布.

(1) $X\sim B(20,0.01)$,来不及维修的概率为 $P(X>1)=1-P(X=0)-P(X=1)\approx 0.0169$;

(2) $X\sim B(80,0.01)$,来不及维修的概率为 $P(X>4)=1-P(X\leqslant 4)\approx 0.0013.$

由此可知,同样是 80 台机器,第一种情况下来不及维修的概率比第二种情况要高很多.

【思】我们在工作,生活中要注重团队协作,如何在课程学习中培养团队协作意识值得大家去思考?

【悟】大家在学习和工作中应发扬团结互助精神,做到分工不分家,这样既能提高整个团队的工作效率,还可以让彼此感受到温暖,营造融洽的人际关系,"人人为公,天下大同".

2.4　连续型随机变量

2.4.1　连续型随机变量及其概率密度

除了离散型随机变量,还有非离散型随机变量,在非离散型随机变量中,最重要的一种就是连续型随机变量.

定义 2.9　设随机变量 X 的分布函数为 $F(x)$,如果存在非负可积函数 $f(x)$,使得

$$F(x) = \int_{-\infty}^{x} f(t)\mathrm{d}t,$$

则称 X 为连续型随机变量,称 $f(x)$ 为 X 的概率密度函数(简称概率密度).

由定义可知,连续型随机变量的分布函数 $F(x)$ 是一个连续函数.

概率密度函数 $f(x)$ 有下列性质.

(1) 非负性:$f(x) \geqslant 0$;

(2) 规范性:$\int_{-\infty}^{+\infty} f(x)\mathrm{d}x = 1$;

(3) 若 $f(x)$ 在 x 处连续,则 $F'(x) = f(x)$.

证明　(1) 由定义可知 $f(x) \geqslant 0$;从几何上看,密度函数的曲线在 x 轴的上方;

(2) $\int_{-\infty}^{+\infty} f(x)\mathrm{d}x = \lim_{x \to +\infty} \int_{-\infty}^{x} f(t)\mathrm{d}t = \lim_{x \to +\infty} F(x) = 1$;

(3) 由于 $F(x)$ 是 $f(x)$ 的变上限积分,则对于 $f(x)$ 的连续点 x,有

$$F'(x) = f(x).$$

注意　$F(x)$ 的值等于曲线 $y = f(x)$ 在 $(-\infty, x)$ 上与 x 轴所围成的曲边梯形的面积,见图 2.4.

性质(2)说明曲线 $y = f(x)$ 和 x 轴之间的面积等于1,见图 2.5.

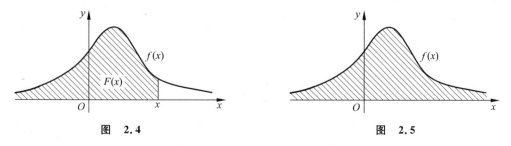

图　2.4　　　　　　　　　　　图　2.5

注意　连续型随机变量 X 取任意给定值 a 的概率为 0,即 $P(X=a)=0$.

事实上,对于任意的 $\delta > 0$,在 $P(a < X \leqslant a+\delta) = F(a+\delta) - F(a)$ 中令 $\delta \to 0$,由于 $F(x)$

是连续函数,从而得到 $P(X=a)=0$,故从 $P(A)=0$ 不能推出事件 A 是不可能事件.

因此,当我们讨论连续型随机变量 X 落入某区间内的概率时,不用区分该区间是否包括区间端点在内,即

$$P(a<X<b)=P(a<X\leqslant b)=P(a\leqslant X<b)=P(a\leqslant X\leqslant b).$$

例 2.14 若连续型随机变量 X 的分布函数为

$$F(x)=\begin{cases} 0, & x\leqslant -3, \\ A+B\arcsin\dfrac{x}{3}, & -3<x\leqslant 3, \\ 1, & x>3. \end{cases}$$

(1) 求常数 A,B;

(2) 求密度函数 $f(x)$;

(3) 求 $P\left(-5<X<\dfrac{\pi}{2}\right)$.

解 (1) 由 $F(x)$ 的连续性有 $F(-3+0)=F(-3)=0$,$F(3)=F(3+0)=1$,

可得 $A+B\left(-\dfrac{\pi}{2}\right)=0$,$A+B\dfrac{\pi}{2}=1$,从而 $A=\dfrac{1}{2}$,$B=\dfrac{1}{\pi}$.

(2) $f(x)=F'(x)=\begin{cases} \dfrac{1}{\pi}\dfrac{1}{\sqrt{9-x^2}}, & -3<x<3, \\ 0, & 其他. \end{cases}$

(3) $P\left(-5<X<\dfrac{\pi}{2}\right)=F\left(\dfrac{\pi}{2}\right)-F(-5)=\dfrac{1}{2}+\dfrac{1}{\pi}\arcsin\dfrac{\pi}{6}$.

例 2.15 设 X 是连续型随机变量,已知 X 的概率密度为

$$f(x)=\begin{cases} \dfrac{c}{\sqrt{1-x^2}}, & |x|<1, \\ 0, & 其他. \end{cases}$$

(1) 确定常数 c;

(2) 求 X 的分布函数;

(3) 求 $P(0<X<1)$.

解 (1) 由概率密度的规范性,有

$$1=\int_{-\infty}^{+\infty}f(x)\mathrm{d}x=\int_{-1}^{1}\frac{c}{\sqrt{1-x^2}}\mathrm{d}x=2c\int_{0}^{1}\frac{1}{\sqrt{1-x^2}}\mathrm{d}x$$

$$=2c\arcsin x\Big|_{0}^{1}=2c\left(\frac{\pi}{2}-0\right)=c\pi,$$

从而,$c=\dfrac{1}{\pi}$.

(2) 由连续型随机变量的定义 $F(x)=\displaystyle\int_{-\infty}^{x}f(t)\mathrm{d}t$ 得

当 $x\leqslant -1$ 时,$t\leqslant -1$,$f(t)=0$,

$$F(x)=\int_{-\infty}^{x}0\mathrm{d}t=0;$$

当 $-1 < x < 1$ 时，

$$F(x) = \int_{-\infty}^{x} f(t)\mathrm{d}t = \int_{-\infty}^{-1} 0\mathrm{d}t + \int_{-1}^{x} \frac{1}{\pi} \frac{1}{\sqrt{1-t^2}} \mathrm{d}t$$

$$= \frac{1}{\pi} \arcsin t \Big|_{-1}^{x} = \frac{1}{\pi}\left(\arcsin x + \frac{\pi}{2}\right);$$

当 $x \geq 1$ 时，

$$F(x) = \int_{-\infty}^{x} f(t)\mathrm{d}t = \int_{-\infty}^{-1} 0\mathrm{d}t + \int_{-1}^{1} \frac{1}{\pi} \frac{1}{\sqrt{1-t^2}} \mathrm{d}t + \int_{1}^{x} 0\mathrm{d}t = \frac{1}{\pi} \arcsin t \Big|_{-1}^{1} = \frac{1}{\pi}\left(\frac{\pi}{2} + \frac{\pi}{3}\right) = 1.$$

因此，

$$F(x) = \begin{cases} 0, & x \leq -1, \\ \dfrac{1}{\pi}\left(\arcsin x + \dfrac{\pi}{2}\right), & -1 < x < 1, \\ 1, & x \geq 1. \end{cases}$$

(3) $P(0 < X < 1) = \int_{0}^{1} \frac{1}{\pi} \frac{1}{\sqrt{1-x^2}} \mathrm{d}x = \frac{1}{\pi} \arcsin x \Big|_{0}^{1} = \frac{1}{\pi} \arcsin 1 = \frac{1}{\pi} \cdot \frac{\pi}{2} = \frac{1}{2}.$

例 2.16　设连续型随机变量 X 的概率密度为 $f(x) = \begin{cases} \lambda \mathrm{e}^{-3x}, & x \geq 0, \\ 0, & x < 0, \end{cases}$ 求：(1) 常数 λ;
(2) X 的分布函数；(3) $P(1 < X < 2)$.

解　(1) 由密度函数的规范性得 $\int_{0}^{+\infty} \lambda \mathrm{e}^{-3x} \mathrm{d}x = 1$, 从而 $\lambda = 3$.

(2) 由连续型随机变量的定义 $F(x) = \int_{-\infty}^{x} f(t)\mathrm{d}t$ 得

当 $x < 0$ 时, $t < 0, f(t) = 0, F(x) = \int_{-\infty}^{x} 0\mathrm{d}t = 0$;

当 $x \geq 0$ 时, $F(x) = \int_{-\infty}^{0} 0\mathrm{d}t + \int_{0}^{x} 3\mathrm{e}^{-3t} \mathrm{d}t = (-\mathrm{e}^{-3t}) \Big|_{0}^{x} = 1 - \mathrm{e}^{-3x}$.

从而, $F(x) = \begin{cases} 0, & x < 0, \\ 1 - \mathrm{e}^{-3x}, & x \geq 0. \end{cases}$

(3) $P(1 < X < 2) = \int_{1}^{2} 3\mathrm{e}^{-3x} \mathrm{d}x = \mathrm{e}^{-3} - \mathrm{e}^{-6}.$

2.4.2　常见的连续型随机变量

下面介绍 3 种常见的连续型随机变量及其概率密度.

1. 均匀分布

定义 2.10　如果连续型随机变量 X 的概率密度为

$$f(x) = \begin{cases} \dfrac{1}{b-a}, & a \leq x \leq b, \\ 0, & \text{其他}, \end{cases}$$

则称 X 在区间 $[a,b]$ 上服从均匀分布, 记作 $X \sim U[a,b]$.

显然,

$$f(x) \geq 0, \qquad \int_{-\infty}^{+\infty} f(x)\mathrm{d}x = \int_{a}^{b} \frac{1}{b-a} \mathrm{d}x = 1.$$

并且,X 的分布函数为

$$F(x) = \begin{cases} 0, & x < a, \\ \dfrac{x-a}{b-a}, & a \leqslant x < b, \\ 1, & x \geqslant b. \end{cases}$$

事实上,当 $x < a$ 时,因为 $f(x) = 0$,故 $F(x) = 0$;

当 $a \leqslant x < b$ 时,$F(x) = \displaystyle\int_{-\infty}^{a} 0\mathrm{d}t + \int_{a}^{x} \frac{1}{b-a}\mathrm{d}t = \frac{1}{b-a}t \Big|_{a}^{x} = \frac{x-a}{b-a}$;

当 $x \geqslant b$ 时,$F(x) = \displaystyle\int_{-\infty}^{a} 0\mathrm{d}t + \int_{a}^{b} \frac{1}{b-a}\mathrm{d}t + \int_{b}^{x} 0\mathrm{d}t = \frac{1}{b-a}t \Big|_{a}^{b} = 1.$

$f(x)$ 和 $F(x)$ 的图形分别如图 2.6 和图 2.7 所示.

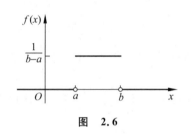

图 2.6

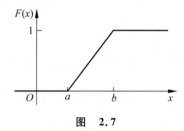

图 2.7

注意 如果 X 在区间 $[a,b]$ 上服从均匀分布,则对于任意满足 $a \leqslant c < d \leqslant b$ 的 c 和 d 都有

$$P(c < X < d) = \int_{c}^{d} \frac{1}{b-a}\mathrm{d}x = \frac{d-c}{b-a}.$$

这说明 X 落入区间 $[a,b]$ 中任一小区间的概率与该小区间的长度成正比,而与小区间的具体位置无关,这就是均匀分布的概率意义.

例 2.17 设随机变量 $X \sim U[2,5]$,对 X 进行三次独立观测,试求至少两次观测值大于 3 的概率.

解 设随机变量 Y 表示三次测量中"观测值大于 3"发生的次数,则由题意可知 $Y \sim B(3,p)$. 由于 $X \sim U[2,5]$,则 $f(x) = \begin{cases} \dfrac{1}{3}, & 2 \leqslant x \leqslant 5, \\ 0, & \text{其他}, \end{cases}$ 可得 $p = \displaystyle\int_{3}^{+\infty} f(x)\mathrm{d}x = \int_{3}^{5} \frac{1}{3}\mathrm{d}x = \frac{2}{3}$,

从而所求概率为

$$P(Y \geqslant 2) = \mathrm{C}_3^2 \left(\frac{2}{3}\right)^2 \frac{1}{3} + \mathrm{C}_3^3 \left(\frac{2}{3}\right)^3 = \frac{20}{27}.$$

2. 指数分布

定义 2.11 如果连续型随机变量 X 的概率密度为

$$f(x) = \begin{cases} \lambda \mathrm{e}^{-\lambda x}, & x \geqslant 0, \\ 0, & \text{其他}, \end{cases}$$

则称 X 服从参数为 $\lambda(\lambda > 0)$ 的指数分布.

由指数函数的性质和广义积分公式不难得出 $f(x) \geqslant 0$,且

$$\int_{-\infty}^{+\infty} f(x)\mathrm{d}x = \int_{0}^{+\infty} \lambda \mathrm{e}^{-\lambda x}\mathrm{d}x = 1.$$

利用分布函数的定义,可以得到

$$F(x) = \begin{cases} 1 - \mathrm{e}^{-\lambda x}, & x \geqslant 0, \\ 0, & x < 0. \end{cases}$$

事实上,当 $x < 0$ 时,因为 $f(x) = 0$,故 $F(x) = 0$;

当 $x \geqslant 0$ 时,

$$F(x) = \int_0^x \lambda \mathrm{e}^{-\lambda t} \mathrm{d}t = 1 - \mathrm{e}^{-\lambda x}.$$

$f(x)$ 和 $F(x)$ 的图形分别如图 2.8 和图 2.9 所示.

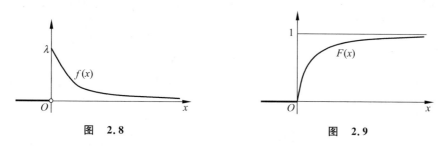

图　2.8　　　　　　　　　　　　　图　2.9

例 2.18　某种型号的电灯泡适用时间(单位:h)为一随机变量 X,其概率密度为

$$f(x) = \begin{cases} \dfrac{1}{5000} \mathrm{e}^{-\frac{x}{5000}}, & x \geqslant 0, \\ 0, & x < 0. \end{cases}$$

求 3 个这种型号的灯泡使用了 1000h 后,至少有 2 个仍可继续使用的概率.

解　每一个灯泡的使用寿命超过 1000h 的概率为

$$P(X > 1000) = \int_{1000}^{+\infty} \frac{1}{5000} \mathrm{e}^{-\frac{x}{5000}} \mathrm{d}x = \mathrm{e}^{-0.2} = 0.82.$$

设 η 表示 3 个灯泡中使用寿命超过 1000h 的个数,则 $\eta \sim B(3, 0.82)$,故所求概率为

$$P(\eta \geqslant 2) = P(\eta = 2) + P(\eta = 3) = C_3^2 (0.82)^2 0.18 + (0.82)^3 \approx 0.914.$$

指数分布经常用来描述各种电子元件的使用寿命,修理机器所需时间,等等.

3. 正态分布

定义 2.12　设连续型随机变量 X 的概率密度为

$$f(x) = \frac{1}{\sqrt{2\pi}\sigma} \mathrm{e}^{-\frac{(x-\mu)^2}{2\sigma^2}}, \quad -\infty < x < +\infty, \sigma > 0,$$

其中 μ, σ 为常数,则称 X 服从参数为 μ, σ^2 的正态分布,记作 $X \sim N(\mu, \sigma^2)$.

显然,$f(x) > 0$;并且可以证明 $\int_{-\infty}^{+\infty} f(x) \mathrm{d}x = 1$.

事实上,作变量替换 $t = \dfrac{x - \mu}{\sigma}$,则有

$$\int_{-\infty}^{+\infty} \frac{1}{\sqrt{2\pi}\sigma} \mathrm{e}^{-\frac{(x-\mu)^2}{2\sigma^2}} \mathrm{d}x = \frac{1}{\sqrt{2\pi}} \int_{-\infty}^{+\infty} \mathrm{e}^{-\frac{t^2}{2}} \mathrm{d}t,$$

所以,只需证 $\int_{-\infty}^{+\infty} \mathrm{e}^{-\frac{t^2}{2}} \mathrm{d}t = \sqrt{2\pi}$ 即可. 为此,令 $I = \int_{-\infty}^{+\infty} \mathrm{e}^{-\frac{t^2}{2}} \mathrm{d}t$,则由二重积分可得

$$I^2 = \int_{-\infty}^{+\infty} \mathrm{e}^{-\frac{x^2}{2}} \mathrm{d}x \int_{-\infty}^{+\infty} \mathrm{e}^{-\frac{y^2}{2}} \mathrm{d}y = \iint_{xOy\text{平面}} \mathrm{e}^{-\frac{x^2+y^2}{2}} \mathrm{d}x\mathrm{d}y$$

$$= \int_0^{2\pi} d\theta \int_0^{+\infty} e^{-\frac{r^2}{2}} r dr = -2\pi e^{-\frac{r^2}{2}} \Big|_0^{+\infty} = 2\pi.$$

所以，$I = \int_{-\infty}^{+\infty} e^{-\frac{t^2}{2}} dt = \sqrt{2\pi}.$

正态分布的概率密度 $f(x)$ 有下列性质：

(1) 在直角坐标系内，$f(x)$ 的图形呈钟形（见图 2.10），在 $x = \mu$ 处达到最大值 $f(\mu) = \dfrac{1}{\sqrt{2\pi}\sigma}$；其分布函数 $F(x)$ 的图形见图 2.11；

(2) 曲线 $y = f(x)$ 是轴对称图形，对称轴为 $x = \mu$；在 $x = \mu \pm \sigma$ 处有拐点；当 $x \to \pm +\infty$ 时，曲线以 x 轴为水平渐近线；

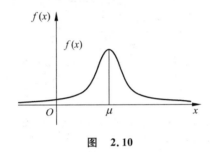

图　2.10　　　　　　　　　　　　图　2.11

(3) 当 σ 增大时，曲线趋于平缓；当 σ 减小时，曲线变得陡峭（见图 2.12）；

(4) 如果 σ 固定，改变 μ 的值，则 $y = f(x)$ 的图形沿着 x 轴平行移动，而不改变其形状，见图 2.13，可见 $f(x)$ 的形状由 σ 确定，而位置由 μ 来确定.

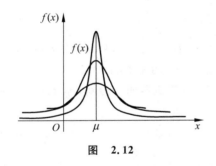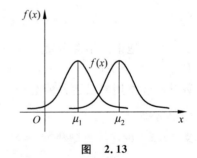

图　2.12　　　　　　　　　　　　图　2.13

特别地，当 $\mu = 0, \sigma = 1$ 时，即 $X \sim N(0,1)$，称 X 服从**标准正态分布**.

习惯上，当 $X \sim N(0,1)$ 时，用 $\varphi(x)$ 和 $\Phi(x)$ 分别表示 X 的概率密度和分布函数，即

$$\varphi(x) = \frac{1}{\sqrt{2\pi}} e^{-\frac{x^2}{2}}, \quad -\infty < x < +\infty,$$

$$\Phi(x) = \frac{1}{\sqrt{2\pi}} \int_{-\infty}^x e^{-\frac{t^2}{2}} dt, \quad -\infty < x < +\infty.$$

$\varphi(x)$ 和 $\Phi(x)$ 的图形分别如图 2.14 和图 2.15 所示.

$\varphi(x)$ 和 $\Phi(x)$ 有如下性质：

(1) $\varphi(x)$ 是偶函数，即 $\varphi(-x) = \varphi(x)$；

(2) 当 $x = 0$ 时，$\varphi(x)$ 取到最大值 $\varphi(0) = \dfrac{1}{\sqrt{2\pi}}$；

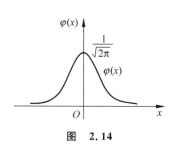

图　2.14

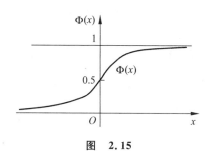

图　2.15

（3）$\Phi(-x)=1-\Phi(x)$.

为方便正态分布的计算，书后附有标准正态分布表（表 A.2），若 $X\sim N(0,1)$，查表 A.2 可以计算：

（1）$P(a<X\leqslant b)=\Phi(b)-\Phi(a)$；

（2）$P(|X|<a)=2\Phi(a)-1$；

（3）$P(X>a)=1-\Phi(a)$.

例 2.19　设 $X\sim N(0,1)$，计算：

（1）$P(X<1.24)$；　　　　　　（2）$P(X<-1.24)$；

（3）$P(|X|<1.24)$；　　　　　　（4）$P(-2.12<X<-1.24)$.

解　查标准正态分布表得

（1）$P(X<1.24)=\Phi(1.24)=0.8925$；

（2）$P(X<-1.24)=\Phi(-1.24)=1-\Phi(1.24)=1-0.8925=0.1075$；

（3）$P(|X|<1.24)=P(-1.24<X<1.24)=\Phi(1.24)-\Phi(-1.24)$

$\qquad\qquad\qquad=\Phi(1.24)-[1-\Phi(1.24)]=2\Phi(1.24)-1=0.7850$；

（4）$P(-2.12<X<-1.24)=\Phi(-1.24)-\Phi(-2.12)=[1-\Phi(1.24)]-[1-\Phi(2.12)]$

$\qquad\qquad\qquad=\Phi(2.12)-\Phi(1.24)=0.0905$.

一般正态分布的**标准化**：设 $X\sim N(\mu,\sigma^2)$，由于

$$F(x)=\frac{1}{\sigma\sqrt{2\pi}}\int_{-\infty}^{x}\mathrm{e}^{-\frac{(t-\mu)^2}{2\sigma^2}}\mathrm{d}t,$$

令 $u=\dfrac{t-\mu}{\sigma}$，得

$$F(x)=\frac{1}{\sqrt{2\pi}}\int_{-\infty}^{\frac{x-\mu}{\sigma}}\mathrm{e}^{-\frac{u^2}{2}}\mathrm{d}u=\Phi\left(\frac{x-\mu}{\sigma}\right).$$

因此，一般正态分布 $N(\mu,\sigma^2)$ 可以经过**标准化变换**变为标准正态分布 $N(0,1)$. 即若 $X\sim N(\mu,\sigma^2)$，则 $\dfrac{X-\mu}{\sigma}\sim N(0,1)$. 所以，要计算服从一般的正态分布的随机变量 X 落入区间 (a,b) 的概率，可以先将其转化为标准正态分布，然后再进行计算.

例 2.20　设随机变量 $X\sim N(1,16)$，$\Phi(0.25)=0.598\,71$，求 $P(0\leqslant X\leqslant 2)$.

解　由已知 $X\sim N(1,16)$，则 $Y=\dfrac{X-1}{4}\sim N(0,1)$，

$$P(0\leqslant X\leqslant 2)=P\left(\frac{0-1}{4}\leqslant\frac{X-1}{4}\leqslant\frac{2-1}{4}\right)=P(-0.25\leqslant Y\leqslant 0.25)$$

$$= \Phi(0.25) - \Phi(-0.25) = \Phi(0.25) - [1 - \Phi(0.25)]$$
$$= 2\Phi(0.25) - 1 = 0.197\,42.$$

例 2.21 设 $X \sim N(4, \sigma^2)$,且 $P(2 < X < 4) = 0.3$,求 $P(X < 2)$.

解 由于 $Y = \dfrac{X-4}{\sigma} \sim N(0,1)$,所以

$$P(2 < X < 4) = P\left(\frac{2-4}{\sigma} < \frac{X-4}{\sigma} < \frac{4-4}{\sigma}\right)$$
$$= P\left(-\frac{2}{\sigma} < Y < 0\right)$$
$$= \Phi(0) - \Phi\left(-\frac{2}{\sigma}\right)$$
$$= 0.5 - \Phi\left(-\frac{2}{\sigma}\right) = 0.3.$$

因此,$\Phi\left(-\dfrac{2}{\sigma}\right) = 0.2$,故

$$P(X < 2) = P\left(\frac{X-4}{\sigma} < \frac{2-4}{\sigma}\right)$$
$$= P\left(Y < -\frac{2}{\sigma}\right) = \Phi\left(-\frac{2}{\sigma}\right) = 0.2.$$

例 2.22 设 $X \sim N(\mu, \sigma^2)$,查表 A.2 求 $P(-k\sigma \leqslant X - \mu \leqslant k\sigma)$,$k = 1, 2, 3$.

解 标准化可得 $Y = \dfrac{X-\mu}{\sigma} \sim N(0,1)$,

$$P(-\sigma \leqslant X - \mu \leqslant \sigma) = P(-1 \leqslant Y \leqslant 1) \approx 0.683;$$
$$P(-2\sigma \leqslant X - \mu \leqslant 2\sigma) = P(-2 \leqslant Y \leqslant 2) \approx 0.955;$$
$$P(-3\sigma \leqslant X - \mu \leqslant 3\sigma) = P(-3 \leqslant Y \leqslant 3) \approx 0.997.$$

即 X 取值绝大多数即 99.7% 集中在 $\mu \pm 3\sigma$ 内,这就是著名的 3σ 原则. 它在工业质量控制上有着广泛的应用,现代质量控制已经发展到使用 6σ 原则.

2.5 随机变量函数的分布

若已知随机变量 X 的分布,$Y = g(X)$ 是 X 的函数,则 Y 也是一个随机变量. 例如,设某农产品的单价为 a 元,年总产量 X 为随机变量,则年总产值 $Y = aX$ 就是随机变量 X 的函数,也是一个随机变量.

能否根据 X 的分布求出 Y 的分布呢? 若可行,无疑可以大大扩大随机变量的研究范围,并推导出许多新的分布.

2.5.1 离散型随机变量函数的分布

设某篮球运动员投篮命中率为 0.8,现投篮 5 次,用 X 表示进球数,Y 表示得分数,则 $X \sim B(5, 0.8)$,其概率分布为

X	0	1	2	3	4	5
P	$1/5^5$	$20/5^5$	$160/5^5$	$640/5^5$	$1280/5^5$	$1025/5^5$

若投中一球记两分,则得分数 $Y=2X$ 是新的随机变量,其取值范围是 $0,2,4,6,8,10$. 如何求 Y 的概率分布呢?

我们可以看到"$Y=0$"与"$X=0$"是相同的随机事件,对应的概率也相等,即

$$P(Y=0)=P(X=0).$$

同样地,$P(Y=2k)=P(X=k)(k=0,1,2,3,4,5)$,由此可得到 $Y=2X$ 的概率分布:

$Y=2X$	0	2	4	6	8	10
P	$1/5^5$	$20/5^5$	$160/5^5$	$640/5^5$	$1280/5^5$	$1025/5^5$

以下是关于一般离散型随机变量函数的概率分布的定义.

定义 2.13　设离散型随机变量 X 的概率分布为

X	x_1	x_2	x_3	$\cdots$	x_n	$\cdots$
P	p_1	p_2	p_3	$\cdots$	p_n	$\cdots$

则 X 的函数 $Y=g(X)$ 的概率分布为

Y	$y_1=g(x_1)$	$y_2=g(x_2)$	$\cdots$	$y_n=g(x_n)$	$\cdots$
P	p_1	p_2	$\cdots$	p_n	$\cdots$

注意,这里 $P(X=x_k)=P[Y=g(x_k)]$.

例 2.23　设离散型随机变量 X 的概率分布为

X	-3	-1	0	1	3
P	0.05	0.20	0.15	0.35	0.25

求:(1)$Y_1=5-2X$;(2)$Y_2=X^2+1$ 的概率分布.

解　(1) 由于 $y=5-2x$ 为单调减函数,故 $Y_1=5-2X$ 的所有取值是 $-1,3,5,7,11$,所以 Y_1 的概率分布为

$Y_1=5-2X$	-1	3	5	7	11
P	0.25	0.35	0.15	0.20	0.05

(2) 注意到"$X=-3$"和"$X=3$"都导致"$X^2+1=10$"发生,即 $P(Y_2=10)=P\{X=3\bigcup X=-3\}=P(X=-3)+P(X=3)=0.05+0.25=0.3$,同理,$P(Y_2=2)=P\{X=1\bigcup X=-1\}=P(X=-1)+P(X=1)=0.20+0.35=0.55$,所以,$Y_2$ 的概率分布为

$Y_2 = X^2 + 1$	1	2	10
P	0.15	0.55	0.3

2.5.2 连续型随机变量函数的分布

若 X 是连续型随机变量，$f_X(x)$ 是 X 的概率密度，$F_X(x)$ 是 X 的分布函数. 设 $Y = g(X)$ 是 X 的函数，$f_Y(y)$ 是 Y 的概率密度，$F_Y(y)$ 是 Y 的分布函数. 如果函数 $y = g(x)$ 可导，且对任意的 x，都有 $g'(x) > 0$（或 $g'(x) < 0$），其反函数为 $x = \Psi(y)$. 我们采用**分布函数法**可以计算 $f_Y(y)$.

分布函数法的一般步骤如下：

(1) 先求随机变量 Y 的分布函数 $F_Y(y)$.

$$F_Y(y) = P(Y \leqslant y) = P\{g(X) \leqslant y\} = P\{X \leqslant \Psi(y)\}$$
$$= F_X[\Psi(y)],$$

这里假设 $g'(x) > 0$，即 $y = g(x)$ 单调增加；当 $g'(x) < 0$ 时道理相同.

(2) 根据 $f_Y(y) = F_Y'(y)$，求导可得随机变量 Y 的概率密度.

$$f_Y(y) = F_Y'(y) = F_X'[\Psi(y)] \cdot [\Psi(y)]' = f_X[\Psi(y)] \cdot \Psi'(y).$$

注意 这里使用了复合函数与反函数的求导公式.

例 2.24 设随机变量 X 的概率密度为

$$f_X(x) = \begin{cases} \dfrac{1}{2}x, & 0 \leqslant x \leqslant 2, \\ 0, & \text{其他.} \end{cases}$$

求 $Y = X^2$ 的概率密度 $f_Y(y)$.

解 利用分布函数法，先求 Y 的分布函数

$$F_Y(y) = P(Y \leqslant y) = P(X^2 \leqslant y) = P(-\sqrt{y} \leqslant X \leqslant \sqrt{y})$$
$$= F_X(\sqrt{y}) - F_X(-\sqrt{y}) = F_X(\sqrt{y}) - 0 = \int_{-\infty}^{\sqrt{y}} f_X(x)\mathrm{d}x.$$

因此，Y 的概率密度

$$f_Y(y) = F_Y'(y) = F_X'(\sqrt{y})(\sqrt{y})'$$
$$= f_X(\sqrt{y}) \cdot \frac{1}{2\sqrt{y}}$$
$$= \begin{cases} \dfrac{1}{2}\sqrt{y} \cdot \dfrac{1}{2\sqrt{y}}, & 0 \leqslant \sqrt{y} \leqslant 2, \\ 0, & \text{其他} \end{cases}$$
$$= \begin{cases} \dfrac{1}{4}, & 0 \leqslant y \leqslant 4, \\ 0, & \text{其他.} \end{cases}$$

例 2.25 若 $X \sim N(\mu, \sigma^2)$，求 $Y = aX + b (a > 0)$ 的概率密度.

解 利用分布函数法，先求 Y 的分布函数

$$F_Y(y) = P(Y \leqslant y) = P(aX + b \leqslant y) = P\left(X \leqslant \frac{y-b}{a}\right) = F_X\left(\frac{y-b}{a}\right),$$

所以, $f_Y(y) = F_Y'(y) = F_X'\left(\dfrac{y-b}{a}\right)\dfrac{1}{a}$

$$= \frac{1}{\sqrt{2\pi}\sigma} \cdot e^{-\frac{\left(\frac{y-b}{a}-\mu\right)^2}{2\sigma^2}} \cdot \frac{1}{a} = \frac{1}{\sqrt{2\pi}(a\sigma)} \cdot e^{-\frac{[y-(a\mu+b)]^2}{2(a\sigma)^2}}, \quad -\infty < y < +\infty.$$

由此得出 $Y = aX + b \sim N[a\mu+b, (a\sigma)^2]$, 即正态分布的线性函数仍服从正态分布.

思政小课堂 8

【学】随机变量函数的分布, 类似定义在数集上的一般变量的复合函数, 不同随机变量之间的关系通过函数构建.

【思】科学探索过程就是寻找事物之间的联系, 发现其内在规律, 找到相应的函数关系, 才能够揭示其中的奥秘.

【悟】万物皆有联系, 大家要会用科学发展观去思考问题, 通过本次课程的学习, 能够去总结、发现、体会这些巧妙的联系, 并利用这些联系, 进行更多的延伸思考, 在学习中要常总结、多讨论、勤思考.

习　题　2

一、填空题

1. 函数 $f(k) = \dfrac{c}{k+1}(k=0,1,2,3)$ 是某随机变量的概率分布, 则 $c =$ _____.

2. 设随机变量 $X \sim \begin{pmatrix} 1 & 2 & 3 & 4 \\ 0.2+a & 0.1 & 0.3+b & c \end{pmatrix}$, 则 a, b, c 应满足 _____.

3. 设随机变量 X 的概率分布为 $P(X=k) = 5A\left(\dfrac{1}{2}\right)^k (k=1,2,\cdots)$, 则 $A =$ _____.

4. 设随机变量 X 的绝对值不大于 1, 且 $P(X=-1) = \dfrac{1}{3}$, $P(X=1) = \dfrac{1}{6}$, 则 $P(-1 < X < 1) =$ _____.

5. 游船上有水龙头 20 个, 每一龙头被打开的可能性为 $\dfrac{1}{10}$, 记 X 为同时被打开的水龙头个数, 则 $P(X \geqslant 2) =$ _____.

6. 设随机变量 $X \sim B(3, p)$, $Y \sim B(4, p)$, 若 $P(X \geqslant 1) = \dfrac{7}{8}$, 则 $P(Y \geqslant 1) =$ _____.

7. 设随机变量 X 的分布函数为 $F(x) = A + B\arctan x$, $x \in \mathbb{R}$, 则 $(A, B) =$ _____, X 的密度函数 $f(x) =$ _____.

8. 设随机变量 $X \sim N(0,1)$, $\Phi(0.35) = 0.63683$, 则 $P(X > 0.35) =$ _____, $P(-0.35 < X < 0.35) =$ _____.

9. 设 $X \sim N(2, \sigma^2)$, 且 $P(2 < X < 4) = 0.3$, 则 $P(X < 0) =$ _____.

10. 设随机变量 X 的密度为 $\varphi(x) = \begin{cases} 4x^3, & 0 < x < 1, \\ 0, & \text{其他}, \end{cases}$ 则使 $P(X > a) = P(X < a)$ 成立的常数 $a =$ _____; $P(0.5 < X < 1.5) =$ _____.

二、选择题

1. 设 a,b 为任意实数,$a<b$,已知 $P(X\leqslant b)\geqslant 1-\beta$,$P(X\geqslant a)\geqslant 1-\alpha$,则必有 $P(a<X\leqslant b)($).

    A. $\geqslant 1-(\alpha+\beta)$ B. $\geqslant \alpha+\beta$ C. $\leqslant 1-(\alpha+\beta)$ D. $\leqslant \alpha+\beta$

2. 下列函数中可以作为分布函数的是( ).

    A. $F(x)=\dfrac{1}{1+x^2}$ B. $F(x)=\sin x$

    C. $F(x)=\begin{cases}\dfrac{1}{1+x^2}, & x\leqslant 0, \\ 1, & x>0\end{cases}$ D. $F(x)=\begin{cases}0, & x<0, \\ 1.1, & x=0, \\ 1, & x>0\end{cases}$

3. $F_1(x),F_2(x)$ 都是分布函数,为使 $C_1F_1(x)-C_2F_2(x)$ 也是分布函数,C_1,C_2 应取( ).

    A. $C_1=\dfrac{2}{3},C_2=\dfrac{1}{3}$ B. $C_1=\dfrac{2}{5},C_2=\dfrac{3}{5}$

    C. $C_1=\dfrac{2}{3},C_2=-\dfrac{1}{3}$ D. $C_1=\dfrac{3}{2},C_2=-\dfrac{1}{2}$

4. 设随机变量 X 的概率分布为 $P(X=k)=b\lambda^k(k=0,1,2,\cdots)$,$|\lambda|<1$,则下列正确的是( ).

    A. $\lambda>0$ 为任意实数   B. $\lambda=\dfrac{1}{1+b}$

    C. $\lambda=1-b$ D. $\lambda=\dfrac{1}{1-b}$

5. 如下四个函数,能作为随机变量 X 的密度函数的是( ).

    A. $f(x)=\begin{cases}2x, & 0<x<1, \\ 0, & \text{其他}\end{cases}$ B. $f(x)=\begin{cases}\dfrac{1}{1+x^2}, & x>0, \\ 0, & x\leqslant 0\end{cases}$

    C. $f(x)=\mathrm{e}^{-|x|},x\in\mathbb{R}$ D. $f(x)=\begin{cases}1-\mathrm{e}^{-x}, & x>0, \\ 0, & x\leqslant 0\end{cases}$

6. 设 X 的密度函数为 $f(x)$,分布函数为 $F(x)$,且 $f(x)=f(-x)$,那么对任意给定的 a 都有( ).

    A. $f(-a)=1-\displaystyle\int_0^a f(x)\mathrm{d}x$ B. $F(-a)=\dfrac{1}{2}-\displaystyle\int_0^a f(x)\mathrm{d}x$

    C. $F(a)=F(-a)$ D. $F(-a)=2F(a)-1$

7. 设随机变量 X 的密度函数为 $f(x)=\begin{cases}\sin x, & 0\leqslant x\leqslant a, \\ 0, & \text{其他},\end{cases}$ 则常数 $a=($).

    A. π B. $\pi/2$ C. 2π D. $3\pi/2$

8. 设随机变量 X 在区间 $[1,6]$ 上服从均匀分布,则方程 $t^2+Xt+1=0$ 有实根的概率为( ).

    A. $4/5$ B. $2/5$ C. $1/5$ D. $1/6$

9. 随机变量 X 服从参数 $\lambda=\dfrac{1}{8}$ 的指数分布,则 $P(2<X<8)=($).

A. $\dfrac{2}{8}\displaystyle\int_2^8 e^{-\frac{x}{8}}dx$ 　　　　　　　　B. $\displaystyle\int_2^8 e^{-\frac{x}{8}}dx$

C. $\dfrac{1}{8}(e^{-\frac{1}{4}}-e^{-1})$ 　　　　　　　　D. $e^{-\frac{1}{4}}-e^{-1}$

10. 设 $X\sim N(\mu,\sigma^2)$，那么当 σ 增大时，$P(|X-\mu|<\sigma)=(\quad)$.

    A. 增大　　　　　B. 减少　　　　　C. 不变　　　　　D. 增减不定

11. 当 $c=(\quad)$ 时，$f(x)=ce^{-\frac{(x+1)^2}{4}}$ 为正态随机变量 X 的概率密度.

    A. $\dfrac{1}{\sqrt{2\pi}}$ 　　　B. $\dfrac{1}{2\sqrt{\pi}}$ 　　　C. $\dfrac{1}{2\sqrt{2\pi}}$ 　　　D. $\dfrac{1}{4\sqrt{2\pi}}$

12. 设随机变量 $X\sim N(\mu,\delta^2)$，其概率密度函数为 $f(x)=\dfrac{1}{\sqrt{6\pi}}e^{\frac{4x-x^2-4}{6}}(x\in\mathbb{R})$，则 μ，δ^2 分别为$(\quad)$.

    A. 2，2　　　　B. 2，3　　　　C. 1，3　　　　D. 1，4

13. 设 $X\sim N(\mu,\sigma^2)$，则下面关于其密度函数 $f(x)$ 的描述错误的是$(\quad)$.

    A. $f(x)$ 是以 $x=\mu$ 为对称轴的钟形曲线

    B. $f(x)$ 未必是偶函数

    C. σ 取值越大，密度曲线越陡峭

    D. 不管 μ 如何变化，$f(x)$ 在 $(-\infty,\mu)$ 上积分值为一定数

三、计算题

1. 投掷一个骰子 4 次，求出现 6 点次数的分布律.

2. 已知随机变量 X 的概率密度为 $f(x)=\begin{cases}Ax, & 0\leqslant x\leqslant 2,\\ 0, & 其他,\end{cases}$ 求：（1）常数 A；（2）分布函数 $F(x)$；（3）概率 $P(1<X<3)$.

3. 已知随机变量 X 的密度函数为 $f(x)=\begin{cases}Ae^x, & x<0,\\ \dfrac{1}{4}, & 0\leqslant x<2,\\ 0, & x\geqslant 2,\end{cases}$ 求：（1）常数 A；（2）分布函数 $F(x)$；（3）概率 $P(-0.5<X<1)$.

4. 某自动机床生产的齿轮的直径 $X\sim N(10.05,0.06^2)$（单位：cm），规定直径在 10.05 ± 0.12 cm 内为合格，求齿轮不合格的概率.

5. 设测量的误差 $X\sim N(7.5,100)$（单位：m），问要进行多少次独立测量，才能使至少有一次的误差的绝对值不超过 10m 的概率大于 0.9?

6. 设随机变量 $X\sim U[-2,2]$，求随机变量 $Y=\dfrac{1}{2}X+1$ 的密度函数 $f_Y(y)$.

7. 设随机变量 X 的密度函数为 $f(x)=\begin{cases}ce^{-x}, & x>0,\\ 0, & x\leqslant 0.\end{cases}$

求：（1）常数 c；（2）分布函数 $F(x)$；（3）$Y=2X+1$ 的密度 $f_Y(y)$.

8. 对圆直径做近似测量，设其值均匀分布在区间 $[a,b]$ 内，求圆面积的概率密度函数.

第 **3** 章

多维随机变量及其分布

随机变量概念的引进,对描述某些随机试验结果的概率特性是非常方便的.但是,有些随机试验的结果必须用两个或两个以上的随机变量来描述.例如,人的身高和体重,平面直角坐标系中点的坐标,飞机在空中的位置坐标等都要用两个或两个以上的随机变量来表示,这就需要引入多维随机变量的概念.

3.1 多维随机变量及其分布

一般来说,当随机试验的结果要用 n 个随机变量 $X_1, X_2, \cdots, X_n$ 来描述时,则称这 n 个随机变量的总体是一个 n 维随机变量.由于二维和二维以上的随机变量没有本质上的差异,故我们以讨论二维随机变量为主,所有的结论都可以平行推广到 n 维随机变量.

3.1.1 二维随机变量的概念及其分布

定义 3.1 设随机试验的样本空间为 Ω, X 和 Y 是定义在 Ω 上的两个随机变量,我们称向量 (X, Y) 为二维随机变量或二维随机向量.

如上所述, X, Y 定义在同一样本空间,有着相互联系,因此应把它们作为整体研究.

定义 3.2 设 (X, Y) 是一个二维随机变量,称二元函数
$$F(x, y) = P(X \leqslant x, Y \leqslant y) \quad (-\infty < x < +\infty, -\infty < y < +\infty)$$
为 (X, Y) 的联合分布函数,简称为 X 与 Y 的联合分布.

$F(x, y)$ 表示事件 $\{X \leqslant x\}$ 和事件 $\{Y \leqslant y\}$ 同时发生的概率.

注意 如果将 (X, Y) 看成是平面上随机点的坐标,则分布函数 $F(x, y)$ 在点 (x, y) 的函数值就是点 (X, Y) 落在以 (x, y) 为顶点的左下方无限矩形区域内(图 3.1 中的阴影部分)的概率值.

定理 3.1 联合分布函数 $F(x, y)$ 具有如下性质:

(1) 非负性: $0 \leqslant F(x, y) \leqslant 1$;

(2) 单调性: $F(x, y)$ 分别关于 x 和 y 单调不减;
即对任意的 y, 若 $x_1 < x_2$, 则 $F(x_1, y) \leqslant F(x_2, y)$;对任意的 x, 若 $y_1 < y_2$, 则 $F(x, y_1) \leqslant F(x, y_2)$;

(3) 连续性: $F(x, y)$ 分别关于 x 和 y 至少右连续;
即对任意的 y, 至少有 $\lim\limits_{x \to x_0^+} F(x, y) = F(x_0, y)$;对任意的 x, 至少有

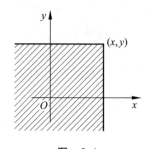

图 3.1

$$\lim_{y \to y_0^+} F(x,y) = F(x,y_0);$$

（4）规范性：$\lim\limits_{x \to -\infty} F(x,y) = 0$, $\quad \lim\limits_{y \to -\infty} F(x,y) = 0$,

$$\lim_{\substack{x \to -\infty \\ y \to -\infty}} F(x,y) = 0, \quad \lim_{\substack{x \to +\infty \\ y \to +\infty}} F(x,y) = 1.$$

以上结果记为 $F(-\infty, y) = 0$, $\quad F(x, -\infty) = 0$,

$$F(-\infty, -\infty) = 0, \quad F(+\infty, +\infty) = 1.$$

性质（1）和（2）的证明类似于分布函数 $F(x)$ 的性质（1）和（2）；性质（3）和（4）的证明略.

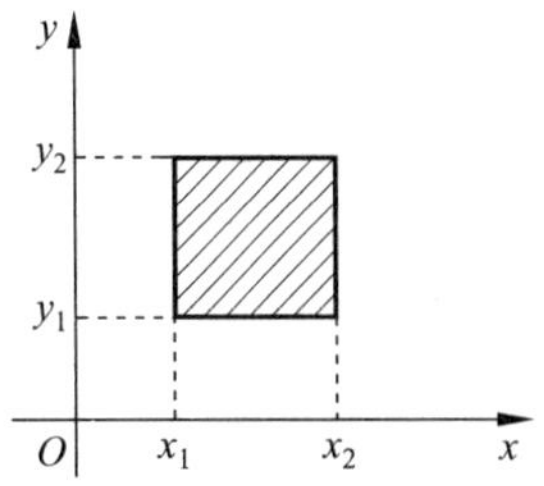

特别地，借助于图 3.2 可以看出，随机点 (X, Y) 落在矩形区域 "$x_1 < X \leqslant x_2, y_1 < Y \leqslant y_2$" 内的概率为

$$P(x_1 < X \leqslant x_2, y_1 < Y \leqslant y_2) = F(x_2, y_2) - F(x_1, y_2) - F(x_2, y_1) + F(x_1, y_1).$$

图　3.2

3.1.2　二维离散型随机变量

定义 3.3　如果二维随机变量 (X, Y) 只取有限对或可数无穷多对值，则称它是二维离散型随机变量.

仿照一维随机变量，我们研究二维随机变量的概率分布.

定义 3.4　设 X 的所有可能取值为 $x_1, x_2, \cdots, x_m, \cdots$, Y 的所有可能取值为 $y_1, y_2, \cdots, y_n, \cdots$, 则称

$$p_{ij} = P(X = x_i, Y = y_j), \quad i = 1, 2, \cdots; j = 1, 2, \cdots \tag{3.1}$$

为 (X, Y) 的联合概率分布、联合分布律或联合分布列，也可用表 3.1 的形式表示.

由上述定义可知，二维离散型随机变量的联合分布有两种表示形式：等式形式（式（3.1））和表格形式（表 3.1）.

表　3.1

X \ Y	y_1	y_2	$\cdots$	y_j	$\cdots$	y_n	$\cdots$
x_1	p_{11}	p_{12}	$\cdots$	p_{1j}	$\cdots$	p_{1n}	$\cdots$
x_2	p_{21}	p_{22}	$\cdots$	p_{2j}	$\cdots$	p_{2n}	$\cdots$
$\vdots$	$\vdots$	$\vdots$		$\vdots$		$\vdots$	
x_i	p_{i1}	p_{i2}	$\cdots$	p_{ij}	$\cdots$	p_{in}	$\cdots$
$\vdots$	$\vdots$	$\vdots$		$\vdots$		$\vdots$	
x_m	p_{m1}	p_{m2}	$\cdots$	p_{mj}	$\cdots$	p_{mn}	$\cdots$
$\vdots$	$\vdots$	$\vdots$		$\vdots$		$\vdots$	

这里，p_{ij} 满足如下性质：

（1）非负性：$p_{ij} \geqslant 0$;

（2）规范性：$\sum\limits_{i=1}^{+\infty} \sum\limits_{j=1}^{+\infty} p_{ij} = 1$;

（3）$F(x,y) = \sum\limits_{x_i \leqslant x} \sum\limits_{y_j \leqslant y} p_{ij}$.

例 3.1　二维离散型随机变量 (X, Y) 取下列数值：$(0,0)$, $(-1,1)$, $(-1,3)$, $(2,0)$, 且

相应的概率依次为 $\frac{1}{6}, \frac{1}{3}, \frac{1}{12}, \frac{5}{12}$,列出 (X,Y) 的联合分布律.

解 (X,Y) 的联合分布律为

X \ Y	0	1	3
−1	0	$\frac{1}{3}$	$\frac{1}{12}$
0	$\frac{1}{6}$	0	0
2	$\frac{5}{12}$	0	0

例 3.2 从 a,b,c,d 四个字母中按下列方式抽取两次,第一次所抽取的字母记为 X,第二次所抽取的字母记为 Y,求:(1)有放回地抽取时 (X,Y) 的联合概率分布;(2)无放回地抽取时 (X,Y) 的联合概率分布.

解 (1)由题意可知 X 和 Y 均为离散型随机变量,因为有放回,所以它们的可能取值均为 a,b,c,d,并且取每个值的概率都是 $\frac{1}{4}$,于是

$$P(X=i,Y=j) = P(X=i) \cdot P(Y=j) = \frac{1}{4} \times \frac{1}{4} = \frac{1}{16},$$

其中,$i,j=a,b,c,d$. 所以,(X,Y) 的联合概率分布如表 3.2 所示.

表 3.2

X \ Y	a	b	c	d
a	$\frac{1}{16}$	$\frac{1}{16}$	$\frac{1}{16}$	$\frac{1}{16}$
b	$\frac{1}{16}$	$\frac{1}{16}$	$\frac{1}{16}$	$\frac{1}{16}$
c	$\frac{1}{16}$	$\frac{1}{16}$	$\frac{1}{16}$	$\frac{1}{16}$
d	$\frac{1}{16}$	$\frac{1}{16}$	$\frac{1}{16}$	$\frac{1}{16}$

此分布称为**二维离散型均匀分布**.可以验证表 3.2 给出的 p_{ij} 满足非负性、规范性.

(2)无放回抽取时,对离散型随机变量 X,它的可能取值为 a,b,c,d,概率均为 $\frac{1}{4}$;对离散型随机变量 Y,它不能取和 X 相同的值,并且取到其他值的概率为 $\frac{1}{3}$,因此,当 $i=j$ 时,

$$p_{ii} = P(X=i,Y=j) = P(X=i) \cdot P(Y=j \mid X=i) = \frac{1}{4} \times 0 = 0,$$

其中,$i,j=a,b,c,d$;

当 $i \neq j$ 时,

$$p_{ij} = P(X=i,Y=j) = P(X=i) \cdot P(Y=j \mid X=i) = \frac{1}{4} \times \frac{1}{3} = \frac{1}{12},$$

其中,$i,j=a,b,c,d$.

所以,(X,Y)的联合概率分布如表 3.3 所示.

表　3.3

X＼Y	a	b	c	d
a	0	$\frac{1}{12}$	$\frac{1}{12}$	$\frac{1}{12}$
b	$\frac{1}{12}$	0	$\frac{1}{12}$	$\frac{1}{12}$
c	$\frac{1}{12}$	$\frac{1}{12}$	0	$\frac{1}{12}$
d	$\frac{1}{12}$	$\frac{1}{12}$	$\frac{1}{12}$	0

3.1.3　二维连续型随机变量

定义 3.5　设(X,Y)是一个二维随机变量,如果存在非负可积函数 $f(x,y)$,使得

$$F(x,y) = \int_{-\infty}^{x}\int_{-\infty}^{y} f(u,v)\mathrm{d}u\mathrm{d}v,$$

则称(X,Y)是二维连续型随机变量,并称函数 $f(x,y)$ 为二维随机变量(X,Y)的联合概率密度函数,简称联合概率密度.

联合密度 $f(x,y)$ 具有下列性质:

(1) 非负性:$f(x,y) \geqslant 0$;

(2) 规范性:$\int_{-\infty}^{+\infty}\int_{-\infty}^{+\infty} f(x,y)\mathrm{d}x\mathrm{d}y = 1$;

(3) 若 $f(x,y)$ 在(x,y)连续,则 $\dfrac{\partial^2 F(x,y)}{\partial x \partial y} = f(x,y)$;

(4) 设 D 为 xOy 平面上的一个区域,则

$$P\{(X,Y) \in D\} = \iint\limits_{D} f(x,y)\mathrm{d}x\mathrm{d}y.$$

事实上,由定义 3.5 可得性质(1),由变上限积分的性质可证明性质(3);由定义 3.5 和联合分布函数的性质可证明性质(2)成立:

$$\int_{-\infty}^{+\infty}\int_{-\infty}^{+\infty} f(x,y)\mathrm{d}x\mathrm{d}y = \lim_{\substack{x \to +\infty \\ y \to +\infty}} \int_{-\infty}^{x}\int_{-\infty}^{y} f(x,y)\mathrm{d}x\mathrm{d}y = \lim_{\substack{x \to +\infty \\ y \to +\infty}} F(x,y) = 1.$$

在几何上,联合密度 $f(x,y)$ 的图形是空间曲面,性质(2)的几何意义是介于曲面 $f(x,y)$ 和 xOy 平面之间的全部体积等于 1,此性质经常用来求联合密度中的未知常数;性质(4)的几何意义是(X,Y)落在区域 D 的概率在数值上等于以区域 D 为底,以曲面 $f(x,y)$ 为顶的曲顶柱体的体积.

特别地,当区域是矩形时,即由不等式 $a < x \leqslant b, c < y \leqslant d$ 所确定的区域 D,则性质(4)显然成立,即

$$P\{(X,Y) \in D\} = \int_{a}^{b}\int_{c}^{d} f(x,y)\mathrm{d}x\mathrm{d}y.$$

以下我们总假定 $f(x,y)$ 是 xOy 平面的连续函数,或者除个别几条线外是连续的.从性质(4)可以看出,二维连续型随机变量落在平面区域 D 上的概率,等于联合概率密度函数

$f(x,y)$在D上的二重积分,这样就将概率的计算转化为一个二重积分的计算了.

例3.3 已知随机变量(X,Y)的联合分布函数为

$$F(x,y) = \begin{cases} 1-e^{-x}-e^{-y}+e^{-(x+y)}, & x>0,y>0, \\ 0, & 其他. \end{cases}$$

求:(1)概率 $P(X\leqslant 1,Y\leqslant 2)$;(2)联合概率密度 $f(x,y)$.

解 (1) $P(X\leqslant 1,Y\leqslant 2)=F(1,2)=1-e^{-1}-e^{-2}+e^{-3}$.

(2) $f(x,y)=\dfrac{\partial^2 F(x,y)}{\partial x \partial y}=\begin{cases} e^{-(x+y)}, & x>0,y>0, \\ 0, & 其他. \end{cases}$

例3.4 已知二维随机变量(X,Y)的联合概率密度为

$$f(x,y) = \begin{cases} k(6-x-y), & 0<x<2, 2<y<4, \\ 0, & 其他. \end{cases}$$

求:(1)常数 k;(2)$P(X\leqslant 1,Y\leqslant 3)$.

解 (1)由联合密度函数的规范性可得

$$1=\int_{-\infty}^{+\infty}\int_{-\infty}^{+\infty} f(x,y)\mathrm{d}x\mathrm{d}y=\int_0^2\int_2^4 k(6-x-y)\mathrm{d}y\mathrm{d}x = k\int_0^2\left[(6-x)y-\frac{1}{2}y^2\right]_2^4\mathrm{d}x$$

$$=k\int_0^2\left[2(6-x)-6\right]\mathrm{d}x = k\int_0^2(6-2x)\mathrm{d}x = k(6x-x^2)\Big|_0^2=8k,$$

故 $k=\dfrac{1}{8}$.

(2) $P(X\leqslant 1,Y\leqslant 3)=\displaystyle\int_{-\infty}^1\int_{-\infty}^3 f(x,y)\mathrm{d}y\mathrm{d}x = \int_0^1\int_2^3\frac{1}{8}(6-x-y)\mathrm{d}y\mathrm{d}x$

$\qquad\qquad\qquad\qquad = \dfrac{1}{8}\int_0^1\left[(6-x)y-\frac{1}{2}y^2\right]\Big|_2^3\mathrm{d}x = \dfrac{1}{8}\int_0^1\left(6-x-\frac{5}{2}\right)\mathrm{d}x$

$\qquad\qquad\qquad\qquad = \dfrac{1}{8}\left(\frac{7}{2}x-\frac{1}{2}x^2\right)\Big|_0^1 = \dfrac{3}{8}.$

例3.5 设二维随机变量的联合密度为

$$f(x,y) = \begin{cases} Ke^{-(2x+3y)}, & x\geqslant 0,y\geqslant 0, \\ 0, & 其他. \end{cases}$$

求:(1)常数 K;(2)分布函数 $F(x,y)$;(3)$P(X<1,Y>1)$.

解 (1)由 $1=\displaystyle\int_{-\infty}^{+\infty}\int_{-\infty}^{+\infty} f(x,y)\mathrm{d}x\mathrm{d}y = \int_0^{+\infty}\int_0^{+\infty} Ke^{-(2x+3y)}\mathrm{d}x\mathrm{d}y$

$\qquad\qquad = \displaystyle\int_0^{+\infty} Ke^{-2x}\mathrm{d}x\int_0^{+\infty} e^{-3y}\mathrm{d}y$

$\qquad\qquad = K\left(-\dfrac{1}{2}e^{-2x}\Big|_0^{+\infty}\right)\left(-\dfrac{1}{3}e^{-3y}\Big|_0^{+\infty}\right)$

$\qquad\qquad = \dfrac{K}{6},$

即 $K=6$.

(2)求联合分布函数.

当 $x<0$ 或 $y<0$ 时,$f(x,y)=0$,故

$$F(x,y)=\int_{-\infty}^x\int_{-\infty}^y f(u,v)\mathrm{d}u\mathrm{d}v = 0;$$

当 $x \geqslant 0, y \geqslant 0$ 时,

$$F(x,y) = \int_0^x \int_0^y 6e^{-(2u+3v)} \,dv\,du = \int_0^x 2e^{-2u} \,du \int_0^y 3e^{-3v} \,dv$$

$$= (-e^{-2u}\Big|_0^x)(-e^{-3v}\Big|_0^y) = (1-e^{-2x})(1-e^{-3y}).$$

综上所述,

$$F(x,y) = \begin{cases} (1-e^{-2x})(1-e^{-3y}), & x \geqslant 0, y \geqslant 0, \\ 0, & \text{其他}. \end{cases}$$

(3) $P(X<1, Y>1) = \int_0^1 \int_1^{+\infty} 6e^{-2x}e^{-3y} \,dx\,dy = \int_0^1 2e^{-2x} \,dx \int_1^{+\infty} 3e^{-3y} \,dy$

$$= (1-e^{-2})e^{-3} \approx 0.0431.$$

3.1.4　几种重要的二维连续型随机变量

1. 二维连续型均匀分布

设 D 是平面上面积为 A 的有界区域,若 (X,Y) 的联合概率密度为

$$f(x,y) = \begin{cases} \dfrac{1}{A}, & (x,y) \in D, \\ 0, & \text{其他}, \end{cases}$$

则称 (X,Y) 服从区域 D 上的**均匀分布**.

2. 二维正态分布

若 (X,Y) 的联合概率密度为

$$f(x,y) = \frac{1}{2\pi\sigma_1\sigma_2\sqrt{1-\rho^2}} e^{-\frac{1}{2(1-\rho^2)}\left[\frac{(x-\mu_1)^2}{\sigma_1^2} - 2\rho\frac{(x-\mu_1)(y-\mu_2)}{\sigma_1\sigma_2} + \frac{(y-\mu_2)^2}{\sigma_2^2}\right]},$$

其中, $-\infty<x<+\infty$, $-\infty<y<+\infty$, $\mu_1, \mu_2, \sigma_1^2, \sigma_2^2, \rho$ 为常数,且 $\sigma_1>0, \sigma_2>0, |\rho|<1$,则称 (X,Y) 服从**二维正态分布**,记为 $(X,Y) \sim N(\mu_1, \mu_2, \sigma_1^2, \sigma_2^2, \rho)$.

显然, $f(x,y) \geqslant 0$,并且可以验证

$$\int_{-\infty}^{+\infty} \int_{-\infty}^{+\infty} f(x,y) \,dx\,dy = 1.$$

$f(x,y)$ 的图形见图 3.3.

在以后的章节中我们将会看到,二维正态分布是具有独特性质的二维连续型随机变量的分布,并将进一步讨论这 5 个参数相应的数学意义.

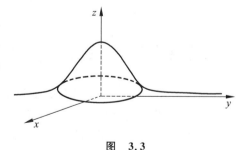

图　3.3

3. 二维标准正态分布

若在二维正态分布 $N(\mu_1, \mu_2, \sigma_1^2, \sigma_2^2, \rho)$ 中, $\mu_1 = \mu_2 = 0, \sigma_1 = \sigma_2 = 1, \rho = 0$,则称 (X,Y) 服从**二维标准正态分布**,其联合概率密度为

$$\varphi(x,y) = \frac{1}{2\pi} e^{-\frac{x^2+y^2}{2}}, \quad -\infty<x<+\infty; \ -\infty<y<+\infty.$$

二维标准正态分布的联合概率密度 $\varphi(x,y)$ 的图形与图 3.3 类似,不过对称轴为 z 轴.

3.1.5 *n* 维随机变量

设 $X_1, X_2, \cdots, X_n$ 是定义在样本空间 Ω 上的 n 个随机变量,则称 $(X_1, X_2, \cdots, X_n)$ 是 **n 维随机变量**或 **n 维随机向量**.

n 维随机变量 $(X_1, X_2, \cdots, X_n)$ 的**联合分布函数**定义为

$$F(x_1, x_2, \cdots, x_n) = P(X_1 \leqslant x_1, X_2 \leqslant x_2, \cdots, X_n \leqslant x_n).$$

进一步地

(1) 若 n 维随机变量 $(X_1, X_2, \cdots, X_n)$ 只能取有限组或可数无穷多组值,则称为 **n 维离散型随机变量**;

(2) 若存在非负可积函数 $p(x_1, x_2, \cdots, x_n)$,使得联合分布函数

$$F(x_1, x_2, \cdots, x_n) = \int_{-\infty}^{x_1} \int_{-\infty}^{x_2} \cdots \int_{-\infty}^{x_n} f(u_1, u_2, \cdots, u_n) \mathrm{d}u_1 \mathrm{d}u_2 \cdots \mathrm{d}u_n,$$

则称 $(X_1, X_2, \cdots, X_n)$ 是 **n 维连续型随机变量**,并称 $f(x_1, x_2, \cdots, x_n)$ 为 $(X_1, X_2, \cdots, X_n)$ 的**联合概率密度函数**.

思政小课堂 9

【学】理解多维随机变量及其分布的相关知识,逐步掌握多维随机变量之间的关系.

【思】有人在写给儿子的信中说道:"孩子,我要求你读书用功,不是因为我要你跟别人比成绩,而是因为,我希望你将来会拥有选择的权利.选择有意义、有时间的工作,而不是被迫谋生.

当你有更多的选择,面对人生的岔路口,你就会从容很多.

不用明知道走得是一条不合适的路,还要硬着头皮走下去.

你学会的东西越多,选择余地就越大.

你的学历越高,收入高的可能性越大.

你所学到的知识和本领,都会化作你对抗生活的铠甲."

如何在多维随机变量的应用背景下,成就自己的多维人生?

【悟】大家一定要为了将来从容的选择,早立志,立大志,无论在什么情况下,都应把自己的发展与国家前途与命运结合起来.

3.2 边缘分布与相互独立性

二维随机变量 (X, Y) 的联合概率分布或联合概率密度,都是将 (X, Y) 看成一个整体进行研究的.由于它们之间的关系非常复杂,研究起来比较困难.有时为方便起见,我们也可以分别研究关于 X 与 Y"各自"的分布,这就是边缘概率分布.

3.2.1 边缘分布函数

定义 3.6 设 $F(x, y)$ 是随机变量 (X, Y) 的联合分布函数,则称

$$F_X(x) = \lim_{y \to +\infty} F(x, y)$$

为关于 X 的边缘分布函数,简称为 X 的边缘分布;称

$$F_Y(y) = \lim_{x \to +\infty} F(x,y)$$

为关于 Y 的边缘分布函数,简称为 Y 的边缘分布.

事实上,由分布函数定义不难得到

$$F_X(x) = P(X \leqslant x, Y < +\infty) = F(x, +\infty);$$
$$F_Y(y) = P(X < +\infty, Y \leqslant y) = F(+\infty, y).$$

例 3.6　已知随机变量 (X,Y) 的联合分布函数为

$$F(x,y) = \begin{cases} 1 - e^{-x} - e^{-y} + e^{-(x+y)}, & x > 0, y > 0, \\ 0, & \text{其他}, \end{cases}$$

求 X 的边缘分布和 Y 的边缘分布.

解　$F_X(x) = \lim\limits_{y \to +\infty} F(x,y)$.

当 $x \leqslant 0$ 时,$F(x,y) = 0$,故 $F_X(x) = 0$;

当 $x > 0, y \to +\infty$ 时,$F(x,y) = 1 - e^{-x} - e^{-y} + e^{-(x+y)}$,故 $F_X(x) = 1 - e^{-x}$.

因此,$F_X(x) = \begin{cases} 1 - e^{-x}, & x > 0, \\ 0, & x \leqslant 0. \end{cases}$ 同理可得 $F_Y(y) = \begin{cases} 1 - e^{-y}, & y > 0, \\ 0, & y \leqslant 0. \end{cases}$

3.2.2　二维离散型随机变量的边缘分布

设二维离散型随机变量的联合概率分布如表 3.4.

表　3.4

X \ Y	y_1	y_2	$\cdots$	y_j	$\cdots$	y_n	$\cdots$
x_1	p_{11}	p_{12}	$\cdots$	p_{1j}	$\cdots$	p_{1n}	$\cdots$
x_2	p_{21}	p_{22}	$\cdots$	p_{2j}	$\cdots$	p_{2n}	$\cdots$
$\vdots$	$\vdots$	$\vdots$		$\vdots$		$\vdots$	
x_i	p_{i1}	p_{i2}	$\cdots$	p_{ij}	$\cdots$	p_{in}	$\cdots$
$\vdots$	$\vdots$	$\vdots$		$\vdots$		$\vdots$	
x_m	p_{m1}	p_{m2}	$\cdots$	p_{mj}	$\cdots$	p_{mn}	$\cdots$
$\vdots$	$\vdots$	$\vdots$		$\vdots$		$\vdots$	

记 $p_{i\cdot} = \sum\limits_{j=1}^{+\infty} p_{ij} (i = 1, 2, \cdots, m, \cdots)$,$p_{\cdot j} = \sum\limits_{i=1}^{+\infty} p_{ij} (j = 1, 2, \cdots, n, \cdots)$,则在表 3.4 中最右边加上一列,在最下边加上一行,对行和列的概率值分别求和就得到关于 X 与 Y 的**边缘概率分布**.经过整理,表 3.5 和表 3.6 分别是关于 X 和 Y 的边缘概率分布.

表 3.5　行求和

X	x_1	x_2	$\cdots$	x_i	$\cdots$	x_m	$\cdots$
$p_{i\cdot}$	$p_{1\cdot}$	$p_{2\cdot}$	$\cdots$	$p_{i\cdot}$	$\cdots$	$p_{m\cdot}$	$\cdots$

表 3.6　列求和

Y	y_1	y_2	$\cdots$	y_j	$\cdots$	y_n	$\cdots$
$p_{\cdot j}$	$p_{\cdot 1}$	$p_{\cdot 2}$	$\cdots$	$p_{\cdot j}$	$\cdots$	$p_{\cdot n}$	$\cdots$

这里，$p_{i.} \geqslant 0, \sum\limits_{i=1}^{+\infty} p_{i.} = 1; p_{.j} \geqslant 0, \sum\limits_{j=1}^{+\infty} p_{.j} = 1.$

注意　边缘概率分布将二维随机变量转变为两个一维随机变量，所以可以按第 2 章的方法计算关于 X 与 Y 的边缘分布函数 $F_X(x)$ 和 $F_Y(y)$.

例 3.7　设二维离散型随机变量的联合概率分布为

X＼Y	0	2	3	4
-1	$\frac{1}{16}$	0	$\frac{2}{16}$	$\frac{1}{16}$
0	0	$\frac{1}{16}$	$\frac{3}{16}$	0
1	$\frac{2}{16}$	0	$\frac{1}{16}$	$\frac{1}{16}$
2	0	$\frac{3}{16}$	$\frac{1}{16}$	0

求：(1) 关于 X 和 Y 的边缘概率分布；

(2) 关于 X 与 Y 的边缘分布函数 $F_X(x)$ 和 $F_Y(y)$.

解　(1) 关于 X 的边缘概率分布为

X	-1	0	1	2
$p_{i.}$	$\frac{1}{4}$	$\frac{1}{4}$	$\frac{1}{4}$	$\frac{1}{4}$

关于 Y 的边缘概率分布为

Y	0	2	3	4
$p_{.j}$	$\frac{3}{16}$	$\frac{1}{4}$	$\frac{7}{16}$	$\frac{1}{8}$

(2) 关于 X 和 Y 的边缘分布函数分别为

$$F_X(x) = \begin{cases} 0, & x < -1, \\ \frac{1}{4}, & -1 \leqslant x < 0, \\ \frac{1}{2}, & 0 \leqslant x < 1, \\ \frac{3}{4}, & 1 \leqslant x < 2, \\ 1, & x \geqslant 2; \end{cases} \qquad F_Y(y) = \begin{cases} 0, & y < 0, \\ \frac{3}{16}, & 0 \leqslant y < 2, \\ \frac{7}{16}, & 2 \leqslant y < 3, \\ \frac{7}{8}, & 3 \leqslant y < 4, \\ 1, & y \geqslant 4. \end{cases}$$

例 3.8　一个袋中装有形状相同的 6 个球，其中 4 个白球，2 个红球，现从袋中连续抽取两次，每次取一球，令 X 表示第一次取出的白球数，Y 表示第二次取出的白球数，求 (X,Y) 的联合分布律和边缘分布律(分为有放回抽取和无放回抽取两种情况).

解　（1）有放回抽取

X \ Y	0	1	$p_i.$
0	$\frac{2}{6} \times \frac{2}{6}$	$\frac{2}{6} \times \frac{4}{6}$	$\frac{1}{3}$
1	$\frac{4}{6} \times \frac{2}{6}$	$\frac{4}{6} \times \frac{4}{6}$	$\frac{2}{3}$
$p._j$	$\frac{1}{3}$	$\frac{2}{3}$	

（2）不放回抽取

X \ Y	0	1	$p_i.$
0	$\frac{2}{6} \times \frac{1}{5}$	$\frac{2}{6} \times \frac{4}{5}$	$\frac{1}{3}$
1	$\frac{4}{6} \times \frac{2}{5}$	$\frac{4}{6} \times \frac{3}{5}$	$\frac{2}{3}$
$p._j$	$\frac{1}{3}$	$\frac{2}{3}$	

可以看出，两种抽取方式之下，边缘分布相同，但联合分布不同．

例 3.9　一批产品中，一、二、三等品分别占 $\frac{1}{2}$、$\frac{1}{4}$、$\frac{1}{4}$，从中每次抽取 1 件产品，有放回地抽取 3 次，求：（1）抽得的 3 件产品中一等品数 X 与二等品数 Y 的联合分布律；（2）X 与 Y 的边缘分布律．

解　（1）联合分布律为

X \ Y	0	1	2	3
0	$\frac{1}{64}$	$\frac{3}{64}$	$\frac{3}{64}$	$\frac{1}{64}$
1	$\frac{6}{64}$	$\frac{12}{64}$	$\frac{6}{64}$	0
2	$\frac{12}{64}$	$\frac{12}{64}$	0	0
3	$\frac{8}{64}$	0	0	0

（2）边缘分布律为

X	0	1	2	3
$p_i.$	$\frac{1}{8}$	$\frac{3}{8}$	$\frac{3}{8}$	$\frac{1}{8}$

Y	0	1	2	3
$p._j$	$\frac{27}{64}$	$\frac{27}{64}$	$\frac{9}{64}$	$\frac{1}{64}$

3.2.3　二维连续型随机变量的边缘分布

设(X,Y)是二维连续型随机变量,其联合分布密度为$f(x,y)$,由边缘分布函数可知

$$F_X(x) = F(x,+\infty) = \int_{-\infty}^{x}\int_{-\infty}^{+\infty} f(u,v)\mathrm{d}u\mathrm{d}v = \int_{-\infty}^{x}\left[\int_{-\infty}^{+\infty} f(u,v)\mathrm{d}v\right]\mathrm{d}u.$$

对$F_X(x)$求导可得,$f_X(x) = F_X'(x) = \int_{-\infty}^{+\infty} f(x,v)\mathrm{d}v = \int_{-\infty}^{+\infty} f(x,y)\mathrm{d}y.$

同理,$f_Y(y) = F_Y'(y) = \int_{-\infty}^{+\infty} f(x,y)\mathrm{d}x.$

定义 3.7　设$f(x,y)$是二维随机变量(X,Y)的联合概率密度,称

$$f_X(x) = \int_{-\infty}^{+\infty} f(x,y)\mathrm{d}y$$

为关于X的边缘概率密度,称

$$f_Y(y) = \int_{-\infty}^{+\infty} f(x,y)\mathrm{d}x$$

为关于Y的边缘概率密度.

例 3.10　若$(X,Y) \sim N(0,0,1,1,0)$,求二维标准正态分布关于X和Y的边缘概率密度.

解　由定义 3.7 可知

$$f_X(x) = \int_{-\infty}^{+\infty} f(x,y)\mathrm{d}y = \int_{-\infty}^{+\infty} \frac{1}{2\pi}\mathrm{e}^{-\frac{x^2+y^2}{2}}\mathrm{d}y = \frac{1}{\sqrt{2\pi}}\mathrm{e}^{-\frac{x^2}{2}}\int_{-\infty}^{+\infty} \frac{1}{\sqrt{2\pi}}\mathrm{e}^{-\frac{y^2}{2}}\mathrm{d}y$$

$$= \frac{1}{\sqrt{2\pi}}\mathrm{e}^{-\frac{x^2}{2}} \quad (-\infty < x < +\infty).$$

结果表明,$X \sim N(0,1)$,同理,$Y \sim N(0,1)$.

可以进一步推广,若$(X,Y) \sim N(\mu_1,\mu_2,\sigma_1^2,\sigma_2^2,\rho)$,则

$$X \sim N(\mu_1,\sigma_1^2), \quad Y \sim N(\mu_2,\sigma_2^2) \quad （证明略）.$$

例 3.11　设二维随机变量的联合密度为$f(x,y) = \begin{cases} 6\mathrm{e}^{-(2x+3y)}, & x \geq 0, y \geq 0, \\ 0, & 其他, \end{cases}$　求X和Y边缘密度函数.

解　由定义 3.7 可知$f_X(x) = \int_{-\infty}^{+\infty} f(x,y)\mathrm{d}y.$

当$x < 0$时,$f(x,y) = 0$,故$f_X(x) = 0$;

当$x \geq 0$时,$f_X(x) = \int_{-\infty}^{+\infty} f(x,y)\mathrm{d}y = \int_{-\infty}^{0} 0\mathrm{d}y + \int_{0}^{+\infty} 6\mathrm{e}^{-(2x+3y)}\mathrm{d}y$

$$= 2\mathrm{e}^{-2x}(-\mathrm{e}^{-3y})\Big|_0^{+\infty} = 2\mathrm{e}^{-2x}.$$

故$f_X(x) = \begin{cases} 2\mathrm{e}^{-2x}, & x \geq 0, \\ 0, & x < 0. \end{cases}$同理可得$f_Y(y) = \begin{cases} 3\mathrm{e}^{-3y}, & y \geq 0, \\ 0, & y < 0. \end{cases}$

注意　当二维随机变量的联合密度函数为分段函数时,求X的边缘密度函数的方法是:根据联合密度函数的定义域,讨论x的范围,利用积分区间的可加性将y进行分段;同理可求Y的边缘密度函数.

3.2.4　随机变量的相互独立性

二维随机变量不是两个一维随机变量的简单叠加, X 与 Y 之间也可能相互关联. 如果 X 与 Y 之间不存在任何关系, 则认为 X 与 Y 是相互独立的.

在第 1 章, 我们介绍了随机事件的相互独立性, 随机事件 A 与 B 相互独立的充要条件是 $P(AB) = P(A)P(B)$. 这里也可以仿效随机事件相互独立性的定义, 给出随机变量的相互独立性的概念.

定义 3.8　设 X 与 Y 是两个随机变量, 如果对于任意的 x 和 y, 事件 $\{X \leqslant x\}$ 与 $\{Y \leqslant y\}$ 相互独立, 即

$$P(X \leqslant x, Y \leqslant y) = P(X \leqslant x)P(Y \leqslant y),$$

则称 X 与 Y 相互独立.

由分布函数定义可以看出, 若 X 与 Y 相互独立, 则

$$F(x,y) = F_X(x)F_Y(y).$$

具体地, 对于离散型和连续型随机变量分别有如下结论.

结论 1　设 X 与 Y 是两个离散型随机变量, X 的可能取值为 $x_1, x_2, \cdots, x_m, \cdots$, Y 的可能取值为 $y_1, y_2, \cdots, y_n, \cdots$, 则 X 与 Y 相互独立的充要条件为: 对一切 i, j, 都有

$$P(X = x_i, Y = y_j) = P(X = x_i)P(Y = y_j).$$

即

$$p_{ij} = p_{i \cdot} p_{\cdot j}, \quad i = 1, 2, \cdots, m, \cdots; j = 1, 2, \cdots, n, \cdots.$$

例 3.12　设二维随机变量 (X, Y) 的联合分布列为

X \ Y	0	1	2
0	0.06	0.15	α
1	β	0.35	0.21

问 α, β 取何值时, X 与 Y 相互独立?

解　联合分布律的表格底部增加一行、右边增加一列即可求得边缘分布律.

X \ Y	0	1	2	$p_{i \cdot}$
0	0.06	0.15	α	$\alpha + 0.21$
1	β	0.35	0.21	$\beta + 0.56$
$p_{\cdot j}$	$\beta + 0.06$	0.5	$\alpha + 0.21$	

由联合分布律的规范性可得 $\alpha + \beta = 0.23$, 要是 X 与 Y 相互独立, 则有 $0.15 = 0.5 \times (\alpha + 0.21)$, $0.35 = 0.5 \times (\beta + 0.56)$, 故 $\alpha = 0.09, \beta = 0.14$.

结论 2　设连续型随机变量 X 与 Y 的概率密度函数分别为 $f_X(x)$ 和 $f_Y(y)$, 联合密度函数为 $f(x,y)$, 如果 $f_X(x), f_Y(y)$ 和 $f(x,y)$ 都连续, 则 X 与 Y 相互独立的充要条件是: 对任意的 x, y, 都有

$$f(x,y) = f_X(x)f_Y(y).$$

证明 先证必要性.

因为 X 与 Y 相互独立,即 $F(x,y)=F_X(x)F_Y(y)$,两端同时对 x,y 求偏导数,得

$$\frac{\partial^2 F(x,y)}{\partial x \partial y} = \frac{\partial^2 [F_1(x)F_2(y)]}{\partial x \partial y} = F'_Z(x)F'_Y(y).$$

因为 $f(x,y)$,$f_X(x)$ 和 $f_Y(y)$ 都是连续函数,所以由上式可得

$$f(x,y) = f_X(x)f_Y(y).$$

再证充分性.

由于 $f(x,y)=f_X(x)f_Y(y)$,于是

$$F(x,y) = \int_{-\infty}^{x}\int_{-\infty}^{y} f(u,v)\mathrm{d}u\mathrm{d}v = \int_{-\infty}^{x}\int_{-\infty}^{y} f_X(u)f_Y(v)\mathrm{d}u\mathrm{d}v$$

$$= \int_{-\infty}^{x} f_X(u)\mathrm{d}u \int_{-\infty}^{y} f_Y(v)\mathrm{d}v = F_X(x)F_Y(y).$$

因此,X 与 Y 相互独立.

例 3.13 设随机变量 X 与 Y 相互独立,且都服从正态分布,即

$$f_X(x) = \frac{1}{\sqrt{2\pi}\sigma_1}\mathrm{e}^{-\frac{(x-\mu_1)^2}{2\sigma_1^2}}, \quad -\infty < x < +\infty,$$

$$f_Y(y) = \frac{1}{\sqrt{2\pi}\sigma_2}\mathrm{e}^{-\frac{(y-\mu_2)^2}{2\sigma_2^2}}, \quad -\infty < y < +\infty,$$

求 X 与 Y 的联合密度函数 $f(x,y)$.

解 由结论 2 可得

$$f(x,y) = f_X(x)f_Y(y) = \left[\frac{1}{\sqrt{2\pi}\sigma_1}\mathrm{e}^{-\frac{(x-\mu_1)^2}{2\sigma_1^2}}\right]\left[\frac{1}{\sqrt{2\pi}\sigma_2}\mathrm{e}^{-\frac{(y-\mu_2)^2}{2\sigma_2^2}}\right]$$

$$= \frac{1}{2\pi\sigma_1\sigma_2}\mathrm{e}^{-\frac{1}{2}\left[\frac{(x-\mu_1)^2}{\sigma_1^2}+\frac{(y-\mu_2)^2}{\sigma_2^2}\right]}, \quad -\infty < x < +\infty; -\infty < y < +\infty.$$

事实上,两个相互独立的正态分布的联合分布是 $\rho=0$ 的二维正态分布.

命题 3.1 设 (X,Y) 服从二维正态分布,X 与 Y 相互独立的充要条件是 $\rho=0$.

证明 充分性 当 $\rho=0$ 时,有

$$f(x,y) = \frac{1}{2\pi\sigma_1\sigma_2}\mathrm{e}^{-\frac{1}{2}\left[\frac{(x-\mu_1)^2}{\sigma_1^2}+\frac{(y-\mu_2)^2}{\sigma_2^2}\right]}$$

$$= \left[\frac{1}{\sqrt{2\pi}\sigma_1}\mathrm{e}^{-\frac{(x-\mu_1)^2}{2\sigma_1^2}}\right]\left[\frac{1}{\sqrt{2\pi}\sigma_2}\mathrm{e}^{-\frac{(y-\mu_2)^2}{2\sigma_2^2}}\right]$$

$$= f_X(x)f_Y(y),$$

所以,X 与 Y 相互独立.

必要性 若 X 与 Y 相互独立,有 $f(x,y)=f_X(x)f_Y(y)$,即

$$\frac{1}{2\pi\sigma_1\sigma_2\sqrt{1-\rho^2}}\mathrm{e}^{-\frac{1}{2(1-\rho^2)}\left[\frac{(x-\mu_1)^2}{\sigma_1^2}-2\rho\frac{(x-\mu_1)(y-\mu_2)}{\sigma_1\sigma_2}+\frac{(y-\mu_2)^2}{\sigma_2^2}\right]}$$

$$= \left[\frac{1}{\sqrt{2\pi}\sigma_1}\mathrm{e}^{-\frac{(x-\mu_1)^2}{2\sigma_1^2}}\right]\left[\frac{1}{\sqrt{2\pi}\sigma_2}\mathrm{e}^{-\frac{(y-\mu_2)^2}{2\sigma_2^2}}\right],$$

不妨令 $x=\mu_1$,$y=\mu_2$,则有

$$\frac{1}{2\pi\sigma_1\sigma_2\sqrt{1-\rho^2}} = \frac{1}{\sqrt{2\pi}\sigma_1} \times \frac{1}{\sqrt{2\pi}\sigma_2},$$

可得

$$\frac{1}{\sqrt{1-\rho^2}} = 1,$$

所以,$\rho=0$.

例 3.14　已知二维随机变量(X,Y)的联合概率密度为

$$f(x,y) = \begin{cases} \dfrac{21}{4}x^2y, & x^2 \leqslant y \leqslant 1, \\ 0, & \text{其他}, \end{cases}$$

求:(1)边缘密度函数;(2)判断 X 与 Y 是否独立性.

解　(1) 边缘密度函数 $f_X(x) = \displaystyle\int_{-\infty}^{+\infty} f(x,y)\mathrm{d}y$.

当 $x<-1$ 或 $x>1$ 时,$f(x,y)=0$,故 $f_X(x)=0$;

当 $-1 \leqslant x \leqslant 1$ 时,

$$f_X(x) = \int_{-\infty}^{+\infty} f(x,y)\mathrm{d}y = \int_{x^2}^{1} \frac{21}{4}x^2 y \mathrm{d}y = \frac{21}{8}x^2 y^2 \Big|_{x^2}^{1} = \frac{21}{8}x^2(1-x^4).$$

故 $f_X(x) = \begin{cases} \dfrac{21}{8}x^2(1-x^4), & -1 \leqslant x \leqslant 1, \\ 0, & \text{其他}. \end{cases}$

边缘密度函数 $f_Y(y) = \displaystyle\int_{-\infty}^{+\infty} f(x,y)\mathrm{d}x$.

当 $y<0$ 或 $y>1$ 时,$f(x,y)=0$,故 $f_Y(y)=0$;

当 $0 \leqslant y \leqslant 1$ 时,

$$f_Y(y) = \int_{-\infty}^{+\infty} f(x,y)\mathrm{d}x = \int_{-\sqrt{y}}^{\sqrt{y}} \frac{21}{4}x^2 y \mathrm{d}x = \frac{7}{4}y^2\left(x^3 \Big|_{-\sqrt{y}}^{\sqrt{y}}\right) = \frac{7}{2}y^{\frac{5}{2}}.$$

故 $f_Y(y) = \begin{cases} \dfrac{7}{2}y^{\frac{5}{2}}, & 0 \leqslant y \leqslant 1, \\ 0, & \text{其他}. \end{cases}$

(2) 由于 $f(x,y) \neq f_X(x)f_Y(y)$,故 X 与 Y 不独立.

思政小课堂 10

【学】掌握二维离散型随机变量独立性的判别,若要证明两个随机变量相互独立,需要 $\forall i,j, p_{ij} = p_i \cdot p_{\cdot j}$ 都成立,如果不独立,只需找出其中一个不相等即可.

【思】在现实中如何运用二维随机变量去处理相关数据非常重要,比如对于大数据的二维离散型随机变量如何近似为连续型随机变量去处理?

【悟】离散与连续是相对的.当前社会由于信息电子技术的应用,大家本应该连续的时间都离散化、碎片化.而做一些事情又需要用连续的时间,所以大家一定要做好碎片化时间的规划管理并提高集中精力连续处理问题的能力.

*3.3 条件分布

在第1章中,我们定义过条件概率,即在事件 B 发生的条件下事件 A 发生的概率为条件概率

$$P(A \mid B) = \frac{P(AB)}{P(B)}, \quad P(B) > 0.$$

下面,以条件概率为基础来定义随机变量的"条件分布".

*3.3.1 离散型随机变量的条件分布

定义 3.9 设 (X,Y) 是二维离散型随机变量,对固定的 j,若 $P(Y=y_j) > 0$,则称 $P(X=x_i \mid Y=y_j) = \frac{P(X=x_i, Y=y_j)}{P(Y=y_j)} = \frac{p_{ij}}{p_{\cdot j}}(i=1,2,\cdots)$ 为在 $Y=y_j$ 的条件下,随机变量 X 的条件分布.

此定义也可以用表格表示为

X	x_1	x_2	$\cdots$	x_i	$\cdots$
P	$\dfrac{p_{1j}}{p_{\cdot j}}$	$\dfrac{p_{2j}}{p_{\cdot j}}$	$\cdots$	$\dfrac{p_{ij}}{p_{\cdot j}}$	$\cdots$

定义 3.10 设 (X,Y) 是二维离散型随机变量,对固定的 i,若 $P(X=x_i) > 0$,则称 $P(Y=y_j \mid X=x_i) = \frac{P(X=x_i, Y=y_j)}{P(X=x_i)} = \frac{p_{ij}}{p_{i\cdot}}(j=1,2,\cdots)$ 为在 $X=x_i$ 的条件下,随机变量 Y 的条件分布.

其表格形式为

Y	y_1	y_2	$\cdots$	y_j	$\cdots$
P	$\dfrac{p_{i1}}{p_{i\cdot}}$	$\dfrac{p_{i2}}{p_{i\cdot}}$	$\cdots$	$\dfrac{p_{ij}}{p_{i\cdot}}$	$\cdots$

条件分布是一种概率分布,具有概率分布的一切性质.

例 3.15 为了进行吸烟与肺癌关系的研究,随机抽查了9925人,其结果如下表:

肺癌 吸烟	患病	健康	合计
吸	39	2089	2128
不吸	32	7765	7797
合计	71	9854	9925

引入随机变量 (X,Y),记 $X=1$ 表示被调查者不吸烟,$X=0$ 表示被调查者吸烟,$Y=1$ 表示被调查者未患肺癌,$Y=0$ 表示被调查者患肺癌.求出在 $X=0$ 和 $X=1$ 的条件下,Y 的条件分布.

X \ Y	0	1	$P(X = x_i)$
0	0.003 93	0.210 48	0.214 41
1	0.003 22	0.782 37	0.785 59
$P(Y = y_j)$	0.007 15	0.992 85	1

解 在 $X = 0$ 的条件下,

$$P(Y = 0 \mid X = 0) = \frac{P(X = 0, Y = 0)}{P(X = 0)} = \frac{0.003\ 93}{0.214\ 41} = 0.018\ 33;$$

$$P(Y = 1 \mid X = 0) = \frac{P(X = 0, Y = 1)}{P(X = 0)} = \frac{0.210\ 48}{0.214\ 41} = 0.981\ 67.$$

在 $X = 1$ 的条件下,

$$P(Y = 0 \mid X = 1) = \frac{P(X = 1, Y = 0)}{P(X = 1)} = \frac{0.003\ 22}{0.785\ 59} = 0.004\ 10;$$

$$P(Y = 1 \mid X = 1) = \frac{P(X = 1, Y = 1)}{P(X = 1)} = \frac{0.782\ 37}{0.785\ 59} = 0.995\ 90.$$

由此说明被抽样人群中在吸烟条件下患肺癌的概率大约是不吸烟条件下患肺癌概率的 4.7 倍.

思政小课堂 11

【学】二维随机变量的条件分布的计算可以转化两个边缘分布的计算,从而按照一维随机变量的求解方法计算. 通过例 3.15 学会如何研究一些社会现象,如何把实验或调查数据转化相关的概率问题,然后运用概率论知识去处理.

【思】在二维离散型随机变量条件分布中 $P(X = x_i \mid Y = y_j)$ 与 $P(Y = y_j \mid X = x_i)$ 有什么本质区别?

【悟】某人经常抽烟不一定得肺癌,具有某种偶然性,但是以大量人群作为研究对象,经常抽烟的人比不抽烟的人患肺癌的概率高出很多倍,产生一定程度的必然性. 吸烟有害健康,大家要养成良好的生活习惯,有好的身体才能更好地为国家的富强多做贡献.

---

*3.3.2 连续型随机变量的条件分布

设 (X, Y) 是二维连续型随机变量,对任意的 x, y, $P(X = x) = 0$, $P(Y = y) = 0$, 所以不能直接用条件概率公式得到条件分布,要使用极限的方法得到条件概率密度函数.

定义 3.11 给定 y,对任意固定正数 $h > 0$,若

$$\lim_{h \to 0} P(X \leqslant x \mid y < Y \leqslant y + h) = \lim_{h \to 0} \frac{P(X \leqslant x, y < Y \leqslant y + h)}{P(y < Y \leqslant y + h)}$$ 存在,则称此极限为在 $Y = y$ 的条件下,随机变量 X 的条件分布函数,记为

$$F_{X|Y}(x \mid y) = P(X \leqslant x \mid Y = y).$$

若存在 $f_{X|Y}(x \mid y)$,使得 $F_{X|Y}(x \mid y) = \int_{-\infty}^{x} f_{X|Y}(u \mid y)\mathrm{d}u$,则称 $f_{X|Y}(x \mid y)$ 为在 $Y =$

y 的条件下, 随机变量 X 的条件概率密度函数, 简称条件密度.

定理 3.2 设随机变量 (X,Y) 的联合密度函数为 $f(x,y)$, Y 的边缘密度函数为 $f_Y(y)$, 若 $f(x,y)$ 在点 (x,y) 处连续, 当 $f_Y(y)>0$ 时,

$$f_{X|Y}(x \mid y) = \frac{f(x,y)}{f_Y(y)}.$$

同理, 在 $X=x$ 的条件下, 随机变量 Y 的条件分布函数为

$$F_{Y|X}(y \mid x) = P(Y \leqslant y \mid X = x)$$

$$= \lim_{h \to 0} P(Y \leqslant y \mid x < X \leqslant x+h) = \lim_{h \to 0} \frac{P(Y \leqslant y, x < X \leqslant x+h)}{P(x < X \leqslant x+h)};$$

$$F_{Y|X}(y \mid x) = \int_{-\infty}^{y} f_{Y|X}(v \mid x) \mathrm{d}v.$$

当 $f_X(x)>0$ 时, $f_{Y|X}(y|x) = \dfrac{f(x,y)}{f_X(x)}$.

例 3.16 已知随机变量 (X,Y) 的联合概率密度为

$$f(x,y) = \begin{cases} x+y, & 0 \leqslant x, y \leqslant 1, \\ 0, & 其他, \end{cases}$$

求: (1)边缘密度函数; (2)随机变量 X 的条件密度函数.

解 (1) 边缘密度函数 $f_X(x) = \displaystyle\int_{-\infty}^{+\infty} f(x,y)\mathrm{d}y$.

当 $x \notin [0,1]$ 时, $f(x,y) = 0$, 故 $f_X(x) = 0$;

当 $x \in [0,1]$ 时, $f_X(x) = \displaystyle\int_{-\infty}^{+\infty} f(x,y)\mathrm{d}y = \int_{-\infty}^{0} 0\mathrm{d}y + \int_{0}^{1} (x+y)\mathrm{d}y + \int_{1}^{+\infty} 0\mathrm{d}y$

$$= \left(xy + \frac{1}{2}y^2 \right) \Big|_{0}^{1} = x + \frac{1}{2}.$$

故 $f_X(x) = \begin{cases} x + \dfrac{1}{2}, & 0 \leqslant x \leqslant 1, \\ 0, & 其他. \end{cases}$ 同理可得 $f_Y(y) = \begin{cases} y + \dfrac{1}{2}, & 0 \leqslant y \leqslant 1, \\ 0, & 其他. \end{cases}$

(2) X 的条件密度函数 $f_{X|Y}(x|y) = \dfrac{f(x,y)}{f_Y(y)}$.

当 $y \in [0,1]$ 时, $f_{X|Y}(x|y) = \dfrac{f(x,y)}{f_Y(y)} = \begin{cases} \dfrac{x+y}{y+\dfrac{1}{2}}, & 0 \leqslant x \leqslant 1, \\ \\ 0, & 其他. \end{cases}$

3.4 二维随机变量函数的分布

在第 2 章, 我们讨论了一维随机变量函数的分布问题, 特别在研究连续型随机变量函数的分布时引入了分布函数法. 同样, 在二维情况下也有随机变量函数的分布问题. 例如, 设 (X_1, X_2) 是一个二维随机变量, $g(x,y)$ 为二元函数, 于是 $Y = g(X_1, X_2)$ 就是 (X_1, X_2) 的一个函数, 它是一个一维随机变量, 且 Y 的分布可由 (X_1, X_2) 的分布来确定, 下面就离散型和连续型分别来介绍.

3.4.1　二维离散型随机变量函数的分布

先看下面的例子.

例 3.17　设 (X_1, X_2) 的联合概率分布为

X_1 \ X_2	-1	1	2
-1	$\dfrac{5}{20}$	$\dfrac{2}{20}$	$\dfrac{6}{20}$
2	$\dfrac{3}{20}$	$\dfrac{3}{20}$	$\dfrac{1}{20}$

求：(1) $Y_1 = X_1 + X_2$ 的概率分布；(2) $Y_2 = X_1 - 2X_2$ 的概率分布.

解　(1) 由 (X_1, X_2) 的联合概率分布可得

随机变量 \ 取值 \ P	$\dfrac{5}{20}$	$\dfrac{2}{20}$	$\dfrac{6}{20}$	$\dfrac{3}{20}$	$\dfrac{3}{20}$	$\dfrac{1}{20}$
(X_1, X_2)	$(-1,-1)$	$(-1,1)$	$(-1,2)$	$(2,-1)$	$(2,1)$	$(2,2)$
$X_1 + X_2$	-2	0	1	1	3	4
$X_1 - 2X_2$	1	-3	-5	4	0	-2

从而得到 $Y_1 = X_1 + X_2$ 的概率分布为

$Y_1 = X_1 + X_2$	-2	0	1	3	4
P	$\dfrac{5}{20}$	$\dfrac{2}{20}$	$\dfrac{9}{20}$	$\dfrac{3}{20}$	$\dfrac{1}{20}$

(2) $Y_2 = X_1 - 2X_2$ 的概率分布为

$Y_2 = X_1 - 2X_2$	-5	-3	-2	0	1	4
P	$\dfrac{6}{20}$	$\dfrac{2}{20}$	$\dfrac{1}{20}$	$\dfrac{3}{20}$	$\dfrac{5}{20}$	$\dfrac{3}{20}$

可见,二维离散型随机变量函数的分布问题较好解决,只需要进行适当运算,并将随机变量取值相等的概率值合并即可.注意到 Y_1 与 Y_2 都是一维离散型随机变量,当然可以进一步讨论有关 Y_1 与 Y_2 的分布函数等问题.

例 3.18　设 X_1 与 X_2 相互独立,且 $X_1 \sim P(\lambda_1)$, $X_2 \sim P(\lambda_2)$. 证明：$Y = X_1 + X_2$ 服从 $P(\lambda_1 + \lambda_2)$.

证明　首先 $X_1 + X_2$ 的可能取值为 $0, 1, 2, \cdots$, 并且

$$P(X_1 + X_2 = i) = P(X_1 = 0, X_2 = i) + P(X_1 = 1, X_2 = i-1) + \cdots +$$
$$P(X_1 = i, X_2 = 0)$$
$$= P(X_1 = 0)P(X_2 = i) + P(X_1 = 1)P(X_2 = i-1) + \cdots +$$
$$P(X_1 = i)P(X_2 = 0)$$
$$= e^{-\lambda_1} \frac{\lambda_2^i}{i!} e^{-\lambda_2} + \lambda_1 e^{-\lambda_1} \frac{\lambda_2^{i-1}}{(i-1)!} e^{-\lambda_2} + \cdots + \frac{\lambda_1^i}{i!} e^{-\lambda_1} e^{-\lambda_2}$$

$$= \frac{1}{i!} e^{-(\lambda_1 + \lambda_2)} \left[\lambda_2^i + C_i^1 \lambda_1 \lambda_2^{i-1} + \cdots + C_i^{i-1} \lambda_1^{i-1} \lambda_2 + \lambda_1^i \right]$$

$$= \frac{1}{i!} e^{-(\lambda_1 + \lambda_2)} (\lambda_1 + \lambda_2)^i \quad (i = 1, 2, \cdots),$$

从而,$X_1 + X_2 \sim P(\lambda_1 + \lambda_2)$.

3.4.2 二维连续型随机变量函数的分布

我们在讨论一维连续型随机变量函数的分布时引进了"分布函数法",即

(1) 先求新的随机变量 Y 的分布函数 $F_Y(y) = P(Y \leqslant y)$;

(2) $F_Y(y)$ 对 y 求导,进而求出 Y 的概率密度 $f_Y(y)$.

现在仍采用**分布函数法**求二维随机变量函数的分布. 限于篇幅,我们不加证明,给出求最简单的二维连续型随机变量函数的概率密度的方法和公式.

1. 和的分布 $Z = X + Y$

命题 3.2 若二维随机变量 (X, Y) 的联合概率密度为 $f(x, y)$,则 $Z = X + Y$ 的概率密度为

$$f_Z(z) = \int_{-\infty}^{+\infty} f(z - y, y) \mathrm{d}y, \quad -\infty < z < +\infty,$$

或

$$f_Z(z) = \int_{-\infty}^{+\infty} f(x, z - x) \mathrm{d}x, \quad -\infty < z < +\infty.$$

并且,当 X 与 Y 相互独立时,由于 $f(x, y) = f_X(x) f_Y(y)$,于是上面两式变为

$$f_Z(z) = \int_{-\infty}^{+\infty} f_X(z - y) f_Y(y) \mathrm{d}y, \quad -\infty < z < +\infty,$$

或

$$f_Z(z) = \int_{-\infty}^{+\infty} f_X(x) f_Y(z - x) \mathrm{d}x, \quad -\infty < z < +\infty,$$

称上式为**卷积公式**.

由此可知,若 (X, Y) 是连续型随机变量,且 X 与 Y 相互独立,则 $Z = X + Y$ 也是连续型随机变量,且它的概率密度为 X 与 Y 的概率密度的卷积.

例 3.19 设 X 与 Y 相互独立,且都服从 $N(0, 1)$,求 $Z = X + Y$ 的概率密度.

解 由于 X 与 Y 的概率密度分别为

$$f_X(x) = \frac{1}{\sqrt{2\pi}} e^{-\frac{x^2}{2}}, \quad -\infty < x < +\infty,$$

$$f_Y(y) = \frac{1}{\sqrt{2\pi}} e^{-\frac{y^2}{2}}, \quad -\infty < y < +\infty,$$

由卷积公式,

$$f_Z(z) = \int_{-\infty}^{+\infty} \left[\frac{1}{2\pi} e^{-\frac{x^2}{2}} \right] \left[e^{-\frac{(z-x)^2}{2}} \right] \mathrm{d}x = \frac{1}{2\pi} \int_{-\infty}^{+\infty} e^{-\left(x^2 - zx + \frac{z^2}{2} \right)} \mathrm{d}x$$

$$= \frac{e^{-\frac{z^2}{4}}}{2\pi} \int_{-\infty}^{+\infty} e^{-\left(x - \frac{z}{2} \right)^2} \mathrm{d}x \xrightarrow{\text{令 } x - \frac{z}{2} = \frac{t}{\sqrt{2}}} \frac{e^{-\frac{z^2}{4}}}{2\pi \sqrt{2}} \int_{-\infty}^{+\infty} e^{-\frac{t^2}{2}} \mathrm{d}t$$

$$= \frac{1}{\sqrt{2\pi}\sqrt{2}}\mathrm{e}^{-\frac{z^2}{2(\sqrt{2})^2}},$$

所以 $Z=X+Y\sim N(0,2)$.

同理,若 X_1 与 X_2 相互独立,且 $X_1\sim N(\mu_1,\sigma_1^2)$,$X_2\sim N(\mu_2,\sigma_2^2)$,则

$$Y = X_1 + X_2 \sim N(\mu_1+\mu_2,\sigma_1^2+\sigma_2^2).$$

进一步地,利用归纳法可以证明: 若 $X_k\sim N(\mu_k,\sigma_k^2)(k=1,2,\cdots,n)$,且 $X_1,X_2,\cdots,X_n$ 相互独立,则它们的和

$$X_1 + X_2 + \cdots + X_n \sim N\Big(\sum_{k=1}^{n}\mu_k,\sum_{k=1}^{n}\sigma_k^2\Big).$$

即有限个相互独立的正态分布的和仍服从正态分布,参数分别求和.

2. 差的分布 $Z=X-Y$

命题 3.3　若二维随机变量 (X,Y) 的联合概率密度为 $f(x,y)$,则 $Z=X-Y$ 的概率密度为

$$f_Z(z) = \int_{-\infty}^{+\infty}f(x,x-z)\mathrm{d}x, \quad -\infty<z<+\infty,$$

或

$$f_Z(z) = \int_{-\infty}^{+\infty}f(y+z,y)\mathrm{d}y, \quad -\infty<z<+\infty.$$

并且,当 X 与 Y 相互独立时,

$$f_Z(z) = \int_{-\infty}^{+\infty}f_X(x)f_Y(x-z)\mathrm{d}x, \quad -\infty<z<+\infty,$$

或

$$f_Z(z) = \int_{-\infty}^{+\infty}f_X(y+z)f_Y(y)\mathrm{d}y, \quad -\infty<z<+\infty.$$

3. 乘积的分布 $Z=XY$

命题 3.4　若二维随机变量 (X,Y) 的联合概率密度为 $f(x,y)$,则 $Z=XY$ 的概率密度为

$$f_Z(z) = \int_{-\infty}^{+\infty}f\Big(x,\frac{z}{x}\Big)\frac{1}{|x|}\mathrm{d}x, \quad -\infty<z<+\infty,$$

或

$$f_Z(z) = \int_{-\infty}^{+\infty}f\Big(\frac{z}{y},y\Big)\frac{1}{|y|}\mathrm{d}y, \quad -\infty<z<+\infty.$$

并且,当 X 与 Y 相互独立时,

$$f_Z(z) = \int_{-\infty}^{+\infty}f_X(x)f_Y\Big(\frac{z}{x}\Big)\frac{1}{|x|}\mathrm{d}x, \quad -\infty<z<+\infty,$$

或

$$f_Z(z) = \int_{-\infty}^{+\infty}f_X\Big(\frac{z}{y}\Big)f_Y(y)\frac{1}{|y|}\mathrm{d}y, \quad -\infty<z<+\infty.$$

4. 商的分布 $Z=\dfrac{X}{Y}$

命题 3.5　已知二维随机变量 (X,Y) 的联合概率密度为 $f(x,y)$,则 $Z=\dfrac{X}{Y}$ 的概率密

度为

$$f_Z(z) = \int_{-\infty}^{+\infty} f(yz, y) \mid y \mid \mathrm{d}y, \quad -\infty < z < +\infty.$$

并且, 当 X 与 Y 相互独立时,

$$f_Z(z) = \int_{-\infty}^{+\infty} f_X(yz) f_Y(y) \mid y \mid \mathrm{d}y, \quad -\infty < z < +\infty.$$

注意 在求 $Z = \dfrac{X}{Y}$ 的概率分布时, 要求 $P(Y=0)=0$.

5. 极值 $Z = \max\{X_1, X_2, \cdots, X_n\}$ 和 $Z = \min\{X_1, X_2, \cdots, X_n\}$ 的分布

在实际应用中, 描述建筑能抵御强降水量、洪峰、强台风、地震等自然灾害, 或桥梁或铸件所能承受的最大压力时都要用最大值分布与最小值分布. 因此, 研究最值分布有重要意义. 我们着重对两个变量的情况研究, 其结果对多个变量可以类推.

设 X, Y 是两个相互独立的随机变量, 分布函数分别为 $F_X(x), F_Y(y)$, 求极值 $Z = \max\{X, Y\}$ 和 $Z = \min\{X, Y\}$ 的分布.

$Z = \max\{X, Y\}$ 的分布函数为

$$F_Z(z) = P(Z \leqslant z) = P(X \leqslant z, Y \leqslant z) = P(X \leqslant z)P(Y \leqslant z) = F_X(z)F_Y(z).$$

若 X, Y 是两个相互独立的连续型随机变量, 密度函数分别为 $f_X(x), f_Y(y)$, 则求导可以得到 $Z = \max\{X, Y\}$ 的密度函数

$$\begin{aligned} f_Z(z) = F_Z'(z) &= [F_X(z)F_Y(z)]' = F_X'(z)F_Y(z) + F_X(z)F_Y'(z) \\ &= f_X(z)F_Y(z) + F_X(z)f_Y(z). \end{aligned}$$

同理, $Z = \min\{X, Y\}$ 的分布函数为

$$\begin{aligned} F_Z(z) = P(Z \leqslant z) &= 1 - P(Z > z) = 1 - P(X > z, Y > z) \\ &= 1 - P(X > z)P(Y > z) = 1 - [1 - F_X(z)][1 - F_Y(z)]. \end{aligned}$$

若 X, Y 是两个相互独立的连续型随机变量, 密度函数分别为 $f_X(x), f_Y(y)$, 则求导可以得到 $Z = \min\{X, Y\}$ 的密度函数

$$\begin{aligned} f_Z(z) = F_Z'(z) &= F_X'(z)[1 - F_Y(z)] + [1 - F_X(z)]F_Y'(z) \\ &= f_X(z)[1 - F_Y(z)] + [1 - F_X(z)]f_Y(z). \end{aligned}$$

上述内容都可以推广到有限个相互独立的随机变量的情况.

例 3. 20 设某型号的晶体管的寿命 (单位: h) 近似服从正态分布 $N(1000, 20^2)$, 现从中随机地抽取 4 只, 求没有 1 只晶体管的寿命小于 1020h 的概率.

解 设 $X_i, i = 1, 2, 3, 4$ 分别表示 4 只晶体管的寿命, 它们相互独立并且同分布, 其密度函数为 $f_i(x) = \dfrac{1}{20\sqrt{2\pi}} \mathrm{e}^{-\frac{(x-1000)^2}{2 \times (20)^2}}$, 且 $\dfrac{X_i - 1000}{20} \sim N(0, 1), i = 1, 2, 3, 4$, 因此所求概率为

$$\begin{aligned} P(\min\{X_1, X_2, X_3, X_4\} &\geqslant 1020) \\ &= P(X_1 \geqslant 1020)P(X_2 \geqslant 1020)P(X_3 \geqslant 1020)P(X_4 \geqslant 1020) \\ &= [1 - P(X_i < 1020)]^4 = \left[1 - P\left(\frac{X_i - 1000}{20} < \frac{1020 - 1000}{20}\right)\right]^4 \\ &= [1 - \Phi(1)]^4 = (1 - 0.8413)^4 \approx 0.000\ 634. \end{aligned}$$

习　题　3

一、填空题

1. 设 (X,Y) 的联合分布律为

X \ Y	1	2
1	0.1	0.2
2	0.2	0.5

则 $P(0<X\leqslant3,1<Y\leqslant4)=$ _____.

2. 箱子里装有 12 只开关,其中 2 只次品,无放回抽取两次,每次取一只,记 0 表示抽取到正品,1 表示抽取到次品,则抽取结果 (X,Y) 的联合分布律为_____.

3. 设 (X,Y) 的分布函数为 $F(x,y)$,则 $F(-\infty,y)=$ _____,$F(x+0,y)=$ _____,$F(x,+\infty)=$ _____.

4. 设 X,Y 为随机变量,且 $P(X\geqslant0,Y\geqslant0)=\dfrac{3}{7}$,$P(X\geqslant0)=P(Y\geqslant0)=\dfrac{4}{7}$,则 $P(\max\{X,Y\}\geqslant0)=$ _____.

5. 设 (X,Y) 的联合密度函数 $f(x,y)=\begin{cases} k(6-x-y), & 0<x<2,2<y<4, \\ 0, & \text{其他,} \end{cases}$ 则 $k=$ _____.

6. 设 (X,Y) 的联合密度函数 $f(x,y)=\dfrac{6}{\pi^2(4+x^2)(9+y^2)}$,$(-\infty<x,y<+\infty)$,则 X 的边缘密度函数为_____.

7. 设 (X,Y) 服从区域 $D=\{(x,y)\,|\,x^2+y^2\leqslant16\}$ 上的均匀分布,则 (X,Y) 的联合密度函数为 $f(x,y)=$ _____,$P(Y>X)=$ _____.

8. 设 X 与 Y 相互独立,$X\sim N(0,1)$,$Y\sim N(0,1)$,则 (X,Y) 的联合密度函数为 $f(x,y)=$ _____.

9. 已知 (X,Y) 的联合分布律为

X \ Y	-1	0	2
1	0.25	0.1	0.3
2	0.15	0.05	0.15

则 $Z=XY$ 的分布律为_____,$P(-1<X\leqslant1,0\leqslant Y\leqslant2)=$ _____.

10. 设 X,Y 相互独立,其分布函数分别为 $F_X(x)$,$F_Y(y)$,则 $Z=\min\{X,Y\}$ 的分布函数为_____.

二、选择题

1. 设 (X,Y) 的联合分布函数为 $F(x,y)$,则 $P(X>a,Y>b)=$ (　　).

A. $1-F(a,b)$

B. $F(a,+\infty)+F(+\infty,b)$

C. $F(a,b)+1-F(a,+\infty)-F(+\infty,b)$

D. $F(a,b)+1+F(a,+\infty)-F(+\infty,b)$

2. 设 X,Y 相互独立,且均服从 $p=0.3$ 的 0-1 分布,则 $X+Y$ 服从( ).

A. $p=0.3$ 的 0-1 分布　　　　　　B. $p=0.6$ 的 0-1 分布

C. $B(2,0.3)$　　　　　　　　　　D. $B(2,0.6)$

3. 设 X,Y 相互独立,且 X 服从 $P(3)$,Y 服从 $P(2)$,则 $X+Y$ 服从( ).

A. $P(1)$　　　　B. $P(6)$　　　　C. $P(13)$　　　　D. $P(5)$

4. 设 X,Y 相互独立,且 X 服从 $N(-3,1)$,Y 服从 $N(2,1)$,则 $X+Y$ 服从( ).

A. $N(-1,2)$　　B. $N(-1,1)$　　C. $N(0,2)$　　D. $N(1,2)$

5. 设 X,Y 相互独立,且均服从 $N(0,1)$,则下列各式正确的是( ).

A. $P(X+Y\geqslant0)=\dfrac{1}{4}$　　　　　　B. $P(X-Y\geqslant0)=\dfrac{1}{4}$

C. $P(\max\{X,Y\}\geqslant0)=\dfrac{1}{4}$　　　　D. $P(\min\{X,Y\}\geqslant0)=\dfrac{1}{4}$

6. 设 (X,Y) 的联合分布律为

X ＼ Y	1	2	3
1	1/6	1/9	1/18
2	1/3	α	β

则 α 与 β 满足( )条件时,X 与 Y 相互独立.

A. $\alpha+\beta=\dfrac{1}{2}$　　B. $\alpha=\dfrac{2}{9},\beta=\dfrac{1}{9}$　　C. $\alpha-\beta=\dfrac{1}{2}$　　D. $\alpha-\beta=\dfrac{1}{3}$

7. 设 X 与 Y 独立同分布,其概率密度为 $f(x)=\begin{cases}\dfrac{3}{8}x^2, & 0\leqslant x\leqslant2, \\ 0, & \text{其他},\end{cases}$ 若 $P\{(X>a)\bigcup(Y>a)\}=\dfrac{3}{4}$,则 $a=$( ).

A. $\sqrt[3]{4}$　　　　B. $\sqrt[3]{16}$　　　　C. 2　　　　D. 4

8. 设 (X,Y) 服从区域 $D=\{(x,y)|0\leqslant x\leqslant1,0\leqslant y\leqslant1\}$ 上的均匀分布,若 $a<0<b<1$,则 $P(a<X<b,a<Y<b)=$( ).

A. b^2　　　　B. $(b-a)^2$　　　　C. b^2-a^2　　　　D. 1

9. 设随机变量 X 与 Y 相互独立,且 $X\sim\begin{pmatrix}0 & 1 \\ 0.2 & 0.8\end{pmatrix}$,$Y\sim\begin{pmatrix}0 & 1 \\ 0.2 & 0.8\end{pmatrix}$,则必有( ).

A. $X=Y$　　　　　　　　　　　　B. $P(X=Y)=0$

C. $P(X=Y)=0.68$　　　　　　　　D. $P(X=Y)=1$

10. 设 (X,Y) 满足 $P(X\geqslant1,Y\geqslant1)=\dfrac{1}{7}$,$P(X\geqslant1)=\dfrac{2}{7}$,$P(Y\geqslant1)=\dfrac{2}{7}$,则 $P(\max\{X,$

$Y\} \geqslant 1) = ($　　$)$.

　　A. $\dfrac{1}{7}$　　　　　　B. $\dfrac{2}{7}$　　　　　　C. $\dfrac{3}{7}$　　　　　　D. $\dfrac{4}{7}$

三、计算题

1. 设二维连续型随机变量(X,Y)服从区域 $D = \{(x,y): x^2 + y^2 \leqslant 2x\}$ 上的均匀分布，求(X,Y)的联合概率密度函数和两个边缘概率密度函数.

2. 已知随机变量(X,Y)的联合概率密度为 $f(x,y) = A\mathrm{e}^{-ax^2 + bxy - cy^2}, a > 0, c > 0$，求 X, Y的边缘概率密度，问在什么条件下，X, Y相互独立？

3. 设随机变量(X,Y)的联合概率密度为

$$f(x,y) = \begin{cases} \dfrac{1}{2}, & 0 \leqslant x \leqslant 1, 0 \leqslant y \leqslant 2, \\ 0, & \text{其他}. \end{cases}$$

(1)求关于 X 与 Y 的边缘概率密度；(2)判断 X 与 Y 是否独立；(3)求 X, Y 中至少有一个小于$\dfrac{1}{2}$的概率.

4. 设随机变量(X,Y)的联合概率密度为

$$f(x,y) = \begin{cases} Axy^2, & 0 \leqslant x \leqslant 2, 0 \leqslant y \leqslant 1, \\ 0, & \text{其他}. \end{cases}$$

(1)求系数 A；(2)求关于 X 与 Y 的边缘概率密度；(3)判断 X 与 Y 是否独立.

5. 设随机变量(X,Y)的联合概率密度为

$$f(x,y) = \begin{cases} Ay(2-x), & 0 \leqslant x \leqslant 1, 0 \leqslant y \leqslant x, \\ 0, & \text{其他}. \end{cases}$$

(1)求常数 A；(2)求关于 X 与 Y 的边缘概率密度；(3)判断 X 与 Y 是否独立.

第 4 章

随机变量的数字特征

在第 3 章中,我们讨论了随机变量的概率分布,这种分布是随机变量的概率性质最完整的刻画.但在实际问题中,往往并不一定要知道它的分布,而且求随机变量的概率分布通常比较困难.于是,就有必要引入一些新的概念.比如评估电子元件的质量时,其平均寿命自然是首要关心的,而且相对于这个平均寿命的偏离程度也是我们关心的.这是因为使用寿命长自然是质量好的标志,而相对于平均寿命偏离较小则说明质量比较稳定.下面引入的数学期望与方差就是对诸如这样的标志以科学描述.数学期望与方差称为随机变量的数字特征,同时我们还介绍随机变量的其他数字特征.随机变量的数字特征是某些由随机变量的分布所决定的常数,它们刻画了随机变量(或者说刻画了其分布)的某一方面的性质.

4.1 随机变量的数学期望

4.1.1 离散型随机变量的数学期望的定义

随机变量的数学期望是刻画随机变量平均值的数字特征.举例说明如下:

某服装公司生产两种套装 ,一种是大众装,每件价格 200 元,每月生产 10 000 件,另一种是高档套装,每件 1800 元,每月生产 100 件,问该公司生产的套装的平均价格是多少?

如果把两种套装的价格作简单平均,即 $\dfrac{200+1800}{2}=1000$,于是得到套装的平均价格为 1000 元.很显然,这个平均价格没能反映该公司生产的套装的真实平均价格,原因在于这种算法忽略了每种套装的生产数量. 另一种算法是:把每种套装的价格乘上生产件数,然后相加,得到总价格,最后除以总件数,即

$$\frac{200 \times 10\,000 + 1800 \times 100}{10\,100} = 200 \times \frac{10\,000}{10\,100} + 1800 \times \frac{100}{10\,100}$$

$$\approx 200 \times 0.99 + 1800 \times 0.01 = 216,$$

于是得到平均价格为 216 元,这个平均价格较客观地反映了该公司生产的套装的真实情况,它考虑了每种套装的生产量,实际上是一种加权平均.

为了进一步阐明问题,我们引入随机变量,设随机变量 X 为该公司生产的套装的价格,任取一件套装,则

$$X = \begin{cases} 200, & \text{若取到大众装,} \\ 1800, & \text{若取到高档装.} \end{cases}$$

由古典概率的定义可得取到大众装的概率为 $P(X=200)=\dfrac{10\,000}{10\,100}\approx 0.99$,而取到高档

装的概率为 $P(X = 1800) = \dfrac{100}{10\,100} \approx 0.01$,故套装的平均价格也可以写为

$$200 \times P(X = 200) + 1800 \times P(X = 1800) \approx 216,$$

这是随机变量的平均值,它是以其概率为权的加权平均,在概率中称之为随机变量的数学期望.

定义 4.1　设离散型随机变量的概率分布为

$$P(X = x_i) = p_i, \quad i = 1, 2, \cdots, n, \cdots,$$

若 $\displaystyle\sum_{i=1}^{+\infty} |x_i| p_i < +\infty$,则称

$$E(X) = \sum_{i=1}^{+\infty} x_i p_i \tag{4.1}$$

为随机变量 X 的数学期望,简称期望.

若 $\displaystyle\sum_{i=1}^{+\infty} |x_i| p_i$ 不收敛,则称 $E(X)$ 不存在.

特别地,当 X 的概率分布为 $P(X = x_i) = \dfrac{1}{n}, i = 1, 2, \cdots, n$,则 $E(X) = \dfrac{1}{n} \displaystyle\sum_{i=1}^{n} x_i$ 为求 n 个实数 $x_1, x_2, \cdots, x_n$ 的算术平均值,这说明数学期望是算数平均值的推广.

注意

(1) $E(X)$ 是常数,当随机变量的分布已知时,利用式(4.1)可以计算 $E(X)$.

(2) 数学期望 $E(X)$ 是随机变量取值的"概率加权平均",故数学期望也常称为"均值".

例 4.1　设离散型随机变量 X 的概率分布列为

X	-1	0	1	1.5
P	$\dfrac{1}{10}$	$\dfrac{2}{10}$	$\dfrac{3}{10}$	$\dfrac{4}{10}$

求 $E(X)$.

解　按照式(4.1),得到

$$E(X) = (-1) \times \frac{1}{10} + 0 \times \frac{2}{10} + 1 \times \frac{3}{10} + 1.5 \times \frac{4}{10} = 0.8.$$

例 4.2　某商店在年末大甩卖中进行有奖销售,摇奖箱中球的颜色有:红、黄、蓝、白、黑五种,其对应的奖金额分别为:10 000 元、1000 元、100 元、10 元、1 元. 假定摇奖箱内装有很多球,红、黄、蓝、白、黑球的比例分别为:0.01%,0.15%,1.34%,10%,88.5%,求每次摇奖摇出的奖金额 X 的数学期望.

解　每次摇奖摇出的奖金额 X 是一个随机变量,它的概率分布列为

X	10 000	1000	100	10	1
P	0.0001	0.0015	0.0134	0.1	0.885

按照式(4.1),得到

$$E(X) = 10\,000 \times 0.0001 + 1000 \times 0.0015 + 100 \times 0.0134 +$$
$$10 \times 0.1 + 1 \times 0.885 = 5.725.$$

本题中,平均起来每次摇奖的奖金额不足 6 元,这个值对商店作计划预算时是很重要的.

例 4.3　某射手有 4 发子弹,连续向同一目标射击,直到击中目标或子弹用尽为止.设每次击中目标的概率为 0.6,求这个射手平均消耗几发子弹?

解　设 X 表示消耗的子弹数,它的概率分布列为

X	1	2	3	4
P	0.6	0.4×0.6	$0.4^2 \times 0.6$	0.4^3

按照式(4.1),得到
$$E(X) = 1 \times 0.6 + 2 \times 0.24 + 3 \times 0.096 + 4 \times 0.064 = 1.624,$$
故这个射手平均消耗 1.624 发子弹.

思政小课堂 12

【学】离散型随机变量的数学期望也称为概率的加权平均,公式 $E(X) = \sum\limits_{i=1}^{+\infty} x_i p_i$ 是一个综合评价模型.大学生每学期的综合测评,如果 x_i 表示不同课程的考试成绩,$p_i = \dfrac{y_i}{\sum y_i}$ (y_i 表示每门课的学分)则表示每门课程在本学期所占学分的权重,此时 $E(X)$ 就是综合测评的主要部分.

【思】根据自己所在学校综合测评公式,写出通用的数学模型,根据每个人各门课程分数用 EXCEL 或者计算机编程求解出每个人的成绩及排名.

【悟】数学建模随手可及,比如针对全班学生各门课的成绩,做一个综合测评的排名,其过程就是一个利用数据建立综合评价模型的过程.这是离散型随机变量数学期望的一个简单应用,希望大家可以把这个模型理解好、应用好、实现好,为以后的工作奠定良好的基础.

4.1.2　常用的离散型随机变量的数学期望

1. 0-1 分布
设 X 服从 0-1 分布,其分布列为 $P(X=1)=p$,$P(X=0)=q(p+q=1)$.由公式(4.1)知
$$E(X) = 1 \cdot p + 0 \cdot q = p.$$

2. 二项分布
设 $X \sim B(n,p)$,即 $P(X=k) = C_n^k p^k q^{n-k}(k=0,1,2,\cdots,n)$,$p+q=1$.按公式(4.1)得到
$$E(X) = \sum_{k=0}^{n} k C_n^k p^k q^{n-k}$$
$$= \sum_{k=1}^{n} k \frac{n!}{k!(n-k)!} p^k q^{n-k}$$

$$= np \sum_{k=1}^{n} \frac{(n-1)!}{(k-1)![(n-1)-(k-1)]!} p^{k-1} q^{n-k}$$

$$= np \sum_{k=1}^{n} C_{n-1}^{k-1} p^{k-1} q^{(n-1)-(k-1)}$$

$$= np (p+q)^{n-1} = np,$$

即 $E(X) = np$.

3. 泊松分布

设 $X \sim P(\lambda)$, 即 $P(X=k) = \frac{\lambda^k}{k!} e^{-\lambda} (k=0,1,2,\cdots,\lambda>0)$. 由式(4.1)知

$$E(X) = \sum_{k=0}^{+\infty} k P(X=k) = \sum_{k=0}^{+\infty} k \frac{\lambda^k}{k!} e^{-\lambda}$$

$$= \lambda e^{-\lambda} \sum_{k=1}^{+\infty} \frac{\lambda^{k-1}}{(k-1)!} = \lambda e^{-\lambda} e^{\lambda} = \lambda,$$

即 $E(X) = \lambda$.

注意到,泊松分布的期望为它的参数 λ.

4. 超几何分布

设 X 服从参数为 $N,M,n(n \leqslant N-M)$ 的超几何分布,即

$$P(X=m) = \frac{C_M^m C_{N-M}^{n-m}}{C_N^n}, \quad m=0,1,2,\cdots,l; l=\min\{M,n\},$$

由公式(4.1)有

$$E(X) = \sum_{m=0}^{l} m P(X=m) = \sum_{m=0}^{l} m \frac{C_M^m C_{N-M}^{n-m}}{C_N^n}$$

$$= \sum_{m=1}^{l} m \frac{\dfrac{M!}{m!(M-m)!}}{\dfrac{N!}{n!(N-n)!}} C_{N-M}^{n-m}$$

$$= \frac{nM}{N} \sum_{m=1}^{l} \frac{\dfrac{(M-1)!}{(m-1)!(M-m)!}}{\dfrac{(N-1)!}{(n-1)!(N-n)!}} C_{N-M}^{n-m}$$

$$= \frac{nM}{N} \sum_{m=1}^{l} \frac{C_{M-1}^{m-1} C_{N-M}^{n-m}}{C_{N-1}^{n-1}}.$$

令 $N'=N-1, M'=M-1, n'=n-1, m'=m-1, l'=\min\{M',n'\}$, 则

$$\sum_{m=1}^{l} \frac{C_{M-1}^{m-1} C_{N-M}^{n-m}}{C_{N-1}^{n-1}} = \sum_{m'=0}^{l'} \frac{C_{M'}^{m'} C_{N'-M'}^{n'-m'}}{C_{N'}^{n'}} = 1,$$

所以 $E(X) = \dfrac{nM}{N}$.

4.1.3 离散型随机变量函数的数学期望

定义 4.2　设 X 是离散型随机变量,其概率分布为

X	x_1	x_2	$\cdots$	x_i	$\cdots$	x_n	$\cdots$
P	p_1	p_2	$\cdots$	p_i	$\cdots$	p_n	$\cdots$

又设 $Y = g(X)$ 是随机变量 X 的函数,则 Y 的数学期望为

$$E(Y) = E[g(X)] = \sum_i g(x_i) p_i. \qquad (4.2)$$

这里要求 $\sum_{i=1}^{+\infty} | g(x_i) | p_i < +\infty$.

例 4.4 设离散型随机变量 X 的概率分布为

X	-1	0	1	2
P	$\dfrac{1}{8}$	$\dfrac{1}{4}$	$\dfrac{3}{8}$	$\dfrac{1}{4}$

求 $Y = 3X + 1$ 的期望.

解 因为 $Y = 3X + 1$ 是单调函数,所以容易得到 Y 的概率分布列为

$Y = 3X+1$	-2	1	4	7
P	$\dfrac{1}{8}$	$\dfrac{1}{4}$	$\dfrac{3}{8}$	$\dfrac{1}{4}$

于是

$$E(Y) = (-2) \times \frac{1}{8} + 1 \times \frac{1}{4} + 4 \times \frac{3}{8} + 7 \times \frac{1}{4} = \frac{13}{4}.$$

当 $Y = f(X)$ 不是单调函数时,只需进行适当处理,就可得到 Y 的概率分布,进而得到 $E(Y)$.

例 4.5 离散型随机变量 X 的概率分布同例 4.4,求 $Y = X^2$ 的期望 $E(Y)$.

解 按照例 4.4 的方法,得到 $Y = X^2$ 的概率分布为

$Y = X^2$	1	0	1	4
P	$\dfrac{1}{8}$	$\dfrac{1}{4}$	$\dfrac{3}{8}$	$\dfrac{1}{4}$

注意到由于 $Y = X^2$ 是偶函数,取值中有两个 1,我们只需保留一个 1,而将对应的概率相加即可,于是得到 $Y = X^2$ 的概率分布

$Y = X^2$	0	1	4
P	0.25	0.5	0.25

这是因为

$$P(Y = 1) = P(X^2 = 1) = P\{(X = 1) + (X = -1)\}$$

$$= P(X = 1) + P(X = -1) = \frac{1}{8} + \frac{3}{8} = 0.5,$$

从而 $E(Y) = 0 \times 0.25 + 1 \times 0.5 + 4 \times 0.25 = 1.5$.

思政小课堂 13

　　【学】 随机变量的数学期望也称为均值. 由中心极限定理, 在大样本的情况下, 许多分布都服从或近似服从正态分布, 均值以下的样本数据占一半左右.

　　【思】 "平均数"是个特别容易让大家调侃的事儿, 每当统计局发布工资、收入等统计数据时, 就会有网民大发"被平均""被增长"等感叹. 为什么大家会说自己被平均了呢? 平均数和中位数有什么区别?

　　【悟】 如果你的身高"被增长"了, 这个没有办法弥补, 但是如果你的收入等"被平均"了, 说明你还有很大的上升空间, 不妨给自己定个小目标"不是 1 个亿, 只是自己尽快不被平均". 当然收入只是大家工作价值的一种体现方式, 大家可有很多种方式体现自己的人生价值, 树立正确的三观对大家以后的发展尤其重要.

4.1.4　连续型随机变量的数学期望的定义

　　定义 4.3　设 X 是连续型随机变量, 其概率密度为 $f(x)$, 若积分 $\int_{-\infty}^{+\infty} |x| f(x)\mathrm{d}x < +\infty$, 则称

$$E(X) = \int_{-\infty}^{+\infty} xf(x)\mathrm{d}x \tag{4.3}$$

为连续型随机变量 X 的数学期望, 简称期望或均值. 若 $\int_{-\infty}^{+\infty} |x| f(x)\mathrm{d}x$ 发散, 则称 $E(X)$ 不存在.

　　例 4.6　设连续型随机变量 X 的概率密度为

$$f(x) = \begin{cases} 2x, & 0 < x < 1, \\ 0, & \text{其他}, \end{cases}$$

求 $E(X)$.

　　解　由公式 (4.3) 知

$$E(X) = \int_{-\infty}^{+\infty} xf(x)\mathrm{d}x = \int_0^1 x \cdot 2x \mathrm{d}x = \frac{2}{3}.$$

　　并不是所有分布的期望都存在, 由于期望有绝对收敛的条件限制, 所以有时也会出现期望不存在的情况.

　　例 4.7　设随机变量 X 的概率密度为

$$f(x) = \frac{1}{\pi(1 + x^2)}, \quad -\infty < x < +\infty,$$

求 $E(X)$.

　　解　由于

$$\int_{-\infty}^{+\infty} |x| f(x)\mathrm{d}x = \int_{-\infty}^0 \frac{-x}{\pi(1 + x^2)}\mathrm{d}x + \int_0^{+\infty} \frac{x}{\pi(1 + x^2)}\mathrm{d}x,$$

而

$$\int_0^{+\infty} \frac{x}{1 + x^2}\mathrm{d}x = \frac{1}{2}\int_0^{+\infty} \frac{\mathrm{d}(1 + x^2)}{1 + x^2} = \frac{1}{2}\ln(1 + x^2)\Big|_0^{+\infty} = +\infty,$$

所以 $E(X)$ 不存在.

4.1.5 常用连续型随机变量的数学期望

1. 均匀分布

设随机变量 X 服从区间 $[a,b]$ 上的均匀分布,即 X 的概率密度函数为

$$f(x) = \begin{cases} \dfrac{1}{b-a}, & a \leqslant x \leqslant b, \\ 0, & \text{其他}, \end{cases}$$

由公式(4.3)得

$$E(X) = \int_{-\infty}^{+\infty} xp(x)\mathrm{d}x = \int_a^b \frac{x}{b-a}\mathrm{d}x = \frac{1}{b-a}\frac{x^2}{2}\Big|_a^b = \frac{1}{2}(a+b).$$

注意到均匀分布的期望值 $E(X)$ 正好是区间 $[a,b]$ 的中点,这与期望的数学意义一致.

2. 指数分布

设随机变量 X 服从参数为 $\lambda > 0$ 的指数分布,即 X 的概率密度函数为

$$f(x) = \begin{cases} \lambda \mathrm{e}^{-\lambda x}, & x \geqslant 0, \\ 0, & \text{其他}, \end{cases}$$

由公式(4.3)得

$$E(X) = \int_{-\infty}^{+\infty} xf(x)\mathrm{d}x = \int_0^{+\infty} x\lambda \mathrm{e}^{-\lambda x}\mathrm{d}x \xrightarrow{\diamondsuit\, t=\lambda x} \frac{1}{\lambda}\int_0^{+\infty} t\mathrm{e}^{-t}\mathrm{d}t$$

$$= \frac{1}{\lambda}[-t\mathrm{e}^{-t} - \mathrm{e}^{-t}]_0^{+\infty} = \frac{1}{\lambda}.$$

3. 正态分布

设随机变量 X 服从参数为 μ 和 σ^2 的正态分布,即 $X \sim N(\mu, \sigma^2)$,概率密度函数为

$$f(x) = \frac{1}{\sqrt{2\pi}\sigma}\mathrm{e}^{-\frac{(x-\mu)^2}{2\sigma^2}}, \quad -\infty < x < +\infty.$$

由公式(4.3)得

$$E(X) = \int_{-\infty}^{+\infty} xf(x)\mathrm{d}x = \frac{1}{\sqrt{2\pi}\sigma}\int_{-\infty}^{+\infty} x\mathrm{e}^{-\frac{(x-\mu)^2}{2\sigma^2}}\mathrm{d}x \xrightarrow{\diamondsuit\, t=\frac{x-\mu}{\sigma}} \frac{1}{\sqrt{2\pi}}\int_{-\infty}^{+\infty} (\sigma t + \mu)\mathrm{e}^{-\frac{t^2}{2}}\mathrm{d}t$$

$$= \frac{\sigma}{\sqrt{2\pi}}\int_{-\infty}^{+\infty} t\mathrm{e}^{-\frac{t^2}{2}}\mathrm{d}t + \frac{\mu}{\sqrt{2\pi}}\int_{-\infty}^{+\infty} \mathrm{e}^{-\frac{t^2}{2}}\mathrm{d}t.$$

注意到上式中第一项的被积函数是奇函数,因而积分为 0;而第二项中,

$$\int_{-\infty}^{+\infty} \mathrm{e}^{-\frac{t^2}{2}}\mathrm{d}t = \sqrt{2\pi},$$

所以 $E(X) = \mu$.

注意到,正态分布的第一个参数 μ 正是该分布的数学期望(均值).

若 $X \sim N(\mu, \sigma^2)$,则 $x = \mu$ 是概率密度函数 $f(x)$ 的对称轴,而 μ 也是随机变量 X 的数学期望.这一性质具有一般性:若某随机变量 X 的数学期望 $E(X)$ 存在,且其概率密度函数 $f(x)$ 满足

$$f(c+x) = f(c-x),$$

则 $E(X)=c$.

4.1.6　连续型随机变量函数的数学期望

在第 2 章中我们就已知连续型随机变量 X 的概率密度函数,寻求随机变量 X 的函数 $Y=g(X)$ 的概率分布问题进行过讨论.对于连续型随机变量,我们还给出了"分布函数法". 由于 Y 是随机变量,当然也有期望,下面就讨论 Y 的数学期望问题.

定义 4.4　设 X 为连续型随机变量,其概率密度函数为 $f(x)$,$Y=g(X)$ 是 X 的函数, 若积分 $\int_{-\infty}^{+\infty} g(x)f(x)\mathrm{d}x$ 绝对收敛,则 $Y=g(X)$ 的数学期望为

$$E(Y) = E[g(X)] = \int_{-\infty}^{+\infty} g(x)f(x)\mathrm{d}x. \tag{4.4}$$

这个结论还可以推广到多维随机变量的情况.例如,设 $Y=g(X_1,X_2)$ 是二维随机变量 (X_1,X_2) 的连续实函数,(X_1,X_2) 的联合概率密度函数为 $f(x,y)$,则

$$E(Y) = E[g(X_1,X_2)] = \int_{-\infty}^{+\infty}\int_{-\infty}^{+\infty} g(x,y)f(x,y)\mathrm{d}x\mathrm{d}y. \tag{4.5}$$

这里要求右边的积分绝对收敛.

例 4.8　已知连续型随机变量 X 的概率密度函数为

$$f(x) = \begin{cases} \mathrm{e}^{-x}, & x \geqslant 0, \\ 0, & 其他, \end{cases} \quad 又 \quad Y=g(X)=\mathrm{e}^{-3X},$$

求 $E(Y)$.

解　由公式(4.4)得

$$E(Y) = E(\mathrm{e}^{-3X}) = \int_{-\infty}^{+\infty}\mathrm{e}^{-3x}f(x)\mathrm{d}x = \int_{0}^{+\infty}\mathrm{e}^{-3x}\mathrm{e}^{-x}\mathrm{d}x = -\frac{1}{4}\left(\mathrm{e}^{-4x}\right)\Big|_{0}^{+\infty} = \frac{1}{4}.$$

注意到,利用公式(4.4)直接计算 $E(\mathrm{e}^{-3X})$,比先求 e^{-3X} 的概率密度函数,再求 $E(\mathrm{e}^{-3X})$ 简便.

例 4.9　设国际市场上每年对我国某种出口农产品的需求量 X 是随机变量,它服从 $[1200,3000]$ 上的均匀分布.若售出这种农产品 1t,可以赚 2 万元,但若销售不出去,则每 吨需付仓库保管费 1 万元,问每年准备多少吨产品才可得到最大利润?

解　设每年准备该种商品 t $(1200\leqslant t\leqslant 3000)$t,则利润为

$$Y=g(X)=\begin{cases} 2t, & X \geqslant t \\ 2X-(t-X), & X < t \end{cases} = \begin{cases} 2t, & X \geqslant t, \\ 3X-t, & X < t, \end{cases}$$

即

$$g(x)=\begin{cases} 2t, & x \geqslant t, \\ 3x-t, & x < t. \end{cases}$$

又由 $X\sim U[1200,3000]$,可知 X 的概率密度为

$$f(x)=\begin{cases} \dfrac{1}{1800}, & 1200 \leqslant x \leqslant 3000, \\ 0, & 其他, \end{cases}$$

则平均利润为

$$E(Y) = E[g(X)] = \int_{-\infty}^{+\infty} g(x)f(x)\mathrm{d}x = \int_{1200}^{3000} g(x) \cdot \frac{1}{1800}\mathrm{d}x$$

$$= \frac{1}{1800}\left[\int_{1200}^{t}(3x-t)\mathrm{d}x + \int_{t}^{3000}2t\mathrm{d}x\right]$$

$$= \frac{1}{1800}\left(-\frac{3}{2}t^2 + 7200t - 2\,160\,000\right).$$

当 $t=2400$ 时,$E(Y)$ 取到最大值,故每年准备此种商品 2400t,可使平均利润达到最大.

4.1.7 随机变量的数学期望的性质

上面介绍了随机变量的数学期望,并介绍了随机变量函数的数学期望,下面讨论数学期望的性质.

性质1 $E(C)=C$;

性质2 $E(kX)=kE(X)$;

性质3 $E(X_1+X_2)=E(X_1)+E(X_2)$;

性质4 若 X_1 与 X_2 相互独立,则 $E(X_1X_2)=E(X_1)E(X_2)$.

上面各式中的 C,k 为常数,所提及的数学期望都存在.

证明 (1) 以离散型随机变量为例. 设 X 是只取常数 C 的离散型随机变量,其概率分布列为

X	C	C	$\cdots$	C	$\cdots$	C	$\cdots$
p_i	p_1	p_2	$\cdots$	p_i	$\cdots$	p_n	$\cdots$

由公式(4.1),$E(X) = \sum\limits_i Cp_i = C\sum\limits_i p_i = C \cdot 1 = C.$

(2) 以连续型随机变量为例. 设 X 是连续型随机变量,其概率密度函数为 $f(x)$,考虑 X 的函数 $Y=kX$,有

$$E(Y) = E(kX) = \int_{-\infty}^{+\infty}kxf(x)\mathrm{d}x = k\int_{-\infty}^{+\infty}xf(x)\mathrm{d}x = kE(X).$$

(3) 以连续型随机变量为例. 设 $f(x,y)$ 为 (X_1,X_2) 的联合概率密度函数,由公式(4.5)知

$$E(X_1 + X_2) = \int_{-\infty}^{+\infty}\int_{-\infty}^{+\infty}(x+y)f(x,y)\mathrm{d}x\mathrm{d}y$$

$$= \int_{-\infty}^{+\infty}\int_{-\infty}^{+\infty}xf(x,y)\mathrm{d}x\mathrm{d}y + \int_{-\infty}^{+\infty}\int_{-\infty}^{+\infty}yf(x,y)\mathrm{d}x\mathrm{d}y$$

$$= \int_{-\infty}^{+\infty}x\left[\int_{-\infty}^{+\infty}f(x,y)\mathrm{d}y\right]\mathrm{d}x + \int_{-\infty}^{+\infty}y\left[\int_{-\infty}^{+\infty}f(x,y)\mathrm{d}x\right]\mathrm{d}y$$

$$= \int_{-\infty}^{+\infty}xf_X(x)\mathrm{d}x + \int_{-\infty}^{+\infty}yf_Y(y)\mathrm{d}y$$

$$= E(X_1) + E(X_2).$$

(4) 以连续型随机变量为例. 由于 X_1 与 X_2 相互独立,所以

$$f(x,y) = f_X(x)f_Y(y),$$

其中 $f(x,y)$ 为 (X_1,X_2) 的联合概率密度函数,$f_X(x)$ 和 $f_Y(y)$ 分别是 X_1 与 X_2 的边缘概率密度函数. 于是

$$E(X_1X_2) = \int_{-\infty}^{+\infty}\int_{-\infty}^{+\infty}xyf(x,y)\mathrm{d}x\mathrm{d}y$$

$$= \int_{-\infty}^{+\infty} \int_{-\infty}^{+\infty} xy f_X(x) f_Y(y) \mathrm{d}x \mathrm{d}y$$

$$= \int_{-\infty}^{+\infty} x f_X(x) \mathrm{d}x \int_{-\infty}^{+\infty} y f_Y(y) \mathrm{d}y$$

$$= E(X_1) E(X_2).$$

实际上,性质 3 和性质 4 都可以推广到任意有限个随机变量的情况:

① $E(X_1 + X_2 + \cdots + X_n) = E(X_1) + E(X_2) + \cdots + E(X_n)$;

② 若 $X_1, X_2, \cdots, X_n$ 相互独立,则

$$E(X_1 X_2 \cdots X_n) = E(X_1) E(X_2) \cdots E(X_n).$$

注意到对于随机变量数学期望的"和",不要求 $X_1, X_2, \cdots, X_n$ 相互独立;对于随机变量数学期望的"积",则要求 $X_1, X_2, \cdots, X_n$ 相互独立.

4.2 随机变量的方差

4.2.1 随机变量的方差的定义

前面一节中我们学习的数学期望反映的是随机变量的取值关于其概率的平均值,但是在实际问题中,仅仅了解随机变量的期望是不够的,例如考察一批电子元件的质量,不仅需要知道它的平均寿命,还要知道每个电子元件的使用寿命与平均寿命的偏离程度,这反映了生产的稳定性.那么,用怎样的量去度量这个偏离程度呢?容易看到可以用 $|X - E(X)|$ 的均值 $E|X - E(X)|$ 来衡量 X 与 $E(X)$ 的平均偏离程度. 但是绝对值的均值不便计算,所以通常用 $E\{[X - E(X)]^2\}$ 来衡量 X 与 $E(X)$ 的平均偏离程度.

定义 4.5 设 X 是随机变量,若 $E\{[X - E(X)]^2\}$ 存在,则称 $E\{[X - E(X)]^2\}$ 为 X 的方差,记为 $D(X)$,即

$$D(X) = E\{[X - E(X)]^2\}. \tag{4.6}$$

称 $\sqrt{D(X)}$ 为 X 的标准差或均方差,记为 $\sigma(X)$,即 $\sigma(X) = \sqrt{D(X)}$.

由定义知方差是一个非负实数,它刻画了随机变量 X 的取值与其数学期望的偏离程度. 若 $D(X)$ 较小,则 X 的取值比较集中在 $E(X)$ 的附近;若 $D(X)$ 较大,则 X 的取值比较分散.

方差实质上是随机变量 X 的函数 $g(X) = [X - E(X)]^2$ 的数学期望,利用定义 4.2、定义 4.4,就可以计算出 $D(X)$.

若 X 为离散型随机变量,其概率分布为

$$P(X = x_i) = p_i, \quad i = 1, 2, \cdots, n, \cdots,$$

则

$$D(X) = \sum_{i=1}^{+\infty} [x_i - E(X)]^2 p_i. \tag{4.7}$$

若 X 是连续型随机变量,其概率密度函数为 $f(x)$,则

$$D(X) = \int_{-\infty}^{+\infty} [x - E(X)]^2 f(x) \mathrm{d}x. \tag{4.8}$$

注意

(1) 由方差定义,可将式(4.6)化简为

$$D(X) = E\{[X - E(X)]^2\} = E[X^2 - 2XE(X) + [E(X)]^2]$$
$$= E(X^2) - 2E(X)E(X) + [E(X)]^2$$
$$= E(X^2) - [E(X)]^2. \tag{4.9}$$

(2) 由式(4.9)知,若 X 为离散型随机变量,则

$$D(X) = \sum_i x_i^2 p_i - [E(X)]^2. \tag{4.10}$$

若 X 是连续型随机变量,则

$$D(X) = \int_{-\infty}^{+\infty} x^2 f(x) \mathrm{d}x - [E(X)]^2. \tag{4.11}$$

在实际计算中,往往利用式(4.10)、式(4.11)来求随机变量的方差. 当然,无论选择哪一种求解方差的计算公式,首先要先求出随机变量的数学期望.

例 4.10 求解例 4.1 中的随机变量 X 的方差.

解 例 4.1 中已求得 $E(X) = 0.8$,由题设可得

X^2 的概率分布为

X^2	0	1	2.25
p_i	0.2	0.4	0.4

由公式(4.10)知

$$D(X) = \sum_i x_i^2 p_i - [E(X)]^2 = 0 \times 0.2 + 1 \times 0.4 + 2.25 \times 0.4 - 0.8^2 = 0.66.$$

例 4.11 求解例 4.6 中的随机变量 X 的方差.

解 例 4.6 中已求得 $E(X) = \dfrac{2}{3}$,由公式(4.11)知

$$D(X) = \int_{-\infty}^{+\infty} x^2 f(x) \mathrm{d}x - [E(X)]^2 = \int_0^1 x^2 \cdot 2x \mathrm{d}x - \left(\frac{2}{3}\right)^2 = \frac{1}{18}.$$

思政小课堂 14

【**学**】应用随机变量的方差,同学们可以将两个班的某一门课程的成绩作对比,$D(X) = E\{[X - E(X)]^2\}$ 表示每个人成绩减去班里平均成绩平方后再求期望,显然对于班里同学的成绩可以根据离散型随机变量期望去计算.

【**思**】如何运用网络小程序设计一份调查问卷统计大学生不同性别、身高、体重,并运用计算机软件去计算相应的期望、方差.

【**悟**】古希腊哲学家、数学家毕达哥拉斯主张数学是理解宇宙奥秘的钥匙,他说:"万物皆数……数字统治着宇宙.""近代科学之父"——意大利物理学家、数学家、天文学家伽利略说:"宇宙被写在哲学这本书中,而这本书的语言是数学."

在学习数学时,应该探索如何应用,学习致用是长久学习的动力源泉.

4.2.2　常用分布的方差

1. 0-1 分布

设 X 服从 0-1 分布，其分布列为 $P(X=1)=p, P(X=0)=q, (p+q=1)$. 在 4.1.2 节中我们已求得 $E(X)=p$，故由公式(4.10)知

$$D(X) = \sum_i x_i^2 p_i - [E(X)]^2 = 1^2 p + 0^2 q - p^2 = p(1-p) = pq.$$

2. 二项分布

设 $X \sim B(n, p)$，即 $P(X=k) = C_n^k p^k q^{n-k} (k=0,1,2,\cdots,n), p+q=1$. 在 4.1.2 节中我们已求得 $E(X)=np$，由公式(4.10)可证得 $D(X)=npq$. (证明略)

3. 泊松分布

设 $X \sim P(\lambda)$，即 $P(X=k) = \dfrac{\lambda^k}{k!} e^{-\lambda} (k=0,1,2,\cdots,\lambda>0)$. 在 4.1.2 节中我们已求得 $E(X)=\lambda$，由公式(4.10)可证得 $D(X)=\lambda$. (证明略)

注意到，泊松分布的期望与方差相等，均为它的唯一参数 λ.

4. 均匀分布

设随机变量 X 服从区间 $[a,b]$ 上的均匀分布，即 X 的概率密度函数为

$$f(x) = \begin{cases} \dfrac{1}{b-a}, & a \leqslant x \leqslant b; \\ 0, & \text{其他}, \end{cases}$$

在 4.1.5 节中我们已求得 $E(X)=\dfrac{a+b}{2}$，故由公式(4.11)知

$$D(X) = \int_{-\infty}^{+\infty} x^2 f(x) \mathrm{d}x - [E(X)]^2 = \frac{1}{b-a} \int_a^b x^2 \mathrm{d}x - \left(\frac{a+b}{2}\right)^2 = \frac{(b-a)^2}{12}.$$

注意到均匀分布的期望值 $E(X)$ 正好是区间 $[a,b]$ 的中点，而方差与区间的长度有关，区间越长，$D(X)$ 越大，这与期望及方差的数学意义一致.

5. 指数分布

设随机变量 X 服从参数为 $\lambda>0$ 的指数分布，即 X 的概率密度函数为

$$f(x) = \begin{cases} \lambda e^{-\lambda x}, & x \geqslant 0; \\ 0, & \text{其他}, \end{cases}$$

在 4.1.5 节中我们已求得 $E(X)=\dfrac{1}{\lambda}$，故由公式(4.11)知

$$D(X) = \int_{-\infty}^{+\infty} x^2 f(x) \mathrm{d}x - [E(X)]^2 = \lambda \int_0^{+\infty} x^2 e^{-\lambda x} \mathrm{d}x - \left(\frac{1}{\lambda}\right)^2 = \frac{2}{\lambda^2} - \frac{1}{\lambda^2} = \frac{1}{\lambda^2}.$$

注意到，指数分布的方差等于期望的平方.

6. 正态分布

设随机变量 X 服从参数为 μ 和 σ^2 的正态分布，即 $X \sim N(\mu, \sigma^2)$，概率密度函数为

$$f(x) = \frac{1}{\sqrt{2\pi}\sigma} e^{-\frac{(x-\mu)^2}{2\sigma^2}}, \quad -\infty < x < +\infty.$$

在 4.1.5 节中我们已求得 $E(X) = \mu$,故由公式(4.11)知

$$D(X) = \int_{-\infty}^{+\infty} x^2 f(x)\mathrm{d}x - [E(X)]^2$$

$$= \frac{1}{\sqrt{2\pi}\sigma} \int_{-\infty}^{+\infty} x^2 \mathrm{e}^{-\frac{(x-\mu)^2}{2\sigma^2}}\mathrm{d}x - \mu^2 \xrightarrow{\quad \diamondsuit\, t = \frac{x-\mu}{\sigma}\quad} \frac{1}{\sqrt{2\pi}} \int_{-\infty}^{+\infty} (\sigma t + \mu)^2 \mathrm{e}^{-\frac{t^2}{2}}\mathrm{d}t - \mu^2$$

$$= \frac{\sigma^2}{\sqrt{2\pi}} \int_{-\infty}^{+\infty} t^2 \mathrm{e}^{-\frac{t^2}{2}}\mathrm{d}t + \frac{2\sigma\mu}{\sqrt{2\pi}} \int_{-\infty}^{+\infty} t\mathrm{e}^{-\frac{t^2}{2}}\mathrm{d}t + \frac{\mu^2}{\sqrt{2\pi}} \int_{-\infty}^{+\infty} \mathrm{e}^{-\frac{t^2}{2}}\mathrm{d}t - \mu^2$$

$$= -\frac{\sigma^2}{\sqrt{2\pi}} \int_{-\infty}^{+\infty} t\mathrm{d}\mathrm{e}^{-\frac{t^2}{2}}$$

$$= -\frac{\sigma^2}{\sqrt{2\pi}} \left[t\mathrm{e}^{-\frac{t^2}{2}} \right]_{-\infty}^{+\infty} + \frac{\sigma^2}{\sqrt{2\pi}} \int_{-\infty}^{+\infty} \mathrm{e}^{-\frac{t^2}{2}}\mathrm{d}t = \sigma^2.$$

注意到,正态分布的第一个参数 μ 正是该分布的数学期望(均值),正态分布的第二个参数 σ^2 是随机变量的方差,可见正态随机变量的分布完全由它的期望和方差所确定.

4.2.3　随机变量的方差的性质

设 X, Y 是随机变量,C 为常数,并设以下提及的方差均存在. 方差 $D(X)$ 有下列性质.

性质 1　$D(C) = 0$;

性质 2　$D(kX) = k^2 D(X)$;

性质 3　若 X 与 Y 相互独立,则 $D(X \pm Y) = D(X) + D(Y)$.

证明　(1) 已知 $E(C) = C$,所以 $C - E(C) = 0$,因而
$$D(C) = E[C - E(C)]^2 = E[0]^2 = 0.$$

(2) $D(kX) = E[(kX)^2] - E^2(kX) = E(k^2 X^2) - [kE(X)]^2$
$$= k^2 E(X^2) - k^2 E^2(X) = k^2 [E(X^2) - E^2(X)] = k^2 D(X).$$

(3) $D(X+Y) = E[(X+Y)^2] - [E(X+Y)]^2$
$$= E(X^2 + 2XY + Y^2) - [E^2(X) + 2E(X)E(Y) + E^2(Y)]$$
$$= E(X^2) + 2E(XY) + E(Y^2) - E^2(X) - 2E(X)E(Y) - E^2(Y)$$
$$= D(X) + D(Y) + 2[E(XY) - E(X)E(Y)].$$

因为 X 与 Y 相互独立,所以 $E(XY) = E(X)E(Y)$,从而得到
$$D(X+Y) = D(X) + D(Y).$$

进一步,当 X 与 Y 相互独立时,X 与 $-Y$ 也相互独立,于是
$$D(X-Y) = D[X+(-Y)] = D(X) + D(-Y) = D(X) + D(Y).$$

因而,性质 3 成立.

另外,性质 3 还可以推广到多个随机变量的情况:若随机变量 $X_1, X_2, \cdots, X_n$ 相互独立,则
$$D(X_1 \pm X_2 \pm \cdots \pm X_n) = D(X_1) + D(X_2) + \cdots + D(X_n).$$

下面我们介绍一个概率论中非常重要的不等式——切比雪夫不等式.

定理 4.1(切比雪夫不等式)　设随机变量 X 的期望 $E(X)$ 和方差 $D(X)$ 都存在,则对任意的 $\varepsilon > 0$,都有
$$P\{ |X - E(X)| \geqslant \varepsilon \} \leqslant \frac{D(X)}{\varepsilon^2}.$$

切比雪夫不等式还有另外一种形式：

$$P\{\mid X - E(X) \mid < \varepsilon\} \geqslant 1 - \frac{D(X)}{\varepsilon^2}.$$

例 4.12 设 $X_1 \sim N(0,1), X_2 \sim B(10,0.2), X_3 \sim P(4)$，且 X_1, X_2, X_3 相互独立，求 $E(X_1 - X_2 - 2X_3 + 2), D(X_1 - X_2 - 2X_3 + 2)$.

解 由题设可得

$$E(X_1) = 0, \quad E(X_2) = 10 \times 0.2 = 2, \quad E(X_3) = 4,$$
$$D(X_1) = 1, \quad D(X_2) = 10 \times 0.2 \times 0.8 = 1.6, \quad D(X_3) = 4.$$

由期望和方差的性质得到

$$E(X_1 - X_2 - 2X_3 + 2) = E(X_1) - E(X_2) - 2E(X_3) + 2 = 0 - 2 - 8 + 2 = -8,$$
$$D(X_1 - X_2 - 2X_3 + 2) = D(X_1) + D(X_2) + (-2)^2 D(X_3) = 1 + 1.6 + 16 = 18.6.$$

例 4.13 设在同一组条件下独立地对某物的长度 μ 进行了 n 次测量. 第 k 次测量的结果为 X_k，它是随机变量. 又设 $X_k \sim N(\mu, \sigma^2)$，试计算 n 次测量结果的平均长度的数学期望和方差.

解 设 X 为 n 次测量结果的平均长度，显然

$$X = \frac{1}{n} \sum_{k=1}^{n} X_k,$$

则由期望和方差的性质得到

$$E(X) = \sum_{k=1}^{n} \frac{1}{n} E(X_k) = \frac{1}{n} \sum_{k=1}^{n} E(X_k) = \mu,$$
$$D(X) = \sum_{k=1}^{n} \frac{1}{n} D(X_k) = \frac{1}{n^2} \sum_{k=1}^{n} D(X_k) = \frac{\sigma^2}{n}.$$

例 4.14 设随机变量 X 服从参数为 μ 和 σ^2 的正态分布，即 $X \sim N(\mu, \sigma^2)$，求 $Y = \frac{X - \mu}{\sigma}$ 的分布.

解 由题设可得

$$E(X) = \mu, \quad D(X) = \sigma^2,$$

由期望和方差的性质得到

$$E(Y) = E\left(\frac{X - \mu}{\sigma}\right) = \frac{E(X) - \mu}{\sigma} = \frac{\mu - \mu}{\sigma} = 0,$$
$$D(Y) = D\left(\frac{X - \mu}{\sigma}\right) = \frac{D(X)}{\sigma^2} = \frac{\sigma^2}{\sigma^2} = 1.$$

故 $Y = \frac{X - \mu}{\sigma} \sim N(0,1)$. 这个结论和第 2 章中得到的结论是一致的.

例 4.15 设 $X_1 \sim N(-2,2), X_2 \sim N(0,1)$，且 X_1, X_2 相互独立，又 $Y = 2X_1 - X_2$，求：(1) Y 的分布；(2) $P(Y > 2)$.

解 (1) 由题设可得

$$E(X_1) = -2, \quad E(X_2) = 0,$$
$$D(X_1) = 2, \quad D(X_2) = 1.$$

由期望和方差的性质得到

$$E(Y) = E(2X_1 - X_2) = 2E(X_1) - E(X_2) = 2 \times (-2) - 0 = -4,$$

$$D(Y) = D(2X_1 - X_2) = 4D(X_1) + D(X_2) = 4 \times 2 + 1 = 9.$$

（2）由于两个服从正态分布的随机变量的线性组合依旧服从正态分布，故 $Y \sim N(-4, 9)$，于是

$$P(Y > 2) = 1 - P(Y \leqslant 2) = 1 - P\left(\frac{Y - (-4)}{3} \leqslant \frac{2 - (-4)}{3}\right)$$

$$= 1 - \Phi(2) = 1 - 0.9772 = 0.0228.$$

例 4.16　设 $X_1, X_2, \cdots, X_n$ 相互独立，且都服从 0-1 分布，其分布列为

$$P(X_i = 1) = p, \quad P(X_i = 0) = 1 - p, \quad i = 1, 2, \cdots, n.$$

证明 $X = \sum_{i=1}^{n} X_i$ 服从参数为 n, p 的二项分布，并求 $E(X)$ 和 $D(X)$。

解　由题设可得 $X = \sum_{i=1}^{n} X_i$ 的所有可能取值为 $0, 1, 2, \cdots, n$，又由独立性知 X 以特定方式（如前 k 个数取 1，后 $n-k$ 个数取 0）取到 k 的概率值为 $p^k (1-p)^{n-k}$，而 X 取到 k 的两两互斥的方式共有 C_n^k 种，故

$$P(X = k) = C_n^k p^k (1-p)^{n-k}, \quad k = 0, 1, 2, \cdots, n,$$

即 X 服从参数为 n, p 的二项分布。

由于

$$E(X_i) = p, \quad D(X_i) = p(1-p), \quad i = 1, 2, \cdots, n,$$

故

$$E(X) = E\left(\sum_{i=1}^{n} X_i\right) = \sum_{i=1}^{n} E(X_i) = np,$$

由 $X_1, X_2, \cdots, X_n$ 相互独立得到

$$D(X) = D\left(\sum_{i=1}^{n} X_i\right) = \sum_{i=1}^{n} D(X_i) = np(1-p).$$

4.3　二维随机变量的期望与方差

若已知二维随机变量 (X, Y) 的联合概率分布，则有以下结论：

（1）若 (X, Y) 是离散型随机变量，则

$$E(X) = \sum_i \sum_j x_i p_{ij} = \sum_i x_i p_{i \cdot};$$

$$E(X^2) = \sum_i \sum_j x_i^2 p_{ij} = \sum_i x_i^2 p_{i \cdot};$$

$$D(X) = E(X^2) - E^2(X).$$

$$E(Y) = \sum_i \sum_j y_j p_{ij} = \sum_j y_j p_{\cdot j};$$

$$E(Y^2) = \sum_i \sum_j y_j^2 p_{ij} = \sum_j y_j^2 p_{\cdot j};$$

$$D(Y) = E(Y^2) - E^2(Y).$$

（2）若 (X,Y) 是连续型随机变量，则

$$E(X) = \int_{-\infty}^{+\infty} \int_{-\infty}^{+\infty} x f(x,y) \mathrm{d}x \mathrm{d}y = \int_{-\infty}^{+\infty} x f_X(x) \mathrm{d}x;$$

$$E(X^2) = \int_{-\infty}^{+\infty} \int_{-\infty}^{+\infty} x^2 f(x,y) \mathrm{d}x \mathrm{d}y = \int_{-\infty}^{+\infty} x^2 f_X(x) \mathrm{d}x;$$

$$D(X) = E(X^2) - E^2(X).$$

$$E(Y) = \int_{-\infty}^{+\infty} \int_{-\infty}^{+\infty} y f(x,y) \mathrm{d}x \mathrm{d}y = \int_{-\infty}^{+\infty} y f_Y(y) \mathrm{d}y;$$

$$E(Y^2) = \int_{-\infty}^{+\infty} \int_{-\infty}^{+\infty} y^2 f(x,y) \mathrm{d}x \mathrm{d}y = \int_{-\infty}^{+\infty} y^2 f_Y(y) \mathrm{d}y;$$

$$D(Y) = E(Y^2) - E^2(Y).$$

具体计算时，可选择自己熟悉的方式和相应公式. 对于离散型随机变量，一般先求边缘分布，将二维随机变量转化为一维随机变量，再求期望和方差比较好.

例 4.17　设离散型随机变量 (X,Y) 的联合概率分布为

X＼Y	-1	0	1
-1	$\frac{1}{8}$	$\frac{1}{8}$	$\frac{1}{8}$
0	$\frac{1}{8}$	0	$\frac{1}{8}$
1	$\frac{1}{8}$	$\frac{1}{8}$	$\frac{1}{8}$

求 $E(X),E(Y),D(X),D(Y)$.

解　关于 X 的边缘分布为

X	-1	0	1
$p_i.$	$\frac{3}{8}$	$\frac{2}{8}$	$\frac{3}{8}$

则 $E(X)=(-1)\times\frac{3}{8}+0\times\frac{2}{8}+1\times\frac{3}{8}=0, E(X^2)=(-1)^2\times\frac{3}{8}+0^2\times\frac{2}{8}+1^2\times\frac{3}{8}=\frac{3}{4}$,

$D(X)=E(X^2)-[E(X)]^2=\frac{3}{4}$.

关于 Y 的边缘分布为

Y	-1	0	1
$p_i.$	$\frac{3}{8}$	$\frac{2}{8}$	$\frac{3}{8}$

则 $E(Y)=(-1)\times\frac{3}{8}+0\times\frac{2}{8}+1\times\frac{3}{8}=0, E(Y^2)=\frac{3}{4}, D(Y)=\frac{3}{4}$.

例 4.18　设 X 为某加油站在一天开始时储存的油量，Y 为一天中卖出的油量（$Y \leqslant X$）. 若 (X,Y) 的联合概率密度函数为

$$f(x,y) = \begin{cases} 3x, & 0 \leqslant y < x \leqslant 1; \\ 0, & \text{其他}, \end{cases}$$

这里 1 表示 1 个容积单位,求 $E(Y)$ 和 $D(Y)$.

解 由题设得 Y 的边缘概率密度为

$$f_Y(y) = \int_{-\infty}^{+\infty} f(x,y)\mathrm{d}x = \begin{cases} \int_y^1 3x\mathrm{d}x, & 0 \leqslant y \leqslant 1 \\ 0, & \text{其他} \end{cases} = \begin{cases} \dfrac{3}{2}(1-y^2), & 0 \leqslant y \leqslant 1; \\ 0, & \text{其他}, \end{cases}$$

于是

$$E(Y) = \int_{-\infty}^{+\infty} y f_Y(y)\mathrm{d}y = \int_0^1 y \cdot \frac{3}{2}(1-y^2)\mathrm{d}y = \frac{3}{8};$$

$$E(Y^2) = \int_{-\infty}^{+\infty} y^2 f_Y(y)\mathrm{d}y = \int_0^1 y^2 \cdot \frac{3}{2}(1-y^2)\mathrm{d}y = \frac{1}{5};$$

$$D(Y) = E(Y^2) - E^2(Y) = \frac{1}{5} - \left(\frac{3}{8}\right)^2 = \frac{19}{320}.$$

4.4 随机变量的其他数字特征

对于二维随机变量 (X,Y),除了研究 X,Y 各自的期望和方差之外,有时还需要研究它们之间相互关系的数字特征.协方差和相关系数就是描述两个随机变量之间联系的数字特征.

4.4.1 协方差

定义 4.6 设 (X,Y) 是二维随机变量,若 $E\{[X-E(X)][Y-E(Y)]\}$ 存在,则称它为 X 与 Y 的协方差,记作 $\text{cov}(X,Y)$,即

$$\text{cov}(X,Y) = E\{[X-E(X)][Y-E(Y)]\}.$$

协方差 $\text{cov}(X,Y)$ 也记为 σ_{XY},它表示 X 取值偏离 $E(X)$,同时 Y 取值偏离 $E(Y)$ 的程度.为讨论方便,我们也将 $D(X)$ 记为 σ_{ii},将 $D(Y)$ 记为 σ_{jj},以后将看到这种表示法的好处.

$\text{cov}(X,Y)$ 与 $E(X),E(Y),D(X),D(Y)$ 有如下关系:

(1) $D(X \pm Y) = D(X) + D(Y) \pm 2\text{cov}(X,Y)$.

特别地,当 X 与 Y 相互独立时,

$$D(X \pm Y) = D(X) + D(Y).$$

(2) $\text{cov}(X,Y) = E(XY) - E(X)E(Y)$.

证明 (1) 由定义有

$$\begin{aligned} D(X \pm Y) &= E[(X \pm Y) - E(X \pm Y)]^2 = E\{[X-E(X)] \pm [Y-E(Y)]\}^2 \\ &= E\{[X-E(X)]^2 \pm 2[X-E(X)][Y-E(Y)] + [Y-E(Y)]^2\} \\ &= E\{[X-E(X)]\}^2 \pm 2E\{[X-E(X)][Y-E(Y)]\} + E\{[Y-E(Y)]\}^2 \\ &= D(X) + D(Y) \pm 2\text{cov}(X,Y). \end{aligned}$$

(2) $\begin{aligned}[t] \text{cov}(X,Y) &= E\{[X-E(X)][Y-E(Y)]\} = E[XY - XE(Y) - YE(X) + E(X)E(Y)] \\ &= E(XY) - E[XE(Y)] - E[YE(X)] + E[E(X)E(Y)] \\ &= E(XY) - E(X)E(Y) - E(Y)E(X) + E(X)E(Y) \\ &= E(XY) - E(X)E(Y). \end{aligned}$

注意到,当 X 与 Y 相互独立时,$E(XY) = E(X)E(Y)$,从而

$$\text{cov}(X,Y) = 0.$$

协方差有如下性质：

性质 1　$\text{cov}(X,Y) = \text{cov}(Y,X)$；

性质 2　$\text{cov}(a_1 X + b_1, a_2 Y + b_2) = a_1 a_2 \text{cov}(X,Y)$；

性质 3　$\text{cov}(X_1 + X_2, Y) = \text{cov}(X_1, Y) + \text{cov}(X_2, Y)$；

性质 4　若 X 与 Y 相互独立，则 $\text{cov}(X,Y) = 0$.

4.4.2　相关系数

定义 4.7　设 (X,Y) 是二维随机变量，若 X 与 Y 的协方差 $\text{cov}(X,Y)$ 存在，且 $D(X) \neq 0, D(Y) \neq 0$，则称

$$\rho_{XY} = \frac{\text{cov}(X,Y)}{\sqrt{D(X)}\ \sqrt{D(Y)}}$$

为 X 与 Y 的相关系数.

协方差有如下性质：

性质 1　$|\rho_{XY}| \leqslant 1$；

性质 2　$|\rho_{XY}| = 1$ 的充分必要条件是存在常数 a,b，使得 $P(Y = aX + b) = 1$.

相关系数 ρ_{XY} 描述了 X 与 Y 之间的线性相关程度. 当 $\rho_{XY} = 0$ 时，我们称 X 与 Y 不相关（指它们之间没有线性相关关系）.

可以证明，若 (X,Y) 服从二维正态分布，即 $(X,Y) \sim N(\mu_1, \mu_2, \sigma_1^2, \sigma_2^2, \rho)$，则

$$E(X) = \mu_1, \quad E(Y) = \mu_2, \quad D(X) = \sigma_1^2, \quad D(Y) = \sigma_2^2,$$

$$\text{cov}(X,Y) = \sigma_1 \sigma_2 \rho, \quad \rho_{XY} = \rho. \text{（证略）}$$

由此可知，二维正态分布中的第五个参数 ρ 正是 X 与 Y 的相关系数 ρ_{XY}.

对于二维正态分布来说，$\rho = 0$（即 X 与 Y 不相关）是 X 与 Y 相互独立的充分必要条件. 而这时，$\rho = 0$ 与 $\text{cov}(X,Y) = 0$ 是等价的. 所以，对于二维正态分布来说，$\text{cov}(X,Y) = 0$ 也是 X 与 Y 相互独立的充分必要条件.

一般地，若 X 与 Y 相互独立，则 $\rho_{XY} = 0$（即 X 与 Y 不相关）.

实际上，当 X 与 Y 相互独立时，

$$\begin{aligned}\text{cov}(X,Y) &= E\{[X - E(X)][Y - E(Y)]\} \\ &= E[X - E(X)]E[Y - E(Y)],\end{aligned}$$

而

$$E[X - E(X)] = E(X) - E(X) = 0,$$

故

$$\text{cov}(X,Y) = 0, \quad \rho = 0.$$

但是，反之则不然，即当 $\rho = 0$（或 $\text{cov}(X,Y) = 0$）时，X 与 Y 却不一定相互独立. 见下面的例子.

例 4.19 设(X,Y)的联合概率分布为

X＼Y	1	2
1	$\frac{1}{9}$	$\frac{2}{9}$
2	$\frac{2}{9}$	$\frac{4}{9}$

证明：X 与 Y 不相关并且相互独立.

证明 (X,Y)的边缘分布律为

X	1	2
P	$\frac{1}{3}$	$\frac{2}{3}$

Y	1	2
P	$\frac{1}{3}$	$\frac{2}{3}$

经验证,有 $p_{ij}=p_{i.}\,p_{.j}$ 成立,故 X 与 Y 相互独立.

因为

$$E(X) = \frac{5}{3}, \quad E(Y) = \frac{5}{3},$$

$$E(X^2) = \frac{9}{3}, \quad E(Y^2) = \frac{9}{3}, \quad E(XY) = \frac{25}{9},$$

$$D(X) = E(X^2) - E^2(X) = \frac{9}{3} - \left(\frac{5}{3}\right)^2 = \frac{2}{9},$$

$$D(Y) = E(Y^2) - E^2(Y) = \frac{9}{3} - \left(\frac{5}{3}\right)^2 = \frac{2}{9},$$

$$\text{cov}(X,Y) = E(XY) - E(X)E(Y) = 0, \quad \rho_{XY} = 0,$$

所以 X 与 Y 不相关.

例 4.20 设二维随机变量(X,Y)的联合概率密度函数为

$$f(x,y) = \begin{cases} \dfrac{1}{\pi}, & x^2 + y^2 \leqslant 1, \\ 0, & \text{其他,} \end{cases}$$

求 ρ_{XY}.

解 先求 $E(X),E(Y)$,

$$E(X) = \int_{-\infty}^{+\infty}\int_{-\infty}^{+\infty} xf(x,y)\mathrm{d}x\mathrm{d}y = \iint_{x^2+y^2\leqslant 1} x \cdot \frac{1}{\pi}\mathrm{d}x\mathrm{d}y,$$

同样有

$$E(Y) = \int_{-\infty}^{+\infty}\int_{-\infty}^{+\infty} yf(x,y)\mathrm{d}x\mathrm{d}y = \iint_{x^2+y^2\leqslant 1} y \cdot \frac{1}{\pi}\mathrm{d}x\mathrm{d}y.$$

由于以上积分中被积函数分别为 x,y 的奇函数,且积分区域关于 x,y 轴都对称,所以

$$E(X) = E(Y) = 0,$$

$$\text{cov}(X,Y) = \int_{-\infty}^{+\infty}\int_{-\infty}^{+\infty}[x - E(X)] \cdot [y - E(Y)] \cdot f(x,y)\mathrm{d}x\mathrm{d}y$$

$$= \iint\limits_{x^2+y^2\leqslant 1} \frac{1}{\pi} \cdot xy\mathrm{d}x\mathrm{d}y = \frac{1}{\pi}\int_0^{2\pi}\mathrm{d}\theta\int_0^1 r^2\sin\theta\cos\theta \cdot r\mathrm{d}r = 0,$$

因而 $\rho_{XY} = 0$.

注意到,在此例中,X 与 Y 的相关系数为 $\rho_{XY} = 0$,但 X 与 Y 并不相互独立. 事实上,因为当 $|x| \leqslant 1$ 时,

$$f_X(x) = \int_{-\sqrt{1-x^2}}^{\sqrt{1-x^2}} \frac{1}{\pi}\mathrm{d}y = \frac{2}{\pi}\sqrt{1-x^2},$$

$$f_Y(y) = \int_{-\sqrt{1-y^2}}^{\sqrt{1-y^2}} \frac{1}{\pi}\mathrm{d}x = \frac{2}{\pi}\sqrt{1-y^2},$$

显然,$f_X(x)f_Y(y) \neq f(x,y)$,故 X 与 Y 不是相互独立的.

例 4.19 和例 4.20 说明:当 $\rho = 0$(即 X 与 Y 不相关)时,X 与 Y 不一定相互独立. 这意味着对一般分布而言,$\rho_{XY} = 0$ 并不是 X 与 Y 相互独立的充分条件;但对于二维正态分布来说,$\rho_{XY} = 0$ 是 X 与 Y 相互独立的充要条件.

4.4.3　矩

定义 4.8　设 X 与 Y 是随机变量.

(1) 若 $E(X^k)$ $(k = 1, 2, \cdots)$ 存在,则称它为 X 的 k 阶原点矩.

(2) 若 $E\{[X - E(X)]^k\}$ $(k = 1, 2, \cdots)$ 存在,则称它为 X 的 k 阶中心矩.

(3) 若 $E\{[X - E(X)]^k[Y - E(Y)]^l\}$ $(k, l = 1, 2, \cdots)$ 存在,则称它为 X 与 Y 的 $k + l$ 阶混合中心矩.

矩的概念非常重要. 注意到期望 $E(X), E(Y)$ 是一阶原点矩,方差 $D(X), D(Y)$ 是二阶中心矩,协方差 $\text{cov}(X,Y)$ 是二阶混合中心矩.

4.4.4　协方差矩阵

定义 4.9　设 n 维随机变量 $(X_1, X_2, \cdots, X_n)$ 的二阶中心矩和二阶混合中心矩

$$\sigma_{ij} = \text{cov}(X_i, X_j), \quad i, j = 1, 2, \cdots, n$$

都存在,则称 n 阶方阵

$$\boldsymbol{\Sigma} = \begin{pmatrix} \sigma_{11} & \sigma_{12} & \cdots & \sigma_{1n} \\ \sigma_{21} & \sigma_{22} & \cdots & \sigma_{2n} \\ \vdots & \vdots & & \vdots \\ \sigma_{n1} & \sigma_{n2} & \cdots & \sigma_{nn} \end{pmatrix}$$

为 n 维随机变量 $(X_1, X_2, \cdots, X_n)$ 的协方差矩阵.

协方差阵有如下性质:

性质 1　$\boldsymbol{\Sigma}$ 是对称阵;

性质 2　$\sigma_{ii} = D(X_i)$;

性质 3 $\sigma_{ij}^2 \leqslant \sigma_{ii}\sigma_{jj}(i,j=1,2,\cdots,n)$;

性质 4 $\boldsymbol{\Sigma}$ 是非负定的,即对任意的 n 维非零向量 $\boldsymbol{\alpha}=(a_1,a_2,\cdots,a_n)$,都有

$$\boldsymbol{\alpha}\boldsymbol{\Sigma}\boldsymbol{\alpha}^{\mathrm{T}} \geqslant 0.$$

4.5　大数定律和中心极限定理

大数定律和中心极限定理是概率论的重要理论之一,它们可用来研究随机变量序列 $\{X_n\}$ 当 $n\rightarrow+\infty$ 时的有关结论,在概率论和数理统计的研究和应用中都具有十分重要的地位,这里只作简单的介绍.

4.5.1　大数定律

定义 4.10　设 $\{X_n\}(n=1,2,\cdots)$ 是随机变量序列,若存在随机变量 X,使得对任意的 $\varepsilon>0$,都有

$$\lim_{n\rightarrow+\infty}P\{|X_n-X|<\varepsilon\}=1,$$

则称随机变量序列 $\{X_n\}$ 依概率收敛于随机变量 X,记作

$$X_n \xrightarrow{P} X.$$

定理 4.2　切比雪夫大数定律.

设随机变量序列 $\{X_n\}(n=1,2,\cdots)$ 相互独立,且有相同的、有限的数学期望和方差:

$$E(X_n)=\mu,\quad D(X_n)=\sigma^2,\quad n=1,2,\cdots.$$

令

$$\overline{X}_n=\frac{1}{n}\sum_{k=1}^n X_k,\quad n=1,2,\cdots,$$

则对任意的 $\varepsilon>0$,都有

$$\lim_{n\rightarrow+\infty}P\{|\overline{X}_n-\mu|<\varepsilon\}=\lim_{n\rightarrow+\infty}P\left\{\left|\frac{1}{n}\sum_{k=1}^n X_k-\mu\right|<\varepsilon\right\}=1,$$

即 $\{X_n\}$ 服从大数定律.

证明　因为

$$E(\overline{X}_n)=\frac{1}{n}\sum_{k=1}^n E(X_k)=\mu,\quad D(\overline{X}_n)=\frac{1}{n^2}\sum_{k=1}^n D(X_k)=\frac{\sigma^2}{n},$$

对于任意的 $\varepsilon>0$,由切比雪夫不等式

$$P\{|\overline{X}_n-\mu|<\varepsilon\}\geqslant 1-\frac{\sigma^2}{n\varepsilon^2},$$

因为

$$\lim_{n\rightarrow+\infty}\frac{\sigma^2}{n\varepsilon^2}=0,\quad P\{|\overline{X}_n-\mu|<\varepsilon\}\leqslant 1,$$

所以

$$\lim_{n\rightarrow+\infty}P\{|\overline{X}_n-\mu|<\varepsilon\}=1.$$

本定理说明,如果 n 个随机变量相互独立,且具有有限、相同的数学期望和方差,那么当 n 充分大时,这 n 个随机变量的算术平均值几乎是一个常数,那就是它们的数学期望.

定理 4.3　伯努利大数定律.

设 n_A 是 n 次试验中事件 A 发生的次数, p 是事件 A 在每次试验中发生的概率,则对于任意的 $\varepsilon > 0$,有

$$\lim_{n \to +\infty} P\left\{ \left| \frac{n_A}{n} - p \right| < \varepsilon \right\} = 1,$$

即

$$\frac{n_A}{n} \xrightarrow{P} p.$$

伯努利大数定律说明,事件 A 发生的频率 $\dfrac{n_A}{n}$ 依概率收敛于事件 A 发生的概率 p.这就以严格的数学形式表达了频率的稳定性.也就是说,当 n 很大时,事件 A 发生的频率与概率有较大差别的可能性很小.因而在实践中,当试验次数 n 很大时,便可以用频率代替概率,这就从理论上说明了概率的统计定义的合理性.

大数定律还有许多其他形式,这里就不一一列举了.

4.5.2　中心极限定理

正态分布是最常见的分布,在实际工作中有着非常广泛的应用.人们关心的是,当满足一定条件时(例如 n 充分大),其他分布与正态分布有何联系? 中心极限定理从理论上解决了这个问题.

定理 4.4　隶莫佛尔-拉普拉斯(De Moivre-Laplace)定理,

设随机变量序列 $X_n (n = 1, 2, \cdots)$ 都服从二项分布 $B(n, p)$,则

$$\lim_{n \to +\infty} P\left\{ \frac{X_n - np}{\sqrt{npq}} \leqslant x \right\} = \frac{1}{\sqrt{2\pi}} \int_{-\infty}^{x} e^{-\frac{t^2}{2}} dt,$$

即 $\dfrac{X_n - np}{\sqrt{npq}}$ 近似服从标准正态分布 $N(0, 1)$.

由本定理不难看出

$$\lim_{n \to +\infty} P\left\{ a < \frac{X_n - np}{\sqrt{npq}} \leqslant b \right\} = \frac{1}{\sqrt{2\pi}} \int_{a}^{b} e^{-\frac{x^2}{2}} dx = \Phi(b) - \Phi(a),$$

其中 $\Phi(x)$ 为标准正态分布的分布函数.

因而当 n 较大时,我们可以用标准正态分布的数值表来近似计算二项分布的概率,这又为二项分布找到一个近似计算公式.

定理 4.5　同分布的中心极限定理.

设随机变量序列 $X_n (n = 1, 2, \cdots)$ 相互独立,都服从同一分布,且具有有限的数学期望和方差:

$$E(X_n) = \mu, \quad D(X_n) = \sigma^2 \neq 0, \quad n = 1, 2, \cdots,$$

则对任意的 $x \in (-\infty, +\infty)$,

$$\lim_{n \to +\infty} P\left\{ \frac{\sum\limits_{k=1}^{n} X_k - n\mu}{\sqrt{n}\sigma} \leqslant x \right\} = \frac{1}{\sqrt{2\pi}} \int_{-\infty}^{x} e^{-\frac{t^2}{2}} dt,$$

即随机变量序列

$$Y_n = \frac{\sum\limits_{k=1}^{n} X_k - n\mu}{\sqrt{n}\sigma} \xrightarrow{\text{近似}} N(0,1).$$

下面举例说明中心极限定理的应用.

例 4.21 设随机变量序列 $X_n(n=1,2,\cdots)$ 相互独立,均服从同样的泊松分布,即 $X_n \sim P(2)(n=1,2,\cdots)$,又随机变量 $X = X_1 + X_2 + \cdots + X_{100}$,求 $P(190 < X < 210)$.

解 由 $X_n \sim P(2)(n=1,2,\cdots)$ 可得,$E(X_i) = D(X_i) = 2(i=1,2,\cdots,100)$,又由独立同分布的中心极限定理得 $\dfrac{\sum\limits_{i=1}^{100} X_i - 100 \times 2}{\sqrt{200}} \sim N(0,1)$,因此

$$P(190 < X < 210) = P\left(-0.707 < \frac{X-200}{10\sqrt{2}} < 0.707\right) = 2\Phi(0.707) - 1 = 0.52.$$

例 4.22 一大批产品的次品率为 0.1,如果在随机抽查的 n 件中次品数超过50件的概率大于 0.8,试求 n.

解 设 n 件中有 X 件次品,则 $X \sim B(n,0.1)$,$E(X) = 0.1n$,$D(X) = 0.09n$,根据中心极限定理,有

$$P\{X > 50\} = P\left\{\frac{X - 0.1n}{\sqrt{0.09n}} > \frac{50 - 0.1n}{\sqrt{0.09n}}\right\}$$

$$\approx 1 - \Phi\left(\frac{50 - 0.1n}{\sqrt{0.09n}}\right) > 0.8,$$

即

$$\frac{50 - 0.1n}{\sqrt{0.09n}} < -0.84,$$

解得 $n > 560$.

习 题 4

一、填空题

1. 设二维随机变量 (X,Y) 的联合概率分布为

X \ Y	0	1	2	3
1	0	3/8	3/8	0
3	1/8	0	0	1/8

则 $E(X) = \underline{\qquad}$,$E(Y) = \underline{\qquad}$,$D(X) = \underline{\qquad}$,$D(Y) = \underline{\qquad}$.

2. 设随机变量 X 与 Y 相互独立,且 $D(X) = 4$,$D(Y) = 2$,则 $D(3X - 2Y) = \underline{\qquad}$.

3. 设随机变量 X 与 Y 的相关系数为 0.9,若随机变量 $Z = X - 0.4$,则随机变量 Z 与 Y 的相关系数为 $\underline{\qquad}$.

4. 设随机变量 X 与 Y 的相关系数为 $0.5, E(X) = E(Y) = 0, E(X^2) = E(Y^2) = 2,$ 则 $E(X+Y)^2 = $ _____.

二、选择题

1. 如果随机变量 X 与 Y 满足 $D(X+Y) = D(X-Y),$ 则必有（　　）.

　　A. X 与 Y 相互独立　　　　　　B. X 与 Y 不相关

　　C. $D(X) = 0$　　　　　　　　　　D. $D(X)D(Y) = 0$

2. 设随机变量 X 的概率密度函数为

$$f(x) = \frac{1}{\sqrt{2\pi}} e^{-\frac{(x-1)^2}{2}}, \quad -\infty < x < +\infty,$$

则以下（　　）成立.

　　A. $P(X<1) > P(X>1)$　　　　　B. $P(X \leqslant 0) < P(X \geqslant 2)$

　　C. $E(X) = 0$　　　　　　　　　　D. $D(X) = 1$

3. 设随机变量 X 与 Y 都服从正态分布,且它们不相关,则不正确的是（　　）.

　　A. X 与 Y 一定独立　　　　　　B. (X,Y) 服从二维正态分布

　　C. X 与 Y 未必独立　　　　　　D. $X+Y$ 服从一维正态分布

4. 设 $X_1, X_2, \cdots, X_9$ 相互独立,且 $E(X_i) = D(X_i) = 1(i = 1, 2, \cdots, 9),$ 则对任意的 $\varepsilon > 0,$ 有（　　）.

　　A. $P\left\{ \left| \sum_{i=1}^{9} X_i - 1 \right| < \varepsilon \right\} \geqslant 1 - \varepsilon^{-2}$　　　　B. $P\left\{ \left| \frac{1}{9} \sum_{i=1}^{9} X_i - 1 \right| < \varepsilon \right\} \geqslant 1 - \varepsilon^{-2}$

　　C. $P\left\{ \left| \sum_{i=1}^{9} X_i - 9 \right| < \varepsilon \right\} \geqslant 1 - \varepsilon^{-2}$　　　　D. $P\left\{ \left| \sum_{i=1}^{9} X_i - 9 \right| < \varepsilon \right\} \geqslant 1 - 9\varepsilon^{-2}$

三、计算题

1. 设随机变量 X 的概率分布为

X	-2	0	2	3	4
p_i	0.3	0.3	0.2	0.1	0.1

求 $E(X), D(X), E(2X^2 + 3)$.

2. 设随机变量 X 具有概率分布:

$$P(X = i) = \frac{1}{5}, \quad i = 1, 2, 3, 4, 5,$$

求 $E(X), D(X)$.

3. 设盒中共有 5 个球,其中 3 个白球、2 个黑球. 从中任取两球,求白球数 X 的数学期望.

4. 设随机变量 X 的分布函数为

$$F(x) = \begin{cases} 0, & x < -1, \\ a + b\arcsin x, & -1 \leqslant x < 1, \\ 1, & x \geqslant 1. \end{cases}$$

确定常数 $a, b,$ 并求 $E(X)$.

5. 设随机变量 X 的概率密度函数为

$$p(x) = \frac{1}{2}e^{-|x|}, \quad -\infty < x < +\infty,$$

求 $E(X)$.

6. 证明：当 $k = E(X)$ 时，$E(X-k)^2$ 的值最小，最小值为 $D(X)$.

7. 设 $X_1, X_2, \cdots, X_n$ 独立同分布，期望为 μ，方差为 σ^2，且 $Y = \frac{1}{n}(X_1 + X_2 + \cdots + X_n)$，求 $E(Y)$ 和 $D(Y)$.

8. 已知 $D(X) = 25, D(Y) = 36, \rho_{XY} = 0.4$，求 $D(X+Y)$ 和 $D(X-Y)$.

9. 设二维随机变量 (X, Y) 的联合概率分布为

X \ Y	0	1
0	0.3	0.2
1	0.4	0.1

求 $\text{cov}(X, Y), \rho_{XY}$.

10. 已知生男孩的概率等于 0.515，求在 10 000 个婴儿中女孩不少于男孩的概率.

11. 设一个系统由 100 个相互独立起作用的部件组成，每个部件损坏的概率为 0.1，必须有 85 个以上的部件正常工作才能使整个系统工作正常，求整个系统能正常工作的概率.

第5章

样本及统计量

从本章开始,我们介绍数理统计的知识. 数理统计与概率论是两个密切相连的姊妹学科. 大体上可以说,概率论是数理统计的基础,而数理统计是概率论的重要应用. 数理统计是这样一门学科:它使用概率论和数学的方法,研究怎样有效地收集数据,并在设定的统计模型下,对这种数据进行分析,以对所研究的问题作出推断.

5.1 总体与样本

5.1.1 总体与样本简介

在数理统计中,我们把所研究对象的全体称为**总体**(或母体),通常记为 X,而把组成总体的每个对象称为**个体**. 任何一个总体都可以是一个随机变量,我们对总体的研究其实就是对相应的随机变量 X 的研究. 同时要注意不可将有形实物构成的一个集合及其元素与数理统计中的总体、个体概念相混淆,因为根据研究目的的不同,同一集合会产生不同的总体.

例 5.1 在研究某地区人口问题时,如果关心的是人口年龄结构,则将该地区全部人口的年龄视为总体,而每一个人的年龄是个体;若研究该地区人口的人均收入,则此时该地区人口的人均收入视为总体,而每个人的收入视为个体.

为了研究总体 X 的性质,我们从总体 X 中抽取若干个个体,这些个体称为**样本**或**子样**,样本中所包含的个体的数目称为**样本容量**或**子样容量**. 由于在抽样中,每一个个体也是一个随机变量,因此,容量为 n 的样本可以看作一个 n 维随机变量 $(X_1, X_2, \cdots, X_n)$. 但是,在一次抽取之后,它们都是一些具体数值,记作 $(x_1, x_2, \cdots, x_n)$,称为样本的观察值,简称样本值. 样本 $(X_1, X_2, \cdots, X_n)$ 的所有可能取值的全体称为样本空间. 它一般是 n 维空间 $\mathbb{R}^n$,或者是 $\mathbb{R}^n$ 的一个子集,而样本的每一组观察值 $(x_1, x_2, \cdots, x_n)$ 都是样本空间的一个点.

就总体与样本的关系而言,样本是局部,总体是整体. 为了使样本能最大限度地反映总体的特性,减小偏差,抽样时必须排除人为因素的干扰,不能挑挑拣拣,而应该随机地重复抽取.

如果总体中所有个体被抽到的机会均等,并且每次抽样时总体中的成分不变,这种抽样的方法就称为**简单随机抽样**. 简单随机抽样得到的样本,称为**简单随机样本**,简称**样本**. 以后我们所说的样本,均指简单随机样本. 有放回地随机抽取,得到的显然是简单随机样本. 但在实际工作中,如果样本容量相对于总体容量来说是很小的,即使作不放回的抽样,也可以近似地认为得到的是简单随机样本.

简单随机样本应该满足以下两个条件:

(1) 独立性,即随机变量 $X_1, X_2, \cdots, X_n$ 的取值互不影响,我们也称它们相互独立;

(2) 代表性,总体中的每一个个体都有同等的机会被抽到,个体的分布能代表总体的分布,即样本的每一分量 X_i 与总体 X 具有相同的分布.

例如我们研究全校学生的身高,全校学生的身高就是总体 X,每个学生的身高就是个体,从全校学生中随机抽取 100 名学生,他们的身高就是一个样本 $(X_1, X_2, \cdots, X_{100})$,样本容量为 100.随机抽中的一名学生的身高就是一个随机变量 X_i,全体学生身高的分布就是 X 的分布,也是 $X_i(i = 1, 2, \cdots, 100)$ 的分布.

定义 5.1 若 n 个随机变量 $X_1, X_2, \cdots, X_n$ 相互独立,并且具有相同的分布函数 $F(x)$,则称 $(X_1, X_2, \cdots, X_n)$ 是来自总体 X 的一个容量为 n 的简单随机样本,简称样本.

由定义 5.1 知,若 $(X_1, X_2, \cdots, X_n)$ 是来自总体 X 的一个简单随机样本,则 $(X_1, X_2, \cdots, X_n)$ 的联合分布函数为

$$F^*(x_1, x_2, \cdots, x_n) = F(x_1)F(x_2) \cdots F(x_n) = \prod_{i=1}^{n} F(x_i). \tag{5.1}$$

若 X 为连续型随机变量,且其概率密度函数为 $f(x)$,则 $(X_1, X_2, \cdots, X_n)$ 的联合概率密度函数为

$$f^*(x_1, x_2, \cdots, x_n) = f(x_1)f(x_2) \cdots f(x_n) = \prod_{i=1}^{n} f(x_i). \tag{5.2}$$

若 X 为离散型随机变量,且其概率分布列为 $P(X = x_k) = p_k$,则 $(X_1, X_2, \cdots, X_n)$ 的联合概率分布列为

$$P(X_1 = x_1, X_2 = x_2, \cdots, X_n = x_n) = P(X_1 = x_1)P(X_2 = x_2) \cdots P(X_n = x_n). \tag{5.3}$$

例 5.2 设总体 $X \sim E(\lambda)$,$(X_1, X_2, \cdots, X_n)$ 为来自总体 X 的一个简单随机样本,试写出样本的联合密度函数.

解 由题设知总体的概率密度函数为

$$f(x) = \begin{cases} \lambda e^{-\lambda x}, & x \geqslant 0, \\ 0, & x < 0, \end{cases}$$

所以样本 $(X_1, X_2, \cdots, X_n)$ 的联合密度函数为

$$f^*(x_1, x_2, \cdots, x_n) = f(x_1)f(x_2) \cdots f(x_n)$$

$$= \begin{cases} \lambda e^{-\lambda x_1} \cdot \lambda e^{-\lambda x_2} \cdots \lambda e^{-\lambda x_n} = \lambda^n e^{-\lambda \sum\limits_{i=1}^{n} x_i}, & x_i \geqslant 0(i = 1, 2, \cdots, n), \\ 0, & \text{其他.} \end{cases}$$

一般地,设总体 X 是离散型随机变量,其分布列为 $p(x; \theta_1, \theta_2, \cdots, \theta_r)$,其中 $\theta_1, \theta_2, \cdots, \theta_r$ 是待估参数.又设 $X_1, X_2, \cdots, X_n$ 是来自总体 X 的样本.由于 $X_1, X_2, \cdots, X_n$ 相互独立,所以它们的联合分布列为 $\prod\limits_{i=1}^{n} p(x_i; \theta_1, \theta_2, \cdots, \theta_r)$.设 $x_1, x_2, \cdots, x_n$ 是样本 $X_1, X_2, \cdots, X_n$ 的一个样本值,则样本 $X_1, X_2, \cdots, X_n$ 取到 $x_1, x_2, \cdots, x_n$ 的概率为

$$L(\theta_1, \theta_2, \cdots, \theta_r) = L(x_1, x_2, \cdots, x_n; \theta_1, \theta_2, \cdots, \theta_r) = \prod_{i=1}^{n} p(x_i; \theta_1, \theta_2, \cdots, \theta_r),$$

称 $L(\theta_1,\theta_2,\cdots,\theta_r)$ 为似然函数.若总体 X 是连续型随机变量,其似然函数类似可得.我们希望固定样本值 $x_1,x_2,\cdots,x_n$,在 $\theta_1,\theta_2,\cdots,\theta_r$ 的取值范围内挑选使似然函数达到最大的参数值 $\hat\theta_1,\hat\theta_2,\cdots,\hat\theta_r$,使得

$$L(x_1,x_2,\cdots,x_n;\hat\theta_1,\hat\theta_2,\cdots,\hat\theta_r)=\max L(x_1,x_2,\cdots,x_n;\theta_1,\theta_2,\cdots,\theta_r).$$

在第 6 章参数估计中,会进一步研究极大似然函数及其估计.

5.1.2　样本分布函数

定义 5.2　设有总体 X 的 n 个独立观察值,按照从小到大的顺序可排列成

$$x_1\leqslant x_2\leqslant\cdots\leqslant x_n,$$

若 $x_k\leqslant x<x_{k+1}$,小于等于 x 的观察值的频数为 k,频率为 $\dfrac{k}{n}$,因此,函数

$$F_n(x)=\begin{cases}0, & x<x_1,\\[2mm]\dfrac{k}{n}, & x_k\leqslant x<x_{k+1}(k=1,2,\cdots,n-1),\\[2mm]1, & x\geqslant x_n\end{cases}\tag{5.4}$$

就表示在 n 次重复试验中,事件 $\{X\leqslant x\}$ 出现的频率.我们称 $F_n(x)$ 为**样本分布函数**或**经验分布函数**. $F_n(x)$ 具有下列性质:

(1) $0\leqslant F_n(x)\leqslant 1$;

(2) $F_n(x)$ 单调不减;

(3) $F_n(x)$ 处处右连续.

这表明,当样本观察值 $(x_1,x_2,\cdots,x_n)$ 取定之后, $F_n(x)$ 的确是一个随机变量的分布函数.

注意到,对于不同的样本观察值 $(x_1,x_2,\cdots,x_n)$,我们将得到不同的样本分布函数 $F_n(x)$.因此,对于每一个实数 x, $F_n(x)$ 也是一个随机变量.关于这个随机变量,我们有如下的重要定理.

定理 5.1(W. Glivenko 定理)　样本分布函数 $F_n(x)$ 以概率 1 关于 x 一致收敛于总体分布函数 $F(x)$,即

$$P\{\lim_{n\to+\infty}\sup_{-\infty<x<+\infty}|F_n(x)-F(x)|=0\}=1.\tag{5.5}$$

定理 5.1 表明,当 n 很大时,样本分布函数 $F_n(x)$ 实际上近似地等于总体的分布函数 $F(x)$.这也正是我们可以用样本对总体进行估计和推断的理论依据.

5.1.3　分位点(或分位数)

定义 5.3　设连续型随机变量 X 的分布函数为 $F(x)$,概率密度函数为 $f(x)$.

(1) 对于任意正数 $\alpha(0<\alpha<1)$,称满足条件

$$P\{X\leqslant x_\alpha\}=F(x_\alpha)=\int_{-\infty}^{x_\alpha}f(x)\mathrm{d}x=\alpha\tag{5.6}$$

的数 x_α 为此分布的 **α 分位点**或**下 α 分位数**或**下 α 分位点**.

(2) 对于任意正数 $\alpha(0<\alpha<1)$,称满足条件

$$P\{X>x_\alpha\}=1-F(x_\alpha)=\int_{x_\alpha}^{+\infty}f(x)\mathrm{d}x=\alpha\tag{5.7}$$

的数 x_a 为此分布的上 α 分位数或上 α 分位点.

特别,当 $\alpha=0.5$ 时,

$$F(x_{0.5}) = F(x_{\underline{0.5}}) = \int_{x_{0.5}}^{+\infty} f(x)\,\mathrm{d}x = 0.5,$$

$x_{0.5}$ 称为此分布的**中位数**.

下 α 分位数 $x_{\underline{\alpha}}$ 将概率密度曲线下的面积分为两部分,左侧的面积恰为 α(见图 5.1(a)). 上 α 分位数 x_a 也将概率密度曲线下的面积分为两部分,右侧的面积恰为 α(见图 5.1(b)).

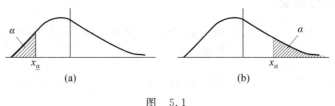

图   5.1

下 α 分位数与上 α 分位数有以下关系:

$$x_a = x_{\underline{1-a}}, \quad x_{\underline{a}} = x_{1-\alpha}.$$

5.2   统计量及其分布

5.2.1   统计量的定义

样本来自于总体,并且代表和反映总体,因而是统计推断的基本依据. 但是,在数理统计中,对于不同的总体,我们所关心的问题往往是不一样的. 即使对于同一总体,根据不同的需要,我们考察问题的内容也会有所不同. 所以,由一组样本观察值 $(x_1,x_2,\cdots,x_n)$ 并不能完全反映总体的各种特性,因此需要把样本中的有关信息集中起来,进行一番加工和提炼,针对不同的统计问题,构造出样本的各种不同的函数. 为此,给出如下的定义.

定义 5.4   设 $(X_1,X_2,\cdots,X_n)$ 是来自总体 X 的一个简单随机样本,$g(x_1,x_2,\cdots,x_n)$ 是 n 元连续函数. 如果 g 中不包含任何未知参数,则称样本函数 $g(X_1,X_2,\cdots,X_n)$ 为一个**统计量**.

例如,设 (X_1,X_2,X_3) 是从正态总体 $N(\mu,\sigma^2)$ 中抽取的一个样本,其中 μ 为已知,σ^2 未知,则

$$X_1+X_2-X_3, \quad 3X_1-2X_2+X_3, \quad X_2+5X_3-4\mu, \quad X_1^2+X_2^2+X_3^2$$

等都是统计量;而

$$X_1^2+X_2^2+X_3^2+\sigma^2, \quad X_1+X_2-\sigma^2 X_3$$

都不是统计量.

下面介绍几个常用的统计量.

设 $(X_1,X_2,\cdots,X_n)$ 是来自总体 X 的样本,则统计量

$$\overline{X} = \frac{1}{n}\sum_{i=1}^{n} X_i \tag{5.8}$$

称为**样本均值**;

$$S^2 = \frac{1}{n-1}\sum_{i=1}^{n}(X_i - \overline{X})^2 \tag{5.9}$$

称为**样本方差**，S^2 的算术平方根

$$S = \sqrt{\frac{1}{n-1}\sum_{i=1}^{n}(X_i - \overline{X})^2}\qquad\qquad(5.10)$$

称为**样本标准差**或**均方差**；

$$M_k = \frac{1}{n}\sum_{i=1}^{n}X_i^k,\quad k = 1,2,\cdots\qquad\qquad(5.11)$$

称为**样本 k 阶原点矩**；

$$M'_k = \frac{1}{n}\sum_{i=1}^{n}(X_i - \overline{X})^k,\quad k = 1,2,\cdots\qquad\qquad(5.12)$$

称为**样本 k 阶中心矩**.

需要强调指出的是，样本的二阶中心矩与样本方差是不同的.特别地，将样本的二阶中心矩记为

$$\widetilde{S}^2 = \frac{1}{n}\sum_{i=1}^{n}(X_i - \overline{X})^2.\qquad\qquad(5.13)$$

由定义不难看出

$$M_1 = \overline{X},\qquad\qquad(5.14)$$

$$M'_2 = \widetilde{S}^2 = \frac{n-1}{n}S^2.\qquad\qquad(5.15)$$

对于样本的一组观察值 $(x_1,x_2,\cdots,x_n)$，上述统计量的观察值分别记为

$$\overline{x} = \frac{1}{n}\sum_{i=1}^{n}x_i,\quad s^2 = \frac{1}{n-1}\sum_{i=1}^{n}(x_i - \overline{x})^2,$$

$$m_k = \frac{1}{n}\sum_{i=1}^{n}x_i^k,\quad m'_k = \frac{1}{n}\sum_{i=1}^{n}(x_i - \overline{x})^k.$$

思政小课堂 15

【学】正确理解随机试验中的样本的概念；熟练掌握样本分布函数的计算及应用；熟练掌握样本常用统计量的计算.

【思】如何运用计算机去实现样本统计量的计算？如何用 EXCEL，SPSS，MATLAB 计算相关样本统计量？

【悟】在学习和工作中要选择并掌握科学的统计方法进行数据处理，尊重事实，不弄虚作假，在学习、工作和生活中都要讲诚信，千万不能因为实验结果的不合理而修改数据.

5.2.2　统计量的分布

由于样本 $(X_1,X_2,\cdots,X_n)$ 是随机变量，统计量是样本的函数，因而也是随机变量，也应有确定的概率分布.统计量的分布又称为**抽样分布**.在一般情况下，当给定总体的分布时，统计量的分布是很难获得的.但是，当总体服从正态分布时，某些统计量的分布却很容易得到.

1. $\overline{X}$ 的分布

设总体 X 服从正态分布，$X\sim N(\mu,\sigma^2)$，$(X_1,X_2,\cdots,X_n)$ 是来自总体 X 的一个容量为 n

的样本.由正态分布的性质可知,样本均值 $\overline{X} = \dfrac{1}{n}\sum_{i=1}^{n} X_i$ 也服从正态分布,且

$$E(\overline{X}) = \mu, \quad D(\overline{X}) = \frac{\sigma^2}{n},$$

即
$$\overline{X} \sim N\left(\mu, \frac{\sigma^2}{n}\right). \tag{5.16}$$

上式表明,服从正态分布的样本均值 $\overline{X}$ 的数学期望 $E(\overline{X})$ 与总体的数学期望 μ 相等,但其方差 $D(\overline{X})$ 只是总体方差 σ^2 的 $1/n$. 当 n 越大时,$\overline{X}$ 取值越向总体均值 μ 附近集中.

标准正态分布的上分位点 设 $X \sim N(0,1)$,若 z_α 满足条件
$$P\{X > z_\alpha\} = \alpha, \quad 0 < \alpha < 1, \tag{5.17}$$
则称点 z_α 为标准正态分布的上 α 分位点(如图 5.2 所示).下面列出了几个常用的 z_α 的值.

α	0.001	0.005	0.01	0.025	0.05	0.10
z_α	3.090	2.576	2.326	1.960	1.645	1.282

另外,由 $\varphi(x)$ 图形的对称性知道 $z_{1-\alpha} = -z_\alpha$.

2. χ^2 分布

设 $(X_1, X_2, \cdots, X_n)$ 是来自正态总体 $N(0,1)$ 的样本,则统计量
$$\chi^2 = X_1^2 + X_2^2 + \cdots + X_n^2 \tag{5.18}$$
服从参数(也称自由度)为 n 的 χ^2 分布,记作 $\chi^2 \sim \chi^2(n)$.

此处,自由度是指式(5.18)右端包含的独立变量的个数.

$\chi^2(n)$ 分布的概率密度为
$$f(y) = \begin{cases} \dfrac{1}{2^{n/2}\,\Gamma\left(\dfrac{n}{2}\right)} y^{\frac{n}{2}-1} \mathrm{e}^{-\frac{y}{2}}, & y > 0, \\ 0, & y \leqslant 0. \end{cases} \tag{5.19}$$

其中 $\Gamma\left(\dfrac{n}{2}\right) = \displaystyle\int_0^{+\infty} x^{\frac{n}{2}-1} \mathrm{e}^{-x} \mathrm{d}x$. 图 5.3 画出了自由度 $n=1, n=2, n=4, n=6$ 及 $n=11$ 时的 χ^2 分布的图形.

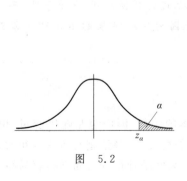

图 5.2

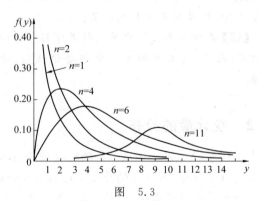

图 5.3

χ^2 分布具有以下性质:

性质 1 若随机变量 χ_1^2 与 χ_2^2 相互独立,且 $\chi_1^2 \sim \chi^2(n_1)$,$\chi_2^2 \sim \chi^2(n_2)$,则

$$\chi_1^2 + \chi_2^2 \sim \chi^2(n_1 + n_2).$$

性质 2　若随机变量服从参数为 n 的 χ^2 分布,即 $\chi^2 \sim \chi^2(n)$,则
$$E(\chi^2) = n, \quad D(\chi^2) = 2n.$$

事实上,因 $X_i \sim N(0,1)$,故
$$E(X_i^2) = D(X_i) = 1,$$
$$D(X_i^2) = E(X_i^4) - [E(X_i^2)]^2 = 3 - 1 = 2, \quad i = 1, 2, \cdots, n.$$

于是
$$E(\chi^2) = E\Big(\sum_{i=1}^n X_i^2\Big) = \sum_{i=1}^n E(X_i^2) = n,$$
$$D(\chi^2) = D\Big(\sum_{i=1}^n X_i^2\Big) = \sum_{i=1}^n D(X_i^2) = 2n.$$

χ^2 **分布的上分位点**　对于给定的正数 α,$0 < \alpha < 1$,满足条件
$$P\{\chi^2 > \chi_\alpha^2(n)\} = \int_{\chi_\alpha^2(n)}^{+\infty} f(y)\mathrm{d}y = \alpha \tag{5.20}$$

的点 $\chi_\alpha^2(n)$ 就是 $\chi^2(n)$ 分布的上 α 分位点,如图 5.4 所示.对于不同的 α,n,上 α 分位点的值已制成表格,可以查用(参见附表 A.5).例如对于 $\alpha = 0.1$,$n = 25$,查得 $\chi_{0.1}^2(25) = 34.382$.

3. t 分布

若 $X \sim N(0,1)$,$Y \sim \chi^2(n)$,且 X 与 Y 相互独立,则称随机变量
$$t = \frac{X}{\sqrt{Y/n}} \tag{5.21}$$

服从自由度为 n 的 t 分布,记为 $t \sim t(n)$.

t 分布又称学生分布. $t(n)$ 分布的概率密度函数为
$$h(t) = \frac{\Gamma\left(\dfrac{n+1}{2}\right)}{\sqrt{n\pi}\,\Gamma\left(\dfrac{n}{2}\right)}\left(1 + \frac{t^2}{n}\right)^{-\frac{n+1}{2}}, \quad -\infty < t < +\infty. \tag{5.22}$$

图 5.5 画出了自由度 $n = 2$,$n = 9$,$n = 25$ 及 $n = +\infty$ 时的 t 分布的图形.

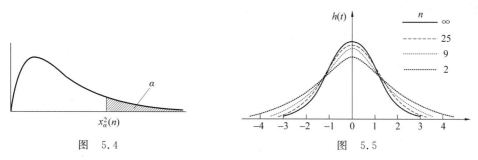

图　5.4　　　　　　　　　　　　　　图　5.5

其图形关于 $t = 0$ 对称,当 n 充分大时其图形类似于标准正态变量概率密度图形.事实上利用 Γ 函数的性质可得
$$\lim_{n \to +\infty} h(t) = \frac{1}{\sqrt{2\pi}}\mathrm{e}^{-\frac{t^2}{2}},$$

故当 n 足够大时 t 分布近似于 $N(0,1)$ 分布,但对于较小的 n,t 分布与 $N(0,1)$ 分布相差较大,当 $n > 30$ 时,t 分布就与标准正态分布非常接近了.

t 分布的数学期望和方差:若 $t \sim t(n)$,则 $E(t) = 0$,$D(t) = \dfrac{n}{n-2}$.(证明略)

t 分布的上分位点 对于给定的 α，$0<\alpha<1$，满足条件

$$P\{t>t_\alpha(n)\}=\int_{t_\alpha(n)}^{+\infty}h(t)\mathrm{d}t=\alpha \qquad (5.23)$$

的点 $t_\alpha(n)$ 就是 $t(n)$ 分布的上 α 分位点(如图 5.6 所示).

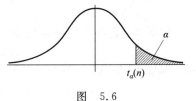

图 5.6

4. F 分布

设 $U\sim\chi^2(n_1)$，$V\sim\chi^2(n_2)$，且 U 与 V 相互独立，则称随机变量

$$F=\frac{U/n_1}{V/n_2} \qquad (5.24)$$

服从自由度为 (n_1,n_2) 的 F 分布，记作 $F\sim F(n_1,n_2)$. 其中 n_1 称为第一自由度，n_2 称为第二自由度.

$F(n_1,n_2)$ 分布的概率密度为

$$\psi(y)=\begin{cases}\dfrac{\Gamma\left(\dfrac{n_1+n_2}{2}\right)\left(\dfrac{n_1}{n_2}\right)^{\frac{n_1}{2}}y^{\frac{n_1-2}{2}}}{\Gamma\left(\dfrac{n_1}{2}\right)\Gamma\left(\dfrac{n_2}{2}\right)\left(1+\dfrac{n_1}{n_2}y\right)^{\frac{n_1+n_2}{2}}}, & y>0,\\[4mm] 0, & y\leqslant 0.\end{cases} \qquad (5.25)$$

图 5.7 画出了自由度为 $(11,3)$ 及 $(10,40)$ 的 F 分布的图形.

F 分布具有以下性质：

性质 1 若 X 服从自由度为 n_1,n_2 的 F 分布，即 $X\sim F(n_1,n_2)$，则

$$\frac{1}{X}\sim F(n_2,n_1).$$

性质 2 若 $X\sim F(n_1,n_2)$，则

$$E(X)=\frac{n_2}{n_2-2},\quad D(X)=\frac{2n_2^2(n_1+n_2-2)}{n_1(n_2-2)^2(n_1^2-4)}.\text{（证明略）}$$

F 分布的上分位点 对于给定的 α，$0<\alpha<1$，满足条件

$$P\{F>F_\alpha(n_1,n_2)\}=\int_{F_\alpha(n_1,n_2)}^{+\infty}\psi(y)\mathrm{d}y=\alpha \qquad (5.26)$$

的点 $F_\alpha(n_1,n_2)$ 就是 $F(n_1,n_2)$ 分布的上 α 分位点(如图 5.8 所示). F 分布的上 α 分位点有表格可查(见附表 A.6).

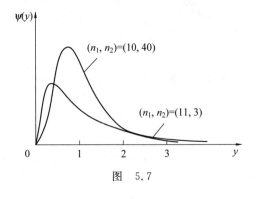

图 5.7

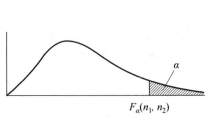

图 5.8

类似地有 χ^2 分布、t 分布、F 分布的下分位点.

F 分布的上 α 分位点有如下重要的性质:

$$F_{1-\alpha}(n_1, n_2) = \frac{1}{F_\alpha(n_2, n_1)}.$$

上式常用来求 F 分布表中未列出的常用的上 α 分位点. 例如,

$$F_{0.95}(12, 9) = \frac{1}{F_{0.05}(9, 12)} = \frac{1}{2.80} = 0.357.$$

标准正态分布、χ^2 分布、t 分布和 F 分布是数理统计中应用最广泛的四大分布,特别是它们之间的相互关系,在数理统计中经常使用,要熟练掌握. 为使计算方便,本书后附有标准正态分布、χ^2 分布、t 分布和 F 分布的临界值表,可以查相应的临界值.

5.2.3 几种重要的统计量的关系

在由来自正态总体的样本构成的几个重要统计量之间,存在着极为密切的联系. 下面几个定理给出了它们之间的关系.

定理 5.2 若 $(X_1, X_2, \cdots, X_n)$ 是来自正态总体 $N(\mu, \sigma^2)$ 的一个简单随机样本,$\overline{X} = \frac{1}{n}\sum\limits_{i=1}^{n} X_i$ 与 $S^2 = \frac{1}{n-1}\sum\limits_{i=1}^{n}(X_i - \overline{X})^2$ 分别为样本均值与样本方差,则

(1) $\overline{X} \sim N\left(\mu, \frac{1}{n}\sigma^2\right)$;

(2) $\overline{X}$ 与 S^2 相互独立;

(3) $\frac{(n-1)}{\sigma^2}S^2 \sim \chi^2(n-1)$.

定理 5.3 设 $(X_1, X_2, \cdots, X_n)$ 是来自正态总体 $N(\mu, \sigma^2)$ 的一个样本,则

$$T = \frac{\overline{X} - \mu}{S/\sqrt{n}} \sim t(n-1). \tag{5.27}$$

定理 5.4 设 $(X_1, X_2, \cdots, X_{n_1})$ 和 $(Y_1, Y_2, \cdots, Y_{n_2})$ 分别是来自两个正态总体 $N(\mu_1, \sigma^2)$ 和 $N(\mu_2, \sigma^2)$ 的两个样本,且它们相互独立,则

$$T = \frac{(\overline{X} - \overline{Y}) - (\mu_1 - \mu_2)}{S_{12}\sqrt{\frac{1}{n_1} + \frac{1}{n_2}}} \sim t(n_1 + n_2 - 2). \tag{5.28}$$

其中,

$$S_{12}^2 = \frac{(n_1 - 1)S_1^2 + (n_2 - 1)S_2^2}{n_1 + n_2 - 2},$$

$$\overline{X} = \frac{1}{n_1}\sum_{i=1}^{n_1} X_i, \quad S_1^2 = \frac{1}{n_1 - 1}\sum_{i=1}^{n_1}(X_i - \overline{X})^2,$$

$$\overline{Y} = \frac{1}{n_2}\sum_{i=1}^{n_2} Y_i, \quad S_2^2 = \frac{1}{n_2 - 1}\sum_{i=1}^{n_2}(Y_i - \overline{Y})^2.$$

定理 5.5 设 $(X_1, X_2, \cdots, X_{n_1})$ 和 $(Y_1, Y_2, \cdots, Y_{n_2})$ 分别是来自两个正态总体 $N(\mu_1, \sigma_1^2)$ 和 $N(\mu_2, \sigma_2^2)$ 的两个样本,且它们相互独立,则

$$F = \frac{S_1^2 \sigma_2^2}{S_2^2 \sigma_1^2} \sim F(n_1 - 1, n_2 - 1), \tag{5.29}$$

其中 S_1^2 和 S_2^2 分别是两个样本的样本方差.

例 5.3 在总体 $N(80,20^2)$ 中,随机抽取一个容量为 100 的样本,求样本均值与总体均值之差的绝对值大于 3 的概率.

解 由于总体 $X \sim N(80,20^2)$,且样本容量 $n=100$,所以,样本均值

$$\overline{X} = \frac{1}{100} \sum_{i=1}^{100} X_i \sim N(80,2^2),$$

因此
$$\begin{aligned}
P(|\overline{X}-80|>3) &= P(\overline{X}-80<-3 \text{ 或 } \overline{X}-80>3) \\
&= P(\overline{X}-80<-3) + P(\overline{X}-80>3) \\
&= P\left(\frac{\overline{X}-80}{2}<-1.5\right) + P\left(\frac{\overline{X}-80}{2}>1.5\right) \\
&= 2[1-\Phi(1.5)] = 2(1-0.9332) = 0.1336.
\end{aligned}$$

例 5.4 设 $(X_1,X_2,\cdots,X_{10})$ 是来自正态总体 $N(0,0.3^2)$ 的一个样本,求 $P\left(\sum_{i=1}^{10} X_i^2 > 1.44\right)$.

解 记 $\chi^2 = \sum_{i=1}^{10} X_i^2$,由于总体 $X \sim N(0,0.3^2)$,所以 $\dfrac{X_i}{0.3} \sim N(0,1)$. 于是 $\dfrac{\chi^2}{0.3^2} \sim \chi^2(10)$,因此

$$P\left(\sum_{i=1}^{10} X_i^2 > 1.44\right) = P(\chi^2 > 1.44) = P\left(\frac{\chi^2}{0.3^2} > \frac{1.44}{0.3^2}\right) = P\left(\frac{\chi^2}{0.3^2} > 16\right) = 0.1.$$

习　题　5

1. 设总体 X 的概率分布列为 $P(X=x_i) = p^{x_i}(1-p)^{1-x_i}$,其中 $0<p<1$,$x_i=0,1$,$2,\cdots$,试写出样本 $(X_1,X_2,\cdots,X_n)$ 的联合概率分布列.

2. 加工某种零件时,每一件需要的时间服从均值为 $\dfrac{1}{\lambda}$ 的指数分布,若以加工时间为该种零件的数量指标,任取 n 件该零件构成一个容量为 n 的样本,求样本的联合概率密度函数.

3. 设总体的一组样本观察值为

　　　54　67　68　78　70　66　67　70　65　69,

计算样本均值和样本方差.

4. 在总体 $X \sim N(52,6^2)$ 中随机抽取一个容量为 36 的样本,求样本均值 $\overline{X}$ 落在区间 $(50.8,53.8)$ 内的概率.

5. 在总体 $X \sim N(20,3^2)$ 中,随机抽取两个容量分别为 10 和 15 的独立样本,以 $\overline{X}$,$\overline{Y}$ 分别表示其样本均值,求 $P(|\overline{X}-\overline{Y}|>0.3)$.

第6章

参 数 估 计

本章主要介绍统计推断的一种方法——参数估计.参数估计问题分为点估计和区间估计.求点估计的方法有矩估计方法和极大似然估计方法.矩估计方法是以样本矩作为总体矩的估计量,从而得到关于总体未知参数的估计.极大似然估计方法的基本思想是给未知参数选取的值,使观测所得的数据出现的概率最大.对于未知参数可以提出不同的估计量,评定估计量好坏的标准是:无偏性、有效性、一致性.点估计不能反映估计的精度,于是引入区间估计.区间估计是以区间的形式给出未知参数的估计范围,此区间包含参数真值的可信程度.

6.1 点估计

6.1.1 参数估计原理

例 6.1 灯泡厂生产的灯泡,由于种种随机因素的影响,每批生产出来的灯泡,其中每个灯泡的使用寿命是不一致的,即灯泡的使用寿命 X 是一个随机变量.由中心极限定理和实际经验知道,灯泡的使用寿命 X 服从正态分布 $N(\mu, \sigma^2)$.但一般我们不能确切知道 μ 和 σ^2 的具体数值.为了推定所生产的这批灯泡的质量,试估计这批灯泡的平均寿命 μ 以及寿命长短的差异程度 σ^2.

解 灯泡的使用寿命即总体 X 服从正态分布,但两个参数 μ 和 σ^2 未知.为了估计灯泡的平均寿命 μ,需要抽取若干个灯泡做试验(即抽取样本),设它们的寿命分别为 $X_1, X_2, \cdots,$ X_n,当 n 很大时,样本的平均寿命 $\overline{X} = \dfrac{1}{n}\sum_{i=1}^{n} X_i$ 就可以作为总体 X 平均寿命 μ 的估计,然后用样本二阶中心矩 $\widetilde{S}^2$ 作为总体方差 σ^2 的估计.

在参数估计中,假设总体 X 的分布函数已知,仅包含几个未知参数.参数估计问题就是要求通过样本来估计总体分布所包含的未知参数或未知参数的范围.它包括点估计和区间估计.

6.1.2 点估计的概念

设总体 X 的分布函数为 $F(x; \theta_1, \theta_2, \cdots, \theta_r)$,其中 $\theta_1, \theta_2, \cdots, \theta_r$ 是 r 个待估参数. $X_1, X_2, \cdots,$ X_n 是总体 X 的一个样本, $x_1, x_2, \cdots, x_n$ 是相应的一个样本值.

定义 6.1 点估计问题就是要构造 r 个适当的统计量 $g_k(X_1, X_2, \cdots, X_n)(k=1,2,\cdots,$ $r)$,用它的观察值 $\hat{g}_k(x_1, x_2, \cdots, x_n)$ 作为未知参数 θ_k 的近似值.称 $\hat{g}_k(X_1, X_2, \cdots, X_n)$ 为 θ_k 的

估计量，称 $\hat{g}_k(x_1, x_2, \cdots, x_n)$ 为 θ_k 的估计值.

由于构造统计量的方法不同，点估计包括矩估计方法和极大似然估计方法. 下面一一介绍.

6.1.3 矩估计方法

矩估计方法是一种古老的估计方法，由英国统计学家 K. Pearson 于 1894 年提出，这一方法简单、直观，而且使用方便.

设 X 为连续型随机变量，其概率密度为 $f(x;\theta_1,\theta_2,\cdots,\theta_r)$，或 X 为离散型随机变量，其分布律为 $P\{X=x\}=p(x;\theta_1,\theta_2,\cdots,\theta_r)$，其中 $\theta_1,\theta_2,\cdots,\theta_r$ 是 r 个待估参数. $X_1,X_2,\cdots,X_n$ 是总体 X 的一个样本，假设总体 X 的前 r 阶矩存在，则总体 X 的 l 阶矩

$$E(X^l) = \int_{-\infty}^{+\infty} x^l f(x;\theta_1,\theta_2,\cdots,\theta_r)\mathrm{d}x \quad (X \text{ 连续型})$$

或

$$E(X^l) = \sum_x x^l p(x;\theta_1,\theta_2,\cdots,\theta_r) \quad (X \text{ 离散型}), \quad l=1,2,\cdots,r,$$

它们是 $\theta_1,\theta_2,\cdots,\theta_r$ 的函数. 样本矩 $M_l = \dfrac{1}{n}\sum_{i=1}^{n} X_i^l$ 依概率收敛于相应的总体矩 $E(X^l)$，样本矩的连续函数依概率收敛于相应的总体矩的连续函数. 因此有以下定义.

定义 6.2 用样本矩作为相应的总体矩的估计量，而以样本矩的连续函数作为相应的总体矩的连续函数的估计量. 这种方法称为矩估计方法.

于是有

$$\hat{E}(X^l) = M_l, \quad l=1,2,\cdots,r,$$

以下是一个含有 r 个未知数的 r 个方程组成的方程组：

$$\begin{cases} \hat{E}(X) = \dfrac{1}{n}\sum_{i=1}^{n} X_i, \\[2mm] \hat{E}(X^2) = \dfrac{1}{n}\sum_{i=1}^{n} X_i^2, \\[2mm] \quad\vdots \\[2mm] \hat{E}(X^r) = \dfrac{1}{n}\sum_{i=1}^{n} X_i^r, \end{cases}$$

解方程组得 $\hat{\theta}_k = \hat{g}_k(X_1, X_2, \cdots, X_n)(k=1,2,\cdots,r)$. 它们依次是参数 $\theta_1,\theta_2,\cdots,\theta_r$ 的矩估计量.

例 6.2 设总体 X 服从参数为 $\lambda(\lambda>0)$ 的泊松分布，分布列为 $P(X=x)=\dfrac{\lambda^x}{x!}\mathrm{e}^{-\lambda}$ $(x=0,1,2,\cdots)$. 求参数 λ 的矩估计量.

解 设 $X_1,X_2,\cdots,X_n$ 是来自总体 X 的样本，则总体 X 的一阶原点矩为

$$E(X)=\lambda,$$

样本的一阶原点矩为

$$M_1 = \frac{1}{n}\sum_{i=1}^{n} X_i = \overline{X},$$

由矩估计法知 $\hat{E}(X) = M_1$,即得参数 λ 的矩估计量 $\hat{\lambda} = \overline{X}$.

例6.3 设总体 X 的概率密度函数为 $f(x;\theta) = \begin{cases} \theta x^{\theta-1}, & 0 < x < 1; \\ 0, & \text{其他}. \end{cases}$ 求未知参数 $\theta(\theta > 0)$ 的矩估计量.

解 设 $X_1, X_2, \cdots, X_n$ 是来自总体 X 的样本,总体 X 的一阶原点矩为

$$E(X) = \int_{-\infty}^{+\infty} x \cdot f(x;\theta) \mathrm{d}x = \int_0^1 x \cdot \theta x^{\theta-1} \mathrm{d}x = \frac{\theta}{\theta+1},$$

样本的一阶原点矩为

$$M_1 = \frac{1}{n} \sum_{i=1}^n X_i = \overline{X},$$

由矩估计法可知 $\hat{E}(X) = M_1$,即 $\dfrac{\hat{\theta}}{\hat{\theta}+1} = \overline{X}$,故 θ 的矩估计量为

$$\hat{\theta} = \frac{\overline{X}}{1-\overline{X}}.$$

例6.4 设总体 X 的均值 μ 和方差 σ^2 都存在,$\sigma^2 > 0$. 但 μ 和 σ^2 均未知. 又设 $X_1, X_2, \cdots, X_n$ 是来自总体 X 的样本,试求 μ 和 σ^2 的矩估计量.

解 本题有两个未知参数,故需要列两个方程.

总体的一阶原点矩为 $E(X) = \mu$,总体的二阶原点矩为 $E(X^2) = D(X) + E^2(X) = \sigma^2 + \mu^2$,样本的一阶原点矩 $M_1 = \dfrac{1}{n} \sum_{i=1}^n X_i = \overline{X}$,样本的二阶原点矩 $M_2 = \dfrac{1}{n} \sum_{i=1}^n X_i^2$,按矩估计法可得下面的方程组

$$\begin{cases} \hat{E}(X) = M_1, \\ \hat{E}(X^2) = M_2, \end{cases} \quad \text{即} \quad \begin{cases} \hat{\mu} = \overline{X}, \\ \hat{\sigma}^2 + \hat{\mu}^2 = \dfrac{1}{n} \sum_{i=1}^n X_i^2, \end{cases}$$

解得

$$\begin{cases} \hat{\mu} = \overline{X}, \\ \hat{\sigma}^2 = \dfrac{1}{n} \sum_{i=1}^n X_i^2 - \overline{X}^2. \end{cases}$$

而

$$\begin{aligned} \widetilde{S}^2 &= \frac{1}{n} \sum_{i=1}^n (X_i - \overline{X})^2 = \frac{1}{n} \sum_{i=1}^n (X_i^2 - 2X_i\overline{X} + \overline{X}^2) \\ &= \frac{1}{n} \sum_{i=1}^n X_i^2 - 2\overline{X} \cdot \frac{1}{n} \sum_{i=1}^n X_i + \frac{1}{n} \cdot n\overline{X} \\ &= \frac{1}{n} \sum_{i=1}^n X_i^2 - 2\overline{X}^2 + \overline{X}^2 \\ &= \frac{1}{n} \sum_{i=1}^n X_i^2 - \overline{X}^2 = \hat{\sigma}^2. \end{aligned}$$

由此例可以看出,无论总体 X 服从什么分布,其均值 μ 和方差 σ^2 的矩估计量都是样本均值 $\overline{X}$ 和二阶样本中心矩 $\widetilde{S}^2$.

例6.5 设总体 X 服从二项分布 $B(N, p)$,其中参数 $0 < p < 1$,N 为正整数,X_1,

$X_2, \cdots, X_n$ 是来自总体 X 的一个样本，求 N 和 p 的矩估计量.

解　总体 X 的均值 $E(X) = Np$，方差 $D(X) = Npq$，由矩估计法可知

$$\begin{cases} \hat{E}(X) = \hat{N}\hat{p} = \overline{X}, \\ \hat{E}(X^2) = \hat{D}(X) + \hat{E}^2(X) = \hat{N}\hat{p}(1-\hat{p}) + (\hat{N}\hat{p})^2 = \dfrac{1}{n}\sum_{i=1}^{n} X_i^2, \end{cases}$$

解得

$$\hat{p} = 1 - \frac{\dfrac{1}{n}\sum_{i=1}^{n} X_i^2 - \overline{X}^2}{\overline{X}} = 1 - \frac{\widetilde{S}^2}{\overline{X}},$$

$$\hat{N} = \frac{\overline{X}^2}{\overline{X} - \widetilde{S}^2}.$$

6.1.4　极大似然估计方法

极大似然估计法最早由 C. F. Gauss 提出，后来由 R. A. Fisher 于 1912 年重新提出，并证明了这一方法的性质. 极大似然估计法在理论上有优良的性质，是目前得到广泛应用的估计方法. 下面通过一个例子说明极大似然估计法的基本思想.

一个罐子中装有白球和红球共 100 个，只知道这两种球的数目之比是 2∶98，但不知道哪种颜色的球多. 现从中任取一个球，如果取出的是白球，则认为白球数为 98. 这是因为在白球数为 98 时，取到一个白球的概率是 0.98，它远远大于在白球数为 2 时取到一个白球的概率 0.02. 因此，认为"白球数为 98"这一结论正确的机会当然大于认为"白球数为 2".

根据同样道理，选择或估计参数也遵循这样的原则：在获得一些观测数据（样本）之后，给未知参数选取的值，应当使这些数据出现的概率最大. 这就是极大似然估计的基本思想.

设总体 X 是离散型随机变量，其分布列为 $p(x; \theta_1, \theta_2, \cdots, \theta_r)$，其中 $\theta_i(i=1,2,\cdots,r)$ 是待估参数. 又设 $X_1, X_2, \cdots, X_n$ 是来自总体 X 的一个样本，因为 $X_1, X_2, \cdots, X_n$ 相互独立，故其联合分布列为 $\prod_{i=1}^{n} p(x_i; \theta_1, \theta_2, \cdots, \theta_r)$. 设 $x_1, x_2, \cdots, x_n$ 是样本 $X_1, X_2, \cdots, X_n$ 的一个样本值，由第 5 章知其似然函数为

$$L(\theta_1, \theta_2, \cdots, \theta_r) = L(x_1, x_2, \cdots, x_n; \theta_1, \theta_2, \cdots, \theta_r) = \prod_{i=1}^{n} p(x_i; \theta_1, \theta_2, \cdots, \theta_r).$$

当样本值 $x_1, x_2, \cdots, x_n$ 固定，$\theta_i(i=1,2,\cdots,r)$ 取 $\hat{\theta}_i(i=1,2,\cdots,r)$ 时，似然函数达到最大，即

$$L(x_1, x_2, \cdots, x_n; \hat{\theta}_1, \hat{\theta}_2, \cdots, \hat{\theta}_r) = \max L(x_1, x_2, \cdots, x_n; \theta_1, \theta_2, \cdots, \theta_r).$$

设总体 X 是连续型随机变量，其概率密度函数为 $f(x; \theta_1, \theta_2, \cdots, \theta_r)$，对于每一个样本 $X_i(i=1,2,\cdots,n)$，它取每一个指定值 x_i 的概率为 0. 为此考虑 X_i 落入区间 $(x_i, x_i + \mathrm{d}x_i)$ 内的概率（其中 $\mathrm{d}x_i$ 是一个很小的正数）近似为 $f(x_i; \theta_1, \theta_2, \cdots, \theta_r)\mathrm{d}x_i(i=1,2,\cdots,n)$，因此落入样本值 $(x_1, x_2, \cdots, x_n)$ 的邻域内的概率为 $\prod_{i=1}^{n} f(x_i; \theta_1, \theta_2, \cdots, \theta_r)\mathrm{d}x_i$. 由于诸 $\mathrm{d}x_i$ 均不依赖

于各个 $\theta_j (i=1,2,\cdots,n;j=1,2,\cdots,r)$,都可视为常数,因此,要使上述概率最大,只要 $\prod\limits_{i=1}^{n} f(x_i;\theta_1,\theta_2,\cdots,\theta_r)$ 达到最大即可,记

$$L(\theta_1,\theta_2,\cdots,\theta_r)=L(x_1,x_2,\cdots,x_n;\theta_1,\theta_2,\cdots,\theta_r)=\prod\limits_{i=1}^{n}f(x_i;\theta_1,\theta_2,\cdots,\theta_r),$$

称 $L(\theta_1,\theta_2,\cdots,\theta_r)$ 为似然函数. 我们希望固定样本值 $x_1,x_2,\cdots,x_n$,在 $\theta_1,\theta_2,\cdots,\theta_r$ 的取值范围内挑选使似然函数达到最大的参数值 $\hat{\theta}_1,\hat{\theta}_2,\cdots,\hat{\theta}_r$,使得

$$L(x_1,x_2,\cdots,x_n;\hat{\theta}_1,\hat{\theta}_2,\cdots,\hat{\theta}_r)=\max L(x_1,x_2,\cdots,x_n;\theta_1,\theta_2,\cdots,\theta_r).$$

定义 6.3 设总体 X 的分布形式是已知的,且含有未知参数 $\theta_1,\theta_2,\cdots,\theta_r;x_1,x_2,\cdots,x_n$ 是样本 $X_1,X_2,\cdots,X_n$ 的一个样本值. 称 $L(\theta_1,\theta_2,\cdots,\theta_r)$ 为似然函数. 若存在一组数 $\hat{\theta}_1,\hat{\theta}_2,\cdots,\hat{\theta}_r$,能够使样本落入观察值 $(x_1,x_2,\cdots,x_n)$ 的邻域内的概率最大,即当 $(\theta_1,\theta_2,\cdots,\theta_r)=(\hat{\theta}_1,\hat{\theta}_2,\cdots,\hat{\theta}_r)$ 时,有

$$\begin{aligned}L(\hat{\theta}_1,\hat{\theta}_2,\cdots,\hat{\theta}_r)&=L(x_1,x_2,\cdots,x_n;\hat{\theta}_1,\hat{\theta}_2,\cdots,\hat{\theta}_r)\\&=\max L(x_1,x_2,\cdots,x_n;\theta_1,\theta_2,\cdots,\theta_r),\end{aligned}$$

则称 $\hat{\theta}_1,\hat{\theta}_2,\cdots,\hat{\theta}_r$ 为参数 $\theta_1,\theta_2,\cdots,\theta_r$ 的一个极大似然估计,统计量 $\hat{\theta}_i=\hat{\theta}_i(X_1,X_2,\cdots,X_n)$ $(i=1,2,\cdots,r)$ 称为参数 $\theta_1,\theta_2,\cdots,\theta_r$ 的极大似然估计量. $\hat{\theta}_i=\hat{\theta}_i(x_1,x_2,\cdots,x_n)(i=1,2,\cdots,r)$ 称为参数 $\theta_1,\theta_2,\cdots,\theta_r$ 的极大似然估计值.

由定义 6.3 可知,求总体参数的极大似然估计量问题,实际上就是微分学中求似然函数的最大值问题. 设 L 关于 $\theta_1,\theta_2,\cdots,\theta_r$ 可微,要使 L 取得最大值,需解方程组

$$\begin{cases}\dfrac{\partial L}{\partial \theta_1}=0,\\[2mm]\dfrac{\partial L}{\partial \theta_2}=0,\\[1mm]\quad\vdots\\[1mm]\dfrac{\partial L}{\partial \theta_r}=0,\end{cases}$$

得到极大似然估计 $\hat{\theta}_1,\hat{\theta}_2,\cdots,\hat{\theta}_r$.

由于 L 与 $\ln L$ 在同一组 $\theta_1,\theta_2,\cdots,\theta_r$ 处取得极大值,所以 $\hat{\theta}_1,\hat{\theta}_2,\cdots,\hat{\theta}_r$ 也可由方程组

$$\begin{cases}\dfrac{\partial \ln L}{\partial \theta_1}=0,\\[2mm]\dfrac{\partial \ln L}{\partial \theta_2}=0,\\[1mm]\quad\vdots\\[1mm]\dfrac{\partial \ln L}{\partial \theta_r}=0\end{cases}$$

解得.

例 6.6 设总体 X 服从参数为 $\lambda(\lambda>0)$ 的泊松分布,分布列为 $P(X=x)=\dfrac{\lambda^x}{x!}\mathrm{e}^{-\lambda}(x=0,$

$1,2,\cdots$). 求参数 λ 的极大似然估计.

解 设 $X_1,X_2,\cdots,X_n$ 是来自总体 X 的一个样本, $x_1,x_2,\cdots,x_n$ 为样本观察值, 于是, 似然函数为

$$L(\lambda) = \prod_{i=1}^{n} \frac{\lambda^{x_i}}{x_i!} e^{-\lambda} = e^{-n\lambda} \frac{\lambda^{\sum\limits_{i=1}^{n} x_i}}{x_1! x_2! \cdots x_n!},$$

两边取对数, 得

$$\ln L(\lambda) = -n\lambda + \left(\sum_{i=1}^{n} x_i\right)\ln\lambda - \sum_{i=1}^{n} \ln x_i!,$$

对 λ 求导可得似然方程

$$-n + \frac{1}{\lambda}\sum_{i=1}^{n} x_i = 0,$$

解得参数 λ 的极大似然估计值为

$$\hat{\lambda} = \frac{1}{n}\sum_{i=1}^{n} x_i = \bar{x},$$

参数 λ 的极大似然估计量为 $\hat{\lambda} = \frac{1}{n}\sum_{i=1}^{n} X_i = \bar{X}$.

例 6.7 设总体 X 服从参数为 $\lambda(\lambda > 0)$ 的指数分布, λ 为未知参数, 求 λ 的极大似然估计.

解 设 $X_1,X_2,\cdots,X_n$ 是来自总体 X 的一个样本, $x_1,x_2,\cdots,x_n$ 为样本观察值. 总体 X 的概率密度函数

$$f(x;\lambda) = \begin{cases} \lambda e^{-\lambda x}, & x \geqslant 0, \\ 0, & x < 0, \end{cases}$$

可得似然函数

$$L(\lambda) = \prod_{i=1}^{n} \lambda e^{-\lambda x_i} = \lambda^n e^{-\lambda\sum\limits_{i=1}^{n} x_i},$$

两边取对数得

$$\ln L(\lambda) = n\ln\lambda - \lambda\sum_{i=1}^{n} x_i,$$

对 λ 求导数可得似然方程

$$\frac{n}{\lambda} - \sum_{i=1}^{n} x_i = 0,$$

解得参数 λ 的极大似然估计值为

$$\hat{\lambda} = \frac{n}{\sum\limits_{i=1}^{n} x_i} = \frac{1}{\bar{x}},$$

参数 λ 的极大似然估计量为 $\quad \hat{\lambda} = \dfrac{n}{\sum\limits_{i=1}^{n} X_i} = \dfrac{1}{\bar{X}}$.

例 6.8 因为总体 X 服从二项分布 $B(N,p)$, 其中参数 $0 < p < 1$, N 为正整数, $X_1,$ $X_2,\cdots,X_n$ 是来自总体 X 的一个样本, $x_1,x_2,\cdots,x_n$ 是一组样本观察值, 求 p 的极大似然估

计值.

解　因为 $X_1, X_2, \cdots, X_n$ 是来自总体 X 的一个样本, $x_1, x_2, \cdots, x_n$ 为样本观察值. 总体 X 的分布列为

$$B(N, p) = C_N^x p^x (1-p)^{N-x}, \quad x = 0, 1, 2, \cdots, N,$$

可得似然函数

$$L(p) = \prod_{i=1}^{n} C_N^{x_i} p^{x_i} (1-p)^{N-x_i},$$

两边取对数得

$$\ln L(p) = \sum_{i=1}^{n} \ln C_N^{x_i} + \sum_{i=1}^{n} x_i \ln p + \sum_{i=1}^{n} (N - x_i) \ln (1-p),$$

对上式关于 p 求导, 得

$$\frac{1}{p} \sum_{i=1}^{n} x_i - \frac{1}{1-p} \sum_{i=1}^{n} (N - x_i) = 0,$$

解得参数 λ 的极大似然估计值为

$$\hat{p} = \frac{\bar{x}}{N}.$$

例 6.9　设总体 X 服从正态分布 $N(\mu, \sigma^2)$, μ 和 σ^2 为未知参数, 求 μ 和 σ^2 的极大似然估计量.

解　设 $X_1, X_2, \cdots, X_n$ 是来自总体 X 的一个样本, $x_1, x_2, \cdots, x_n$ 为样本观察值. 总体 X 的概率密度函数为

$$f(x; \mu, \sigma^2) = \frac{1}{\sqrt{2\pi}\sigma} e^{-\frac{(x-\mu)^2}{2\sigma^2}}, \quad -\infty < x < +\infty,$$

可得似然函数

$$L(\mu, \sigma^2) = \prod_{i=1}^{n} \frac{1}{\sqrt{2\pi}\sigma} e^{-\frac{(x_i-\mu)^2}{2\sigma^2}} = \left(\frac{1}{2\pi\sigma^2} \right)^{\frac{n}{2}} e^{-\frac{1}{2\sigma^2} \sum_{i=1}^{n} (x_i-\mu)^2},$$

两边取对数得

$$\ln L(\mu, \sigma^2) = -\frac{n}{2} \ln 2\pi - \frac{n}{2} \ln \sigma^2 - \frac{1}{2\sigma^2} \sum_{i=1}^{n} (x_i - \mu)^2,$$

对 μ 和 σ^2 分别求偏导数, 得到似然方程组

$$\begin{cases} \dfrac{\partial \ln L(\mu, \sigma^2)}{\partial \mu} = \dfrac{1}{\sigma^2} \sum_{i=1}^{n} (x_i - \mu) = 0, \\ \dfrac{\partial \ln L(\mu, \sigma^2)}{\partial \sigma^2} = -\dfrac{n}{2\sigma^2} + \dfrac{1}{2\sigma^4} \sum_{i=1}^{n} (x_i - \mu)^2 = 0, \end{cases}$$

解得 μ 和 σ^2 的极大似然估计值为

$$\hat{\mu} = \frac{1}{n} \sum_{i=1}^{n} x_i = \bar{x}, \quad \hat{\sigma}^2 = \frac{1}{n} \sum_{i=1}^{n} (x_i - \bar{x})^2 = \widetilde{s}^2.$$

μ 和 σ^2 的极大似然估计量为

$$\hat{\mu} = \frac{1}{n} \sum_{i=1}^{n} X_i = \bar{X}, \quad \hat{\sigma}^2 = \frac{1}{n} \sum_{i=1}^{n} (X_i - \bar{X})^2 = \widetilde{S}^2.$$

6.1.5 估计量的评选标准

我们知道,参数的估计量是样本的函数,所以,对于总体 X 的同一个未知参数,用不同的估计法,可以构造出不同的估计量.然而,在这些估计量中,究竟哪一个更好呢? 这就涉及用什么标准来评价估计量的问题.下面介绍几个常用的标准.

1. 无偏性

定义 6.4 设 $X_1,X_2,\cdots,X_n$ 是来自总体 X 的一个样本,θ 是包含在总体 X 的分布中的待估参数,若估计量 $\hat{\theta}=\hat{\theta}(X_1,X_2,\cdots,X_n)$ 的数学期望 $E(\hat{\theta})$ 存在,且对于任意 θ,有 $E(\hat{\theta})=\theta$,则称 $\hat{\theta}$ 是 θ 的无偏估计量.

估计量的无偏性是说对于某些样本值,由这些估计量得到的样本值相对于真值来说偏大,有些则偏小.反复将这一估计量使用多次,就"平均"来说其偏差为零.

例 6.10 设 $X_1,X_2,\cdots,X_n$ 是来自总体 X 的一个样本,总体 X 的数学期望 $E(X)=\mu$ 未知,试问样本均值 $\overline{X}=\dfrac{1}{n}\sum_{i=1}^{n}X_i$ 是否为 μ 的无偏估计.

解 $E(\overline{X})=E\left(\dfrac{1}{n}\sum_{i=1}^{n}X_i\right)=\dfrac{1}{n}\sum_{i=1}^{n}E(X_i)=\dfrac{1}{n}\sum_{i=1}^{n}\mu=\dfrac{1}{n}n\mu=\mu$,所以,样本均值 $\overline{X}$ 是总体 X 的均值 μ 的无偏估计.

例 6.11 设 $X_1,X_2,\cdots,X_n$ 是来自总体 X 的一个样本,总体 X 的数学期望为 $E(X)=\mu$,方差为 $D(X)=\sigma^2$,其中 σ^2 未知,样本的二阶中心矩 $\widetilde{S}^2=\dfrac{1}{n}\sum_{i=1}^{n}(X_i-\overline{X})^2$ 是否是 σ^2 的无偏估计量?样本方差 $S^2=\dfrac{1}{n-1}\sum_{i=1}^{n}(X_i-\overline{X})^2$ 是否是 σ^2 的无偏估计量?

解 样本均值 $\overline{X}$ 的数学期望为 $E(\overline{X})=\mu$,

$$D(\overline{X})=D\left(\frac{1}{n}\sum_{i=1}^{n}X_i\right)=\frac{1}{n^2}\sum_{i=1}^{n}D(X_i)=\frac{1}{n^2}\cdot n\sigma^2=\frac{1}{n}\sigma^2,$$

$$E(\widetilde{S}^2)=E\left(\frac{1}{n}\sum_{i=1}^{n}(X_i-\overline{X})^2\right)=\frac{1}{n}E\left(\sum_{i=1}^{n}(X_i-\overline{X})^2\right)=\frac{1}{n}E\left(\sum_{i=1}^{n}X_i^2-n\overline{X}^2\right)$$

$$=\frac{1}{n}\left(\sum_{i=1}^{n}E(X_i^2)-nE(\overline{X}^2)\right)$$

$$=\frac{1}{n}\left\{\sum_{i=1}^{n}\left[D(X_i)+(E(X_i))^2\right]-n\left[D(\overline{X})+E(\overline{X})^2\right]\right\}$$

$$=\frac{1}{n}\left[\sum_{i=1}^{n}(\sigma^2+\mu^2)-n\left(\frac{1}{n}\sigma^2+\mu^2\right)\right]$$

$$=\frac{n-1}{n}\sigma^2,$$

所以,样本的二阶中心矩 $\widetilde{S}^2$ 不是 σ^2 的无偏估计.

而

$$E(S^2)=E\left(\frac{1}{n-1}\sum_{i=1}^{n}(X_i-\overline{X})^2\right)=\frac{1}{n-1}E\left(\sum_{i=1}^{n}(X_i-\overline{X})^2\right)=\frac{n-1}{n-1}\sigma^2=\sigma^2,$$

所以,样本方差 S^2 是 σ^2 的无偏估计量.

2. 有效性

现在来比较参数 θ 的两个无偏估计量 $\hat{\theta}_1$ 和 $\hat{\theta}_2$,如果在样本容量 n 相同的情况下,$\hat{\theta}_1$ 的观察值较 $\hat{\theta}_2$ 更密集在真值 θ 的附近,我们就认为 $\hat{\theta}_1$ 较 $\hat{\theta}_2$ 理想.由于方差是随机变量取值与其数学期望(此时 $E(\hat{\theta}_1)=E(\hat{\theta}_2)=\theta$)的偏离程度的度量,故无偏估计以方差小者为好,这就引出了估计量的有效性.

定义 6.5　设 $\hat{\theta}_1=\hat{g}_1(X_1,X_2,\cdots,X_n)$ 和 $\hat{\theta}_2=\hat{g}_2(X_1,X_2,\cdots,X_n)$ 都是 θ 的无偏估计量,若对于任意 θ,有 $D(\hat{\theta}_1)\leqslant D(\hat{\theta}_2)$,则称 $\hat{\theta}_1$ 较 $\hat{\theta}_2$ 有效.

例 6.12　设总体 X 的数学期望 μ 和方差 σ^2 都存在,X_1,X_2,X_3 是来自总体 X 的一个容量为 3 的样本.在下列关于 μ 的估计量 $\hat{\mu}_1=\frac{1}{2}X_1-\frac{1}{2}X_2+\frac{1}{3}X_3,\hat{\mu}_2=\overline{X},\hat{\mu}_3=\frac{1}{2}X_1+\frac{1}{3}X_2+\frac{1}{6}X_3,\hat{\mu}_4=X_1$ 中,哪一个更有效?

解　$E(\hat{\mu}_1)=\frac{1}{3}\mu\neq\mu$,故 $\hat{\mu}_1$ 不是 μ 的无偏估计,讨论有效性毫无意义.

$E(\hat{\mu}_2)=E(\hat{\mu}_3)=E(\hat{\mu}_4)=\mu$,故 $\hat{\mu}_2,\hat{\mu}_3,\hat{\mu}_4$ 都是 μ 的无偏估计.$D(\hat{\mu}_2)=\frac{1}{3}\sigma^2,D(\hat{\mu}_3)=\frac{7}{18}\sigma^2,D(\hat{\mu}_4)=\sigma^2,D(\hat{\mu}_2)<D(\hat{\mu}_3)<D(\hat{\mu}_4)$,故 $\hat{\mu}_2=\overline{X}$ 是其中较有效的估计.

3*. 一致性

当样本容量 n 趋向无穷大时,样本的各个数字特征依概率收敛于总体相应的数字特征,对于总体参数 θ 的估计量 $\hat{\theta}=\hat{\theta}(X_1,X_2,\cdots,X_n)$ 来说,我们自然希望 $\hat{\theta}$ 也具有这一性质,即一致性.

定义 6.6　设 $\hat{\theta}=\hat{\theta}(X_1,X_2,\cdots,X_n)$ 是未知参数 θ 的估计量,若对于任意的 $\varepsilon>0$,都有 $\lim\limits_{n\to+\infty}P(|\hat{\theta}_n-\theta|\leqslant\varepsilon)=1$,则称 $\hat{\theta}_n$ 为参数 θ 的一致估计.

例 6.13　证明样本均值 $\overline{X}$ 是总体均值 μ 的一致估计.

证明　设 $E(X)=\mu,\overline{X}=\frac{1}{n}\sum\limits_{i=1}^{n}X_i$,根据大数定律,有

$$\lim_{n\to+\infty}P\left(\left|\frac{1}{n}\sum_{i=1}^{n}X_i-\mu\right|\leqslant\varepsilon\right)=\lim_{n\to+\infty}P(|\overline{X}-\mu|\leqslant\varepsilon)=1,$$

故样本均值 $\overline{X}$ 是总体均值 μ 的一致估计.

思政小课堂 16

【学】参数估计是利用从总体中抽取的样本来估计总体分布中包含的未知参数的方法.人们常常需要根据手中的数据,分析或推断数据反映的本质规律.即根据样本数据选择合适的统计量去推断总体的分布或数字特征等.

【思】如何根据学生身高样本数据,估计成年人平均身高?请同学们思考如何利用 QQ 小程序收集有效数据,并进行合理分析.

> 　【悟】统计推断是数理统计研究的核心问题,统计推断要根据样本对总体分布或其数字特征等作出合理的推断.在以后的生活中,要合理利用好数据,用数据说话才会更有说服力,毕竟事实胜于雄辩.概率论与数理统计可以培养我们通过独立思考客观批判现实的能力.

6.2　区间估计

人们在测量或计算时,除需知未知参数 θ 的点估计量 $\hat{\theta}$ 外,还希望估计出一个范围,并希望知道这个范围包含参数 θ 真值的可信程度.这样的范围通常以区间的形式给出,同时还给出此区间包含参数 θ 真值的可信程度.这种形式的估计称为区间估计.为了讨论问题方便,我们只考虑分布函数含有一个参数的情形.

定义 6.7　设总体 X 的分布函数 $F(x;\theta)$ 含有一个未知参数 θ,给定值 $\alpha(0<\alpha<1)$,若由来自总体 X 的样本 $X_1,X_2,\cdots,X_n$ 确定了两个统计量 $\hat{\theta}_1=\hat{g}_1(X_1,X_2,\cdots,X_n)$ 和 $\hat{\theta}_2=\hat{g}_2(X_1,X_2,\cdots,X_n)(\hat{\theta}_1<\hat{\theta}_2)$,对于任意 θ,有

$$P(\hat{\theta}_1<\theta<\hat{\theta}_2)=1-\alpha, \tag{6.1}$$

则称随机区间 $(\hat{\theta}_1,\hat{\theta}_2)$ 为参数 θ 的置信水平为 $1-\alpha$ 的置信区间,$\hat{\theta}_1$ 和 $\hat{\theta}_2$ 分别称为置信水平为 $1-\alpha$ 的双侧置信区间的置信下限和置信上限,$1-\alpha$ 称为置信水平或置信度.

式(6.1)含义如下:若反复多次抽样(各次得到的样本容量相同,都是 n),每个样本值确定一个区间 $(\hat{\theta}_1,\hat{\theta}_2)$,每个这样的区间要么包含 θ 的真值,要么不包含 θ 的真值,按伯努利大数定律,在这么多的区间中,包含 θ 的真值的约占 $100(1-\alpha)\%$,不包含 θ 的真值的约占 $100\alpha\%$,例如 $\alpha=0.01$,反复抽样 1000 次,则得到的 1000 个区间中包含 θ 的真值的约占 990 个,不包含 θ 的真值的仅占约 10 个.

在一般情况下,对于给定的置信度 $1-\alpha$,参数 θ 的置信区间 $(\hat{\theta}_1,\hat{\theta}_2)$ 有很多种,即置信区间不唯一.人们总希望置信区间越小越好,此时对参数的估计误差最小,但置信区间太小,就失去了区间估计的意义.正确的提法是在保证可靠性的基础上尽可能提高精确度,即在给定的较大置信 $1-\alpha$ 下,使 $(\hat{\theta}_1,\hat{\theta}_2)$ 长度最小.例如对总体均值的区间估计中,以样本均值为中心的对称区间长度为最短,即构造置信区间的上下限的统计量具有对称性.

为方便起见,在实际应用中,通常把 α 等分为两部分 $\alpha_1=\alpha_2=\dfrac{\alpha}{2}$,然后查表分别求相应的置信上、下限.

6.2.1　一个正态总体 $N(\mu,\sigma^2)$ 的情况

设总体 $X\sim N(\mu,\sigma^2)$,$X_1,X_2,\cdots,X_n$ 是来自总体 X 的一个样本,求参数 μ 的置信度为 $1-\alpha$ 的置信区间.

1. 方差 σ^2 已知,求均值 μ 的区间估计

因为样本均值 $\overline{X} = \dfrac{1}{n}\sum\limits_{i=1}^{n}X_i$ 是总体均值 μ 的无偏估计,所以取样本均值 $\overline{X}$ 作为 μ 的估计量. $\overline{X} \sim N\left(\mu, \dfrac{\sigma^2}{n}\right)$,随机变量

$$U = \frac{\overline{X} - \mu}{\sigma/\sqrt{n}} \sim N(0,1).$$

由正态分布的对称性可知,对于给定的 $\alpha(0 < \alpha < 1)$,查正态分布表可得临界点(分位数) $u_{1-\frac{\alpha}{2}}$,且有

$$P(\,|\,U\,| < u_{1-\frac{\alpha}{2}}) = 1 - \alpha,$$

于是有(参见图 6.1)

$$P\left[\overline{X} - \frac{\sigma}{\sqrt{n}}u_{1-\frac{\alpha}{2}} < \mu < \overline{X} + \frac{\sigma}{\sqrt{n}}u_{1-\frac{\alpha}{2}}\right] = 1 - \alpha,$$

因此,参数 μ 的置信度为 $1 - \alpha$ 的置信区间为

$$\left(\overline{X} - \frac{\sigma}{\sqrt{n}}u_{1-\frac{\alpha}{2}}, \overline{X} + \frac{\sigma}{\sqrt{n}}u_{1-\frac{\alpha}{2}}\right).$$

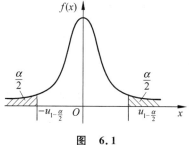

图　6.1

例 6.14　某饲料厂用自动打包机包装一种混合饲料,设每包饲料的质量服从标准差 $\sigma = 1.5\text{kg}$ 的正态分布.如果打包机正常工作,每包饲料的平均质量应为 100kg.某日开工后随机抽取 9 包,测得质量如下(单位: kg):

　　　99.3　104.7　100.5　101.2　99.7　98.5　102.8　103.3　100.0,

求总体均值 μ 的 $1 - \alpha$ 的置信区间($\alpha = 0.05$).

解　这是一个正态总体、方差已知、求均值 μ 的区间估计问题.

$\alpha = 0.05, \dfrac{\alpha}{2} = 0.025$,所以置信度为 $1 - \alpha = 0.95$.由标准正态分布表和图 6.1 知,临界点 $x = u_{1-\frac{\alpha}{2}}$,

$$\Phi(u_{1-\frac{\alpha}{2}}) = P(X \leqslant u_{1-\frac{\alpha}{2}}) = 1 - \frac{\alpha}{2},$$

即

$$\Phi(u_{1-\frac{0.05}{2}}) = P(X \leqslant u_{0.975}) = 1 - \frac{0.05}{2} = 0.975,$$

在表中查找概率值 0.975,对应的 $x = u_{1-\frac{\alpha}{2}} = 1.96$.

由样本观察值经计算算得

$$\overline{x} = \frac{1}{9}\sum_{i=1}^{9}x_i$$

$$= \frac{1}{9}(99.3 + 104.7 + 100.5 + 101.2 + 99.7 + 98.5 + 102.8 + 103.3 + 100.0)$$

$$\approx 101.1,$$

置信下限

$$\overline{x} - \frac{\sigma}{\sqrt{n}}u_{1-\frac{\alpha}{2}} = 101.1 - \frac{1.5}{3} \times 1.96 \approx 100.12,$$

置信上限

$$\bar{x} + \frac{\sigma}{\sqrt{n}} u_{1-\frac{\alpha}{2}} = 101.1 + \frac{1.5}{3} \times 1.96 \approx 102.08,$$

因此,均值 μ 的置信度为 0.95 的置信区间是(100.12,102.08).

在本例中,置信度也可取为 0.9 或 0.99 等,并且仍按上述方法求得相应的置信区间.

一般来说,若置信度较大,则成功的把握很大,得到的置信区间也相应较大,但这样反而降低了精度.我们总希望包含 μ 的置信区间尽可能小,而同时成功的把握又尽可能大,但这在样本容量一定的情况下是无法实现的.因此,在研究实际问题时,应根据具体问题,权衡利弊,确定一个适当的置信度.

2. 方差 σ^2 未知,求均值 μ 的区间估计

由于方差 σ^2 未知,置信上、下限 $\hat{u}_1 = \bar{X} + \frac{\sigma}{\sqrt{n}} u_{1-\frac{\alpha}{2}}$ 和 $\hat{u}_2 = \bar{X} - \frac{\sigma}{\sqrt{n}} u_{1-\frac{\alpha}{2}}$ 已不再是统计量.受参数点估计原理的启发,我们自然想到用 σ^2 的无偏估计量——样本方差 $S^2 = \frac{1}{n-1} \sum_{i=1}^{n} (X_i - \bar{X})^2$ 代替未知参数 σ^2,于是得到统计量

$$T = \frac{\bar{X} - \mu}{S / \sqrt{n}} = \frac{(\bar{X} - \mu) / \sqrt{\sigma^2 / n}}{\sqrt{(n-1)S^2 / (n-1)\sigma^2}},$$

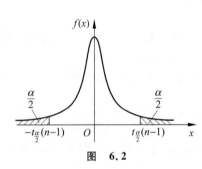

图 6.2

其中,分子 $\frac{\bar{X} - \mu}{\sigma / \sqrt{n}} \sim N(0, 1)$,分母中的 $\frac{(n-1)S^2}{\sigma^2} \sim \chi^2(n-1)$.因此,由抽样分布的理论可知,$T \sim t(n-1)$,故有 $P(-t_{\frac{\alpha}{2}}(n-1) < T < t_{\frac{\alpha}{2}}(n-1)) = 1 - \alpha$,见图 6.2,它等价于

$$P\left(-t_{\frac{\alpha}{2}}(n-1)\frac{S}{\sqrt{n}} < \bar{X} - \mu < t_{\frac{\alpha}{2}}(n-1)\frac{S}{\sqrt{n}}\right) = 1 - \alpha.$$

因而,所求置信区间为

$$\left(\bar{X} - t_{\frac{\alpha}{2}}(n-1)\frac{S}{\sqrt{n}}, \bar{X} + t_{\frac{\alpha}{2}}(n-1)\frac{S}{\sqrt{n}}\right).$$

例 6.15 设有一批胡椒粉,每袋净重服从正态分布 $X \sim N(\mu, \sigma^2)$,现从中任取 8 袋,测得净重(单位:g)分别为

12.1　11.9　12.4　12.3　11.9　12.1　12.4　12.1,

试求总体均值 μ 的置信水平为 0.99 的置信区间.

解 这是关于一个正态总体且方差 σ^2 未知,求总体均值 μ 的区间估计问题.其中 $n=8$, $\alpha=1-0.99=0.01$.由 t 分布表和图 6.2 知,$P(T \geqslant t_{\frac{\alpha}{2}}(n-1)) = \frac{\alpha}{2}$.在 t 分布表中,行为 $n-1=7$,列为 $\frac{\alpha}{2} = \frac{0.01}{2} = 0.005$,交叉位置的值为 3.4995,故 $t_{\frac{\alpha}{2}}(n-1) = 3.4995$.由给定的样本观察值,经计算得

$$\bar{x} = 12.15, \quad s = 0.2, \quad t_{0.005}(7)\frac{s}{\sqrt{n}} = 3.4995 \times \frac{0.2}{\sqrt{8}} \approx 0.25,$$

因此，μ 的置信水平为 0.99 的置信区间为
$$(12.15-0.25,12.15+0.25)=(11.9,12.4).$$

3. 均值 μ 和方差 σ^2 未知，求正态总体方差 σ^2 的区间估计

由抽样分布理论可知，样本方差 $S^2=\dfrac{1}{n-1}\sum_{i=1}^{n}(X_i-\overline{X})^2$ 是 σ^2 的无偏估计量，则
$$\chi^2=\frac{(n-1)S^2}{\sigma^2}\sim\chi^2(n-1)$$

这个分布完全确定，与未知参数 μ 无关. 对于给定的 $\alpha(0<\alpha<1)$，由 χ^2 分布表查出 $\chi^2_{\frac{\alpha}{2}}(n-1)$ 和 $\chi^2_{1-\frac{\alpha}{2}}(n-1)$，于是有
$$P\left(\chi^2_{1-\frac{\alpha}{2}}(n-1)<\frac{(n-1)S^2}{\sigma^2}<\chi^2_{\frac{\alpha}{2}}(n-1)\right)=1-\alpha,$$
即
$$P\left(\frac{(n-1)S^2}{\chi^2_{\frac{\alpha}{2}}(n-1)}<\sigma^2<\frac{(n-1)S^2}{\chi^2_{1-\frac{\alpha}{2}}(n-1)}\right)=1-\alpha.$$

其中 $\chi^2_{\frac{\alpha}{2}}(n-1)$ 和 $\chi^2_{1-\frac{\alpha}{2}}(n-1)$ 分别满足(见图 6.3)

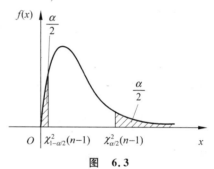

$$P(\chi^2(n-1)\geqslant\chi^2_{\frac{\alpha}{2}}(n-1))=\frac{\alpha}{2},$$
$$P(\chi^2(n-1)\leqslant\chi^2_{1-\frac{\alpha}{2}}(n-1))=\frac{\alpha}{2},$$

图　6.3

由此得到 σ^2 的 $1-\alpha$ 的置信区间为
$$\left(\frac{(n-1)S^2}{\chi^2_{\frac{\alpha}{2}}(n-1)},\frac{(n-1)S^2}{\chi^2_{1-\frac{\alpha}{2}}(n-1)}\right).$$

例 6.16　已知某种木材横向抗压力的试验值服从正态分布. 对 10 个样品做横向抗压力试验，得到如下数据(单位：N/cm^2)：
$$482\quad493\quad475\quad471\quad510\quad446\quad435\quad418\quad394\quad469,$$
试对此种木材横向抗压力的方差进行区间估计($\alpha=0.05$).

解　这是关于一个正态总体且方差 σ^2 未知，求总体方差 σ^2 的区间估计问题. 其中 $n=10$，$\alpha=0.05$，由 χ^2 分布表和图 6.3 知，$P(\chi^2\geqslant\chi^2_{\frac{\alpha}{2}}(n-1))=\dfrac{\alpha}{2}$. 在 χ^2 分布表中，行为 $n-1=9$，列为 $\dfrac{\alpha}{2}=\dfrac{0.05}{2}=0.025$，交叉位置的值为 19.0228.

又 $P(\chi^2\leqslant\chi^2_{1-\frac{\alpha}{2}}(n-1))=\dfrac{\alpha}{2}$，在 χ^2 分布表中，行为 $n-1=9$，列为 $1-\dfrac{\alpha}{2}=1-\dfrac{0.05}{2}=0.975$，交叉位置的值为 2.7004. 即
$$\chi^2_{0.025}(n-1)=19.0228,\quad\chi^2_{0.975}(n-1)=2.7004.$$
由给定的样本值，经计算得 $\overline{x}=459.3$，$s^2=1270.678$，于是
$$\frac{(n-1)s^2}{\chi^2_{\frac{\alpha}{2}}(n-1)}=601.18,\quad\frac{(n-1)s^2}{\chi^2_{1-\frac{\alpha}{2}}(n-1)}=4234.97,$$
所以此种木材横向抗压力的方差的置信区间是(601.18,4234.97).

6.2.2 两个正态总体 $N(\mu_1,\sigma_1^2)$ 和 $N(\mu_2,\sigma_2^2)$ 的情况

设有两个正态总体 X 和 Y,其中 $X \sim N(\mu_1,\sigma_1^2)$,$Y \sim N(\mu_2,\sigma_2^2)$. $X_1,X_2,\cdots,X_{n_1}$ 和 Y_1, $Y_2,\cdots,Y_{n_2}$ 分别是来自总体 X 和总体 Y 的两个独立样本,设 $\bar{X},\bar{Y}$ 和 S_1^2,S_2^2 分别为来自这两个样本的均值和方差.

1. 两个总体方差 σ_1^2 和 σ_2^2 已知,求均值差 $\mu_1-\mu_2$ 的区间估计

因为 $\bar{X}$ 和 $\bar{Y}$ 分别为 μ_1 和 μ_2 的无偏估计,故 $\bar{X}-\bar{Y}$ 是 $\mu_1-\mu_2$ 的无偏估计. $\bar{X} \sim N\left(\mu_1,\dfrac{\sigma_1^2}{n_1}\right)$,$\bar{Y} \sim N\left(\mu_2,\dfrac{\sigma_2^2}{n_2}\right)$,由两样本相互独立,所以

$$\bar{X}-\bar{Y} \sim N\left(\mu_1-\mu_2,\frac{\sigma_1^2}{n_1}+\frac{\sigma_2^2}{n_2}\right),$$

从而随机变量

$$U=\frac{(\bar{X}-\bar{Y})-(\mu_1-\mu_2)}{\sqrt{\dfrac{\sigma_1^2}{n_1}+\dfrac{\sigma_2^2}{n_2}}} \sim N(0,1).$$

对于给定的 $\alpha(0<\alpha<1)$,由正态分布表查得 $u_{1-\frac{\alpha}{2}}$,于是有

$$P\left[\left|\frac{(\bar{X}-\bar{Y})-(\mu_1-\mu_2)}{\sqrt{\sigma_1^2/n_1+\sigma_2^2/n_2}}\right|<u_{1-\frac{\alpha}{2}}\right]=1-\alpha,$$

因此,$\mu_1-\mu_2$ 的 $1-\alpha$ 置信区间是

$$\left(\bar{X}-\bar{Y}-u_{1-\frac{\alpha}{2}}\sqrt{\frac{\sigma_1^2}{n_1}+\frac{\sigma_2^2}{n_2}},\bar{X}-\bar{Y}+u_{1-\frac{\alpha}{2}}\sqrt{\frac{\sigma_1^2}{n_1}+\frac{\sigma_2^2}{n_2}}\right).$$

例 6.17 为提高某一化学品在生产过程的获得率,试图采用一种新的催化剂.为慎重起见,在实验工厂先进行试验.设采用原来催化剂进行了 $n_1=5$ 次试验,得到获得率的平均值为 $\bar{x}=24.4$;又采用新的催化剂进行了 $n_2=5$ 次试验,得到获得率的平均值为 $\bar{y}=27$.假设两总体分别服从正态分布 $N_1(\mu_1,5)$ 和 $N_2(\mu_2,8)$,且它们相互独立.求两总体均值差 $\mu_1-\mu_2$ 的置信区间($\alpha=0.05$).

解 这是关于两个正态总体,方差已知,求总体均值差的置信区间的问题.由于 $n_1=n_2=5,\sigma_1^2=5,\sigma_2^2=8,\alpha=0.05$,查表得 $u_{1-\frac{\alpha}{2}}=u_{0.975}=1.96$,故 $\sqrt{\dfrac{\sigma_1^2}{n_1}+\dfrac{\sigma_2^2}{n_2}}=\sqrt{\dfrac{5}{5}+\dfrac{8}{5}}\approx1.61$.

$$\bar{x}-\bar{y}-u_{1-\frac{\alpha}{2}}\sqrt{\frac{\sigma_1^2}{n_1}+\frac{\sigma_2^2}{n_2}}=24.4-27-1.96\times1.61\approx-5.76,$$

$$\bar{x}-\bar{y}+u_{1-\frac{\alpha}{2}}\sqrt{\frac{\sigma_1^2}{n_1}+\frac{\sigma_2^2}{n_2}}=24.4-27+1.96\times1.61\approx0.56.$$

因此,$\mu_1-\mu_2$ 的置信度为 0.95 的置信区间为 $(-5.76,0.56)$.

2. 两个正态总体方差 $\sigma_1^2=\sigma_2^2=\sigma^2$ 未知,求均值差 $\mu_1-\mu_2$ 的区间估计

设 $S_{12}^2=\dfrac{(n_1-1)S_1^2+(n_2-1)S_2^2}{n_1+n_2-2}$,由抽样分布知随机变量

$$T=\frac{\bar{X}-\bar{Y}-(\mu_1-\mu_2)}{S_{12}\sqrt{\dfrac{1}{n_1}+\dfrac{1}{n_2}}} \sim t(n_1+n_2-2),$$

对于给定的 $\alpha(0<\alpha<1)$，查 t 分布表得 $t_{\frac{\alpha}{2}}(n_1+n_2-2)$，使

$$P(|T|<t_{\frac{\alpha}{2}}(n_1+n_2-2))=1-\alpha,$$

因此，$\mu_1-\mu_2$ 的 $1-\alpha$ 的置信区间为

$$\left(\overline{X}-\overline{Y}-t_{\frac{\alpha}{2}}(n_1+n_2-2)S_{12}\sqrt{\frac{1}{n_1}+\frac{1}{n_2}},\ \overline{X}-\overline{Y}+t_{\frac{\alpha}{2}}(n_1+n_2-2)S_{12}\sqrt{\frac{1}{n_1}+\frac{1}{n_2}}\right).$$

例 6.18　在选择酱油蛋白质原料时，分别从花生饼和菜籽饼中各随机抽取了 10 个样本作对比试验，测得花生饼的粗蛋白平均值 $\overline{x}_1=44.5\%$，标准差 $s_1=3.5\%$；菜籽饼的粗蛋白平均值 $\overline{x}_2=36.9\%$，标准差 $s_2=3.4\%$. 假设两总体都服从正态分布，且它们相互独立. 试估计两种酱油蛋白质原料在粗蛋白含量上相差 95% 的置信区间.

解　这是关于两个正态总体，方差未知，求总体均值差的置信区间的问题. $n_1=n_2=10$，查 t 分布表得 $t_{0.025}(n_1+n_2-2)=t_{0.025}(18)=2.1$，经计算算得

$$s_{12}^2=\frac{(n_1-1)s_1^2+(n_2-1)s_2^2}{n_1+n_2-2}=\frac{9\times0.035^2+9\times0.034^2}{18}=0.001\,19,$$

$$\overline{x}-\overline{y}-t_{\frac{\alpha}{2}}(n_1+n_2-2)s_{12}\sqrt{\frac{1}{n_1}+\frac{1}{n_2}}=0.445-0.369-2.1\times0.0345\times\frac{1}{\sqrt{5}}=0.0436,$$

$$\overline{x}-\overline{y}+t_{\frac{\alpha}{2}}(n_1+n_2-2)s_{12}\sqrt{\frac{1}{n_1}+\frac{1}{n_2}}=0.445-0.369+2.1\times0.0345\times\frac{1}{\sqrt{5}}=0.1084,$$

所以，两种酱油蛋白质原料在粗蛋白含量上的均值差 $\mu_1-\mu_2$ 相差 95% 的置信区间为 $(0.0436,0.1084)$.

3. 两个正态总体，均值 μ_1 和 μ_2 未知，求 $\dfrac{\sigma_1^2}{\sigma_2^2}$ 的区间估计

由抽样分布理论可知，$\dfrac{(n_1-1)S_1^2}{\sigma_1^2}\sim\chi^2(n_1-1)$，$\dfrac{(n_2-1)S_2^2}{\sigma_2^2}\sim\chi^2(n_2-1)$. 并且两个样本相互独立，则

$$F=\frac{\dfrac{(n_1-1)S_1^2}{\sigma_1^2}\Big/(n_1-1)}{\dfrac{(n_2-1)S_2^2}{\sigma_2^2}\Big/(n_2-1)}=\frac{S_1^2\sigma_2^2}{S_2^2\sigma_1^2}\sim F(n_1-1,n_2-1),$$

对于给定的 $\alpha(0<\alpha<1)$，由 F 分位表查出 $F_{1-\frac{\alpha}{2}}(n_1-1,n_2-1)$，$F_{\frac{\alpha}{2}}(n_1-1,n_2-1)$ 满足（见图 6.4）

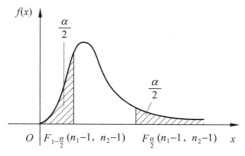

图　6.4

$$P(F \leqslant F_{1-\frac{\alpha}{2}}(n_1-1, n_2-1)) = \frac{\alpha}{2}, \quad P(F \geqslant F_{\frac{\alpha}{2}}(n_1-1, n_2-1)) = \frac{\alpha}{2},$$

于是

$$P\left(F_{1-\frac{\alpha}{2}}(n_1-1, n_2-1) < \frac{S_1^2 \sigma_2^2}{S_2^2 \sigma_1^2} < F_{\frac{\alpha}{2}}(n_1-1, n_2-1)\right) = 1-\alpha,$$

因此 $\frac{\sigma_1^2}{\sigma_2^2}$ 的 $1-\alpha$ 的置信区间为

$$\left(\frac{S_1^2}{S_2^2} \cdot \frac{1}{F_{\frac{\alpha}{2}}(n_1-1, n_2-1)}, \frac{S_1^2}{S_2^2} \cdot \frac{1}{F_{1-\frac{\alpha}{2}}(n_1-1, n_2-1)}\right).$$

例 6.19 设两位化验员 A, B 独立地对某种聚合物含氮量用相同的方法各做 10 次测定,其测定值的样本方差依次为 $s_A^2 = 0.5419, s_B^2 = 0.6065$. 设 σ_A^2, σ_B^2 分别为 A, B 所测定的测定值总体的方差. 设总体是正态的,且两样本独立. 求方差比 σ_A^2/σ_B^2 的置信水平为 0.95 的置信区间.

解 $n_1 = n_2 = 10, F_{\frac{\alpha}{2}}(n_1-1, n_2-1) = F_{0.025}(9,9) = 4.03,$

$$F_{1-\frac{\alpha}{2}}(n_1-1, n_2-1) = F_{0.975}(9,9) = \frac{1}{F_{0.025}(9,9)} \approx 0.25,$$

$$\frac{s_A^2}{s_B^2} \cdot \frac{1}{F_{\frac{\alpha}{2}}(n_1-1, n_2-1)} = \frac{0.5419}{0.6065} \times \frac{1}{4.03} \approx 0.2233,$$

$$\frac{s_A^2}{s_B^2} \cdot \frac{1}{F_{1-\frac{\alpha}{2}}(n_1-1, n_2-1)} = \frac{0.5419}{0.6065} \times \frac{1}{0.25} \approx 3.6.$$

所以,方差比 σ_A^2/σ_B^2 的置信水平为 0.95 的置信区间为 $(0.2233, 3.6)$.

6.2.3 单侧置信区间

在上述讨论中,对于未知参数 θ,我们给出两个统计量 $\hat{\theta}_1$ 和 $\hat{\theta}_2$,得到双侧置信区间 $(\hat{\theta}_1, \hat{\theta}_2)$. 但在某些实际问题中,例如,对于设备、元件的寿命来说,平均寿命长是我们所希望的,我们关心的是平均寿命 θ 的"下限";与之相反,在考虑化学药品中杂质含量的均值 μ 时,我们通常关心参数 μ 的"上限". 这就引出了单侧置信区间的概念.

定义 6.8 对于给定值 $\alpha(0 < \alpha < 1)$,若由样本 $X_1, X_2, \cdots, X_n$ 确定的统计量 $\hat{\theta}_1 = \hat{g}_1(X_1, X_2, \cdots, X_n)$,对于任意 θ 满足 $P(\theta > \hat{\theta}_1) = 1-\alpha$,则称随机区间 $(\hat{\theta}_1, +\infty)$ 是 θ 的置信水平为 $1-\alpha$ 的单侧置信区间,$\hat{\theta}_1$ 称为 θ 的置信水平为 $1-\alpha$ 的单侧置信下限.

又若统计量 $\hat{\theta}_2 = \hat{g}_2(X_1, X_2, \cdots, X_n)$,对于任意 θ 满足 $P(\theta < \hat{\theta}_2) = 1-\alpha$,称随机区间 $(-\infty, \hat{\theta}_2)$ 是 θ 的置信水平为 $1-\alpha$ 的单侧置信区间,$\hat{\theta}_2$ 称为 θ 的置信水平为 $1-\alpha$ 的单侧置信上限.

下面考虑一种形式的单侧置信区间,其余形式类似推广.

一个正态总体 $N(\mu, \sigma^2)$,方差 σ^2 已知,求均值 μ 的单侧置信上限和单侧置信下限. 设 $X_1, X_2, \cdots, X_n$ 是一个样本,由 $U = \frac{\overline{X}-\mu}{\sigma/\sqrt{n}} \sim N(0,1)$,有

$$P\left(\frac{\overline{X}-\mu}{\sigma/\sqrt{n}} < u_{1-\alpha}\right) = 1-\alpha,$$

即

$$P\left(\mu > \overline{X} - \frac{\sigma}{\sqrt{n}}u_{1-\alpha}\right) = 1-\alpha,$$

于是得到 μ 的一个置信水平为 $1-\alpha$ 的单侧置信区间 $\left(\overline{X} - \frac{\sigma}{\sqrt{n}}u_{1-\alpha}, +\infty\right)$. μ 的一个置信水平为 $1-\alpha$ 的单侧置信下限为 $\hat{\mu}_1 = \overline{X} - \frac{\sigma}{\sqrt{n}}u_{1-\alpha}$.

由

$$P\left(\frac{\overline{X}-\mu}{\sigma/\sqrt{n}} > -u_{1-\alpha}\right) = 1-\alpha,$$

即

$$P\left(\mu < \overline{X} + \frac{\sigma}{\sqrt{n}}u_{1-\alpha}\right) = 1-\alpha,$$

于是得到 μ 的一个置信水平为 $1-\alpha$ 的单侧置信区间 $\left(-\infty, \overline{X} + \frac{\sigma}{\sqrt{n}}u_{1-\alpha}\right)$. μ 的一个置信水平为 $1-\alpha$ 的单侧置信上限为 $\hat{\mu}_1 = \overline{X} + \frac{\sigma}{\sqrt{n}}u_{1-\alpha}$.

一般地,在形式上只要将双侧置信区间中的 $\frac{\alpha}{2}$ 换成 α,就得到相应的单侧置信区间的上下限了.

例 6.20 设某种清漆的 9 个样品,其干燥时间(以 h 计)分别为

6.0　5.7　5.8　6.5　7.0　6.3　5.6　6.1　5.0,

设干燥时间总体服从正态分布 $N(\mu, 0.36)$. 求 μ 的置信水平为 0.95 的单侧置信上限.

解 $\overline{x}=6, \alpha=0.05, \overline{x} + \frac{\sigma}{\sqrt{n}}u_{1-\alpha} = 6 + \frac{0.6}{\sqrt{9}} \times 1.65 = 6.33$,所以 μ 的置信水平为 0.95 的单侧置信上限为 6.33.

思政小课堂 17

【学】区间估计是依据抽取的样本,满足一定的正确度与精确度的要求,构造出适当的区间,作为总体分布的未知参数或参数的函数的真值所在范围的估计.例如人们常说的有百分之多少的把握保证某值在某个范围内,即是区间估计的最简单的应用.

【思】国家卫健委最近公布了 2020 年我国 18～44 岁男性和女性的平均身高分别为 169.7 厘米和 158 厘米,与 2015 年相比分别增加 1.6 厘米和 0.8 厘米.试估计目前在校大学生身高在父母身高之间的概率和大于父母最高身高的概率.

【悟】随着我国经济实力的不断提升,人民生活水平日益提高,我国人均身高不断增高,人均寿命不断提升,这充分体现了我们国家制度的优越性,尤其在 2019-nCoV 流行期间,国内疫情防控成果有目共睹.大家要增强民族自豪感和自信心,不断激发学习兴趣,用知识改变命运,为祖国的繁荣富强而努力奋斗.

习 题 6

一、填空题

1. 某炸药制造厂一天中发生的着火次数服从参数为 λ 的泊松分布. 现有以下样本值:

着火次数 k	0	1	2	3	4	5	6	7
发生 k 次着火的天数 n_k	5	10	12	8	3	2	0	0

则参数 λ 的矩估计值为_____.

2. 设总体 X 服从 $[0,\theta]$ 上的均匀分布, 其分布密度函数为

$$f(x;\theta)=\begin{cases} \dfrac{1}{\theta}, & 0\leqslant x\leqslant\theta, \\ 0, & \text{其他}, \end{cases}$$

则 θ 的矩估计量为_____.

3. 有一大批药品, 现从中随机取 5 袋, 称其重量如下(单位: g):

$$417.3 \quad 418.1 \quad 419.4 \quad 420.1 \quad 421.5,$$

则总体均值 μ 和方差 σ^2 的矩估计值为_____.

4. 一位地质学家为研究密歇根湖湖滩地区的岩石成分, 随机地自该地区取 100 个样品, 每个样品有 5 个石子, 记录了每个样品中属石灰石的石子数. 假设这 100 个观察相互独立, 并且由过去经验知, 它们都服从二项分布 $B(n,p)$, p 是这地区一块石子是石灰石的概率, 则 p 的矩估计值为_____.

已知该地质学家所得数据如下:

样品中属石灰石的石子数	0	1	2	3	4	5
观察到石灰石的样品个数	3	18	29	31	14	5

5. 设总体 X 服从参数为 λ 的泊松分布, 样本均值为 3.6, 则 λ 的极大似然估计值为_____.

6. 设总体 X 服从参数为 λ 的指数分布, 取一组样本值 $6.54,8.20,6.88,9.02,7.56$, 则 λ 的极大似然估计值为_____.

7. 设总体 $X\sim N(\mu,\sigma^2)$, μ 和 σ^2 均未知, $X_1,X_2,\cdots,X_n$ 是来自总体 X 的样本, 常数 $c=$ _____, 使 $\hat{\sigma}^2=c\sum\limits_{i=1}^{n-1}(X_{i+1}-X_i)^2$ 成为 σ^2 的无偏估计.

8. 设 $X_1,X_2,\cdots,X_n$ 是来自总体 $X\sim N(\mu,\sigma^2)$ 的样本, σ^2 已知, 则均值 μ 的置信度为 $1-\alpha$ 的置信区间是_____.

9. 某一种树苗, 其直径 $X\sim N(\mu,0.06)$. 某天从树苗中随机抽取 6 个, 测得直径依次为(单位: cm)$14.6,15.1,14.9,14.8,15.2,15.1$, 则平均直径 μ 的 95% 置信区间是_____.

10. 某正态总体的标准差 $\sigma=3\text{cm}$, 从中抽取 16 个样本, 其样本均值 $\bar{x}=13\text{cm}$, 则总体均值 μ 的 95% 置信区间是_____.

二、选择题

1. 设 X_1, X_2, X_3, X_4 是来自均值为 λ 的指数分布总体 X 的样本,其中 λ 未知. 设有估计量

$$T_1 = \frac{1}{3}(X_1 + X_2) + \frac{1}{6}(X_3 + X_4),$$

$$T_2 = (2X_1 + X_2 + 3X_3 + 4X_4)/5,$$

$$T_3 = (X_1 + X_2 + X_3 + X_4)/4,$$

$$T_4 = (X_1 + 2X_2 + 2X_3 + X_4)/6.$$

(1) T_1, T_2, T_3, T_4 中,(　　)是 λ 的无偏估计量.

  A. T_1 B. T_2 C. T_3 D. T_4

(2) 在上述 λ 的无偏估计量中,(　　)较为有效.

  A. T_1 B. T_2 C. T_3 D. T_4

2. 鲜奶每盒装质量 X 服从正态分布 $N(\mu, \sigma^2)$,对鲜奶产品进行抽样检查,随机抽取 10 盒产品,测得每盒质量数据如下(单位:g):496、499、481、499、489、492、491、495、494、502,则均值 μ 的 95% 置信区间是(　　).

  A. $(483.35, 504.25)$ B. $(489.49, 498.10)$

  C. $(483.46, 504.14)$ D. $(481.09, 506.51)$

3. 设 $\overline{X}, S^2$ 是来自正态总体 $N(\mu, \sigma^2)$ 的样本均值和样本方差,样本容量为 n,$|\overline{X} - \mu_0| > t_{\frac{\alpha}{2}}(n-1)\dfrac{S}{\sqrt{n}}$ 为(　　).

  A. $H_0: \mu = \mu_0$ 的拒绝域   B. $H_0: \mu = \mu_0$ 的接受域

  C. μ 的一个置信区间   D. σ 的一个置信区间

4. 设 $X_1, X_2, \cdots, X_n$ 是来自总体 $X \sim N(\mu, \sigma^2)$ 的样本,则 $\mu^2 + \sigma^2$ 的矩估计量是(　　).

  A. $\dfrac{1}{n}\displaystyle\sum_{i=1}^{n}(X_i - \overline{X})^2$ B. $\dfrac{1}{n-1}\displaystyle\sum_{i=1}^{n}(X_i - \overline{X})^2$

  C. $\displaystyle\sum_{i=1}^{n}X_i^2 - n\overline{X}^2$ D. $\dfrac{1}{n}\displaystyle\sum_{i=1}^{n}X_i^2$

三、计算题

1. 设总体 X 的概率密度函数为 $f(x;\theta) = \begin{cases} \theta x^{\theta-1}, & 0 < x < 1, \\ 0, & \text{其他}, \end{cases}$ 求未知参数 $\theta(\theta > 0)$ 的矩估计量和极大似然估计量.

2. 设总体 X 的概率密度函数为 $f(x;\theta) = \begin{cases} \dfrac{1}{\theta}x^{\frac{1-\theta}{\theta}}, & 0 < x < 1, \\ 0, & \text{其他}, \end{cases}$ $\theta > 0$. $X_1, X_2, \cdots, X_n$ 是来自总体 X 的样本,$x_1, x_2, \cdots, x_n$ 是样本值,求 θ 的极大似然估计量.

3. 设总体 X 在 $[a, b]$ 上服从均匀分布,a, b 未知. $X_1, X_2, \cdots, X_n$ 是来自总体 X 的样本,试求 a, b 的矩估计量.

4. 设总体 X 在 $[a, b]$ 上服从均匀分布,a, b 未知. $X_1, X_2, \cdots, X_n$ 是来自总体 X 的样本,$x_1, x_2, \cdots, x_n$ 是样本值,试求 a, b 的极大似然估计量.

5. 设总体 X 的分布律为

X	0	1	2	3
$f(x;\theta)$	θ^2	$2\theta(1-\theta)$	θ^2	$1-2\theta$

$X_1,X_2,\cdots,X_n$ 是来自总体 X 的一个样本,总体 X 的观察值是 $3,0,3,1,3,1,2,3$.(1)求参数 θ 的矩估计值;(2)若 $\theta\left(0<\theta<\dfrac{1}{2}\right)$ 是未知参数,试求参数 θ 的极大似然估计值.

6. 岩石密度的测量误差服从正态分布,随机抽测 9 个样品,检验结果如下:
$$-4.0 \quad 3.1 \quad 2.5 \quad -2.9 \quad 0.9 \quad 1.1 \quad 2.0 \quad -3.0 \quad 2.8,$$
取置信水平为 95%,求该岩石密度测量误差的均值 μ 和方差 σ^2 的置信区间.

7. 瑜伽和舍宾是近年来流行的休闲健身方式,某健身俱乐部对这两种方式减肥瘦身效果进行了数据统计,从瑜伽班和舍宾班中分别随机抽取 10 名和 15 名成员进行体重减轻量的调查,得到如下结果:

项目	体重减轻量/kg				
瑜伽	2.15	3.25	2.2	1.05	1.45
	2.75	3.5	1.95	2	2.05
舍宾	2.75	3.25	1.95	3.25	2.85
	3.45	2.5	1.95	3	2.2
	3.5	4.25	2.05	3.8	0.5

假设两总体都可认为服从正态分布,且方差相等,两样本独立.试以 5% 的显著性水平判断两种健身方式在减肥瘦身效果上是否有显著差别?

四、证明题

设总体 X 服从参数为 λ 的指数分布,$X_1,X_2,\cdots,X_n$ 是来自总体 X 的样本,证明:(1)样本均值 $\overline{X}$ 是 λ^{-1} 的无偏估计量,但 $\overline{X}^2$ 不是 λ^{-2} 的无偏估计量;(2)统计量 $\dfrac{n}{n+1}\overline{X}^2$ 是 λ^{-2} 的无偏估计量.

假 设 检 验

参数估计(parameter estimation)和假设检验(hypothesis testing)是统计推断的两个组成部分,它们都是利用样本对总体进行某种推断,然而推断的角度不同.参数估计讨论的是在总体分布类型已知的基础上,通过样本得到总体分布中未知参数的估计值.而在参数假设检验中,则是先对参数的值提出一个假设,然后利用样本信息去检验这个假设是否成立.因此,可以说,本章所讨论的内容是如何利用样本信息,对假设成立与否做出判断的一套程序.

7.1 假设检验的基本问题

7.1.1 假设问题的提出

现实生活中有大量的实例可以归结为假设检验的问题.本章的内容不妨从下面的例子谈起.

例 7.1 由统计资料知,1990 年某地新生儿的平均体重为 3300g,标准差 $\sigma = 80$,现从 1991 年的新生儿中随机抽取 100 个,测得其平均体重为 3320g,问 1990 的新生儿与 1991 年的新生儿相比,体重有无显著差异?

解 从调查结果看,1991 年新生儿的平均体重(3320g),比 1990 年新生儿的平均体重(3300g)增加了 20g,但是这 20g 的差异可能产生于两种不同的情况,一种情况是 1991 年新生儿的体重与 1990 年相比没有什么差别,20g 的差异是由抽样的随机性造成的;另一种情况是,抽样的随机性不可能造成 20g 这么大的差异,1991 年新生儿的体重与 1990 年的新生儿的体重相比确实有所增加.

上述问题的关键点是,20g 的差异说明了什么?这个差异能不能用抽样的随机性来解释?为了回答这个问题,我们采取下面的方法.

用 μ_0 表示 1990 年新生儿的平均体重,μ 表示 1991 年新生儿的平均体重,我们的假设可以表示为 $\mu = \mu_0$,现在的任务是利用 1991 年的新生儿体重的样本信息检验上述假设是否成立.如果成立,说明这两年新生儿的体重没有显著差异;如果不成立,说明 1991 年新生儿的体重有了明显增加.

7.1.2 假设的表达式

在上面的例子中,原假设采用等式的方式,即

$$H_0 : \mu = 3300(\text{g}).$$

这里 H_0 表示原假设,也称为零假设. μ 是我们要检验的参数,即 1991 年新生儿总体体重的均值.该表达式提出的命题是,1991 年的新生儿与 1990 年的新生儿在体重上没有什么差异.显然,3300g 是 1990 年新生儿体重的均值,是我们感兴趣的数值.如果用 μ_0 表示感兴趣的数值,原假设更一般的表达式为

$$H_0:\mu = \mu_0 \quad \text{或} \quad H_0:\mu - \mu_0 = 0.$$

尽管原假设陈述的是两个总体的均值相等,却不等于它是既定的事实,不过仅是假设而已,如果原假设不成立,就要拒绝原假设,而需要在另一个假设中做出选择,这个假设称为备择假设.在我们的例子中,备择假设的表达式为

$$H_1:\mu \neq 3300(\text{g}).$$

H_1 表示备择假设,它意味着 1991 年的新生儿与 1990 年的新生儿在体重上有明显的差异.备择假设更一般的表达式为

$$H_1:\mu \neq \mu_0 \quad \text{或} \quad H_1:\mu - \mu_0 \neq 0.$$

原假设与备择假设互斥,肯定原假设,意味着放弃备择假设;否定原假设,意味着接受备择假设.

7.1.3 假设检验的一般步骤

建立假设 H_0 只是假设检验的第一步,接下来要根据样本提供的信息对拒绝或接受 H_0 进行判断,判断的依据是"小概率原理".所谓"小概率原理"是指"小概率事件"在一次试验中几乎不可能发生的原理.

为判断 H_0 是否正确,可考虑 $\overline{X}$ 与 μ_0 之间差异是否显著.在统计学中,常根据 H_0 的内容构造一个"统计量"来描述这种差异.在此例中,若 H_0 成立,则样本均值 $\overline{X}$ 与总体均值 μ_0 之差应较小.假设样本取自正态总体 $N(\mu_0, \sigma^2)$,故 $\overline{X} \sim N\left(\mu_0, \dfrac{\sigma^2}{n}\right)$,因而,可以选择下面的统计量

$$U = \frac{\overline{X} - \mu_0}{\sigma/\sqrt{n}} \sim N(0,1). \tag{7.1}$$

为决定是否拒绝 H_0,可根据实际需要确定一个临界概率 α,由标准正态分布的临界值表,查得临界值 $u_{1-\frac{\alpha}{2}}$,使之满足

$$P\{|U| > u_{1-\frac{\alpha}{2}}\} = P\left\{\left|\frac{\overline{X} - \mu_0}{\sigma/\sqrt{n}}\right| > u_{1-\frac{\alpha}{2}}\right\} = \alpha.$$

由样本观测值计算出 $\overline{x}$,再代入式(7.1)中求出 U 的观测值 u,如果 $|u| > u_{1-\frac{\alpha}{2}}$,则拒绝 H_0,否则接受 H_0. $u_{1-\frac{\alpha}{2}}$ 称为临界值,区间 $(-\infty, -u_{1-\frac{\alpha}{2}})$ 和 $(u_{1-\frac{\alpha}{2}}, +\infty)$ 称为 H_0 的拒绝域,见图 7.1(阴影部分).

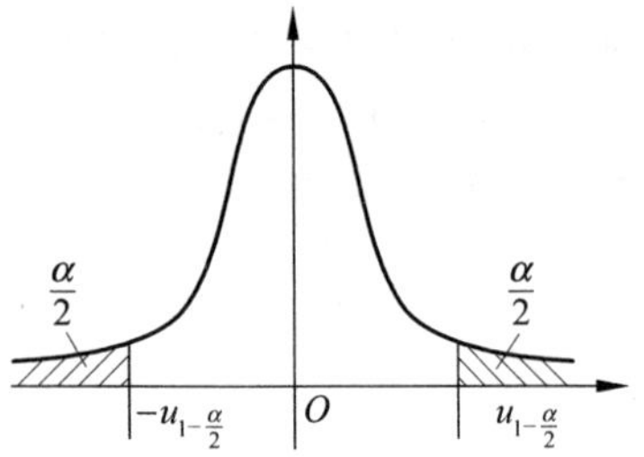

先取 $\alpha = 0.05$,按上述思路对例 7.1 进行检验.

样本均值 $\overline{x} = 3320$,$\sigma^2 = 80^2$,统计量 U 的观测值 $|u| = \dfrac{3320 - 3300}{80}\sqrt{100} = 2.5$,由 $\alpha = 0.05$,查表得 $u_{1-\frac{\alpha}{2}} = u_{0.975} = 1.96$.因为 $|u| = 2.5 > 1.96$,故拒绝 H_0,即认为与 1990 年相比,1991 年新生儿的体重有显著差异.

图 7.1

由例 7.1 的求解过程,可以归纳出假设检验问题的步骤如下.

(1) 根据实际问题提出原假设 H_0 与备择假设 H_1;

(2) 选取一个合适的统计量,在原假设 H_0 成立的条件下要知道它的分布;

(3) 选取适当的显著性水平 α,并确定拒绝域;

(4) 由样本观测值,做出统计推断.把实际得到的样本值代入统计量中,算出实际统计量的值,看实际统计量的值是否落在拒绝域中,以决定拒绝或接受原假设 H_0.

7.1.4　两个相关问题的说明

1. 两类错误

由于是统计假设检验,因此每一个检验都会犯两种类型的错误:一类是 H_0 为真却被我们给拒绝了,犯这种错误的概率用 α 表示;另一类错误是原假设为伪我们却没有拒绝,犯这种错误的概率为 β. 即

$$P(拒绝\ H_0 \mid H_0\ 为真) = \alpha,$$
$$P(接受\ H_0 \mid H_0\ 为伪) = \beta.$$

使犯两类错误的概率都小的检验是最优检验,但是可以证明,在样本容量 n 固定时,犯这两类错误的概率是相互制约的,我们无法使它们都尽可能地小.若要使得犯这两类错误的概率都很小,就必须有足够大的样本容量.为简单起见,在样本容量 n 固定时,我们着重对犯第一类错误的概率加以控制,使得 α 尽可能小,这样的检验称为显著性检验,α 称为显著性水平.本章的检验都是显著性检验.

2. 双侧检验与单侧检验

以例 7.1 为例,备择假设为 $H_1 : \mu \neq 3300(\mathrm{g})$,表示 μ 可能大于 3300,也可能小于 3300g,称形如例 7.1 的假设检验为双侧检验.

有时,我们只关心总体均值是否增大,例如,试验新工艺以提高材料的强度.这时,所考虑的总体的均值应该越大越好.如果我们能判断在新工艺下总体均值较以往正常生产的大,则可考虑采用新工艺.此时,我们需要检验假设

$$H_0 : \mu \leqslant \mu_0, \quad H_1 : \mu > \mu_0. \tag{7.2}$$

形如式(7.2)的假设检验,称为右侧检验.类似地,有时我们需要检验假设

$$H_0 : \mu \geqslant \mu_0, \quad H_1 : \mu < \mu_0. \tag{7.3}$$

形如式(7.3)的假设检验,称为左侧检验.右侧检验和左侧检验统称为单侧检验.

单侧检验的具体步骤与双侧检验相同.

采用单侧检验还是双侧检验,要根据实际情况决定.本章重点介绍双侧检验.

7.2　单个正态总体的参数假设检验

我们假定总体 $X \sim N(\mu, \sigma^2)$,$X_1, X_2, \cdots, X_n$ 是从 X 中抽取的一个样本,$\overline{X} = \dfrac{1}{n}\sum_{i=1}^{n} X_i$

为样本均值,$S^2 = \dfrac{1}{n-1}\sum_{i=1}^{n}(X_i - \overline{X})^2$ 是样本方差.

以下分几种情况进行讨论.

7.2.1 关于总体均值 μ 的检验

1. 总体方差已知(U-检验)

设 $X_1, X_2, \cdots, X_n$ 是取自正态总体 $N(\mu, \sigma^2)$ 的一个子样,$\sigma^2 = \sigma_0^2$ 是一个已知常数. 对未知参数 μ 进行假设检验,

$$H_0: \mu = \mu_0, \quad H_1: \mu \neq \mu_0.$$

若 H_0 为真,则由于 $\overline{X}$ 是 μ 的无偏估计,即 $E(\overline{X}) = \mu$,因此 $|\bar{x} - \mu_0|$ 不应太大,若 $|\bar{x} - \mu_0| \geqslant k$ 就否定 H_0,即此检验法则的临界域为 $\{|\bar{x} - \mu_0| \geqslant k\}$,其中 k 为某个适当的常数. 又因为

$$\left\{ \left| \frac{\bar{x} - \mu_0}{\sigma_0 / \sqrt{n}} \right| \geqslant \frac{k}{\sigma_0 / \sqrt{n}} \right\}$$

与 $\{|\bar{x} - \mu_0| \geqslant k\}$ 是等价的,而当 H_0 为真时,

$$\frac{\overline{X} - \mu_0}{\sigma / \sqrt{n}} \sim N(0, 1),$$

因此,为了计算方便,我们选取统计量

$$U = \frac{\overline{X} - \mu_0}{\sigma / \sqrt{n}}.$$

在给定显著性水平 α 以后,由

$$P(|U| > u_{1-\frac{\alpha}{2}}) = \alpha,$$

查标准正态分布表可得临界值 $u_{1-\frac{\alpha}{2}}$,故拒绝域为

$$W = (-\infty, -u_{1-\frac{\alpha}{2}}) \bigcup (u_{1-\frac{\alpha}{2}}, +\infty).$$

然后计算 $u = \dfrac{\bar{x} - \mu_0}{\sigma_0 / \sqrt{n}}$.

若由样本观测值计算后 $|u| > u_{1-\frac{\alpha}{2}}$,则拒绝 H_0,否则接受 H_0.

上面的分析过程可以概括为以下步骤:

(1) 建立原假设 $H_0: \mu = \mu_0$,备择假设 $H_1: \mu \neq \mu_0$.

(2) 构造统计量,如果 H_0 成立,则 $U = \dfrac{\overline{X} - \mu_0}{\sigma / \sqrt{n}} \sim N(0, 1)$.

(3) 选定显著性水平 α,由标准正态分布的数值表查得临界值 $u_{1-\frac{\alpha}{2}}$,使其满足 $P\{|U| > u_{1-\frac{\alpha}{2}}\} = \alpha$,于是 H_0 的拒绝域为 $|U| > u_{1-\frac{\alpha}{2}}$.

(4) 根据样本观测值 $x_1, x_2, \cdots, x_n$,计算出统计量 U 的观测值 u.

(5) 判断:若 $|u| > u_{1-\frac{\alpha}{2}}$,则拒绝 H_0,否则接受 H_0.

例 7.2 某市高三学生毕业会考,数学成绩的平均分为 70 分,现随机抽查 10 名女生的会考成绩如下:

$$65 \quad 72 \quad 89 \quad 56 \quad 79 \quad 63 \quad 92 \quad 48 \quad 75 \quad 81,$$

若已知女生的会考成绩服从正态分布,且标准差为 10 分,问女生的会考平均成绩是否为 70 分($\alpha = 0.05$)?

解 $H_0:\mu=70,H_1:\mu\neq70.$

采用 U-检验，选用统计量

$$U=\frac{\overline{X}-\mu_0}{\sigma/\sqrt{n}}.$$

当 H_0 为真时，$U\sim N(0,1)$. 由 $P(|U|>u_{1-\frac{\alpha}{2}})=0.05$，查表得 $u_{1-\frac{\alpha}{2}}=u_{0.975}=1.96.$ 而

$$|u|=\left|\frac{\overline{x}-\mu_0}{\sigma/\sqrt{n}}\right|=\left|\frac{72-70}{10/\sqrt{10}}\right|=0.63,$$

因为 $|u|<u_{0.975}$，所以接受 H_0，即在显著性水平 0.05 下可以认为女生的会考平均成绩也为 70 分.

例 7.3 某公司计划从养牛场购买牛奶. 公司担心奶农在牛奶中掺水影响牛奶品质. 因此，公司通过测定牛奶的冰点，来检验牛奶是否掺水. 未掺水牛奶的冰点温度近似服从正态分布，均值 $\mu_0=-0.545℃$，标准差 $\sigma=0.008℃$. 牛奶掺水可使冰点温度升高而接近于水的冰点温度(0℃). 测得养牛场提供的 6 批牛奶的冰点温度，其均值为 $\overline{x}=-0.535℃$，问是否可以认为奶农在牛奶中掺了水($\alpha=0.05$)?

解 按题意建立假设

$$H_0:\mu\leqslant\mu_0=-0.545℃(假设牛奶未掺水),$$
$$H_1:\mu>\mu_0(假设牛奶已掺水).$$

这是右侧检验问题，由于 H_0 中的 μ 要比 H_1 中的 μ 要小，当 H_1 为真时，观测值 $\overline{x}$ 往往偏大，如果 $\overline{x}\geqslant k$ (k 是一个大于 0 的常数)，就拒绝 H_0. 又因为

$$\left\{\frac{\overline{x}-\mu}{\sigma/\sqrt{n}}\geqslant\frac{k-\mu_0}{\sigma/\sqrt{n}}\right\}$$

与 $\overline{x}\geqslant k$ 是等价的，由于 $U=\frac{\overline{X}-\mu}{\sigma/\sqrt{n}}\sim N(0,1)$，在给定显著性水平 α 以后，由

$$P(U>u_{1-\alpha})=\alpha$$

查标准正态分布表可得临界值 $u_{1-\alpha}$，故拒绝域为 $W=(u_{1-\alpha},+\infty)$，见图 7.2(阴影部分).

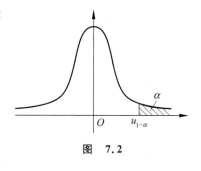

图 7.2

在本题中，$\alpha=0.05$，查表可得 $u_{0.95}=1.645$，而 $u=\dfrac{-0.535-(-0.545)}{0.008/\sqrt{6}}=2.7951>1.645$，$u$ 的值落在拒绝域中，因此，拒绝 H_0，即认为奶农在牛奶中掺了水.

2. 总体方差未知(T-检验)

设 $X_1,X_2,\cdots,X_n$ 是取自正态总体 $N(\mu,\sigma^2)$ 的一个样本，σ^2 未知. 对未知参数 μ 进行假设检验.

假设检验的步骤如下:

(1) 建立原假设 $H_0:\mu=\mu_0$，备择假设 $H_1:\mu\neq\mu_0$.

(2) 构造统计量，如果 H_0 成立，则 $T=\dfrac{\overline{X}-\mu_0}{S/\sqrt{n}}\sim t(n-1)$.

(3) 选定显著性水平 α，由 t 分布的数值表查得临界值 $t_{\frac{\alpha}{2}}(n-1)$，使其满足 $P\{|T|>t_{\frac{\alpha}{2}}(n-1)\}=\alpha$，于是 H_0 的拒绝域为 $|T|>t_{\frac{\alpha}{2}}(n-1)$.

(4) 根据样本观测值 $x_1, x_2, \cdots, x_n$,计算出统计量 T 的观测值 t.

(5) 判断:若 $|t| > t_{\frac{\alpha}{2}}(n-1)$,则拒绝 H_0,否则接受 H_0.

例7.4 某机器生产出的肥皂厚度为5cm,想了解机器性能是否良好,随机抽取10块肥皂为样本,测得平均厚度为5.3cm,标准差为0.3cm,试以0.05的显著性水平检验机器性能是否良好.

解 $H_0: \mu = 5, H_1: \mu \neq 5$.

采用 T-检验,选用统计量 $T = \dfrac{\overline{X} - \mu_0}{S/\sqrt{n}}$.

当 H_0 为真时,$T \sim t(9)$. 由 $P\{|T| > t_{0.025}(9)\} = 0.05$,查表得 $t_{0.025}(9) = 2.2622$,而

$$|t| = \left| \frac{\overline{x} - \mu_0}{s/\sqrt{n}} \right| = \frac{5.3 - 5}{0.3/\sqrt{10}} = 3.16,$$

因为 $|t| > t_{0.025}(9)$,所以拒绝 H_0,接受 H_1,说明该机器的性能不好.

7.2.2 总体方差 σ^2 的检验(χ^2-检验)

设 $X_1, X_2, \cdots, X_n$ 是取自正态总体 $N(\mu, \sigma^2)$ 的一个样本,要检验 $H_0: \sigma^2 = \sigma_0^2, H_1: \sigma^2 \neq \sigma_0^2$. 由第5章关于 χ^2 分布的定理可知,当原假设 H_0 成立时,

$$\chi^2 = \frac{(n-1)S^2}{\sigma_0^2} \sim \chi^2(n-1).$$

由 S^2 与 σ^2 的比值看它们之间的差异是否显著. 由于 $E(S^2) = \sigma^2$,因此当 H_0 不成立时,统计量 χ^2 有变大或变小的趋势,故应采用双侧检验法. 对于给定的显著性水平 α,可查 χ^2 分布的临界值表得到 $\chi^2_{1-\frac{\alpha}{2}}(n-1)$ 和 $\chi^2_{\frac{\alpha}{2}}(n-1)$,满足 $P\{\chi^2_{1-\frac{\alpha}{2}}(n-1) < \chi^2 < \chi^2_{\frac{\alpha}{2}}(n-1)\} = 1-\alpha$,于是在 H_0 成立时,统计量 χ^2 的观测值 $\chi^2 = \dfrac{(n-1)S^2}{\sigma_0^2}$ 落在区间 $[\chi^2_{1-\frac{\alpha}{2}}(n-1), \chi^2_{\frac{\alpha}{2}}(n-1)]$ 之外时,拒绝 H_0.

基本步骤如下:

(1) 建立原假设 $H_0: \sigma^2 = \sigma_0^2$,备择假设 $H_1: \sigma^2 \neq \sigma_0^2$.

(2) 构造统计量,如果 H_0 成立,则 $\chi^2 = \dfrac{(n-1)S^2}{\sigma_0^2} \sim \chi^2(n-1)$.

(3) 选定显著性水平 α,查 χ^2 分布的临界值表得到 $\chi^2_{1-\frac{\alpha}{2}}(n-1)$ 和 $\chi^2_{\frac{\alpha}{2}}(n-1)$,使其满足 $P\{\chi^2_{1-\frac{\alpha}{2}}(n-1) < \chi^2 < \chi^2_{\frac{\alpha}{2}}(n-1)\} = 1-\alpha$,于是 H_0 的拒绝域为 $\chi^2 < \chi^2_{1-\frac{\alpha}{2}}(n-1)$ 和 $\chi^2 > \chi^2_{\frac{\alpha}{2}}(n-1)$.

(4) 根据样本观测值 $x_1, x_2, \cdots, x_n$,计算出统计量 χ^2 的观测值.

(5) 判断:若 $\chi^2 < \chi^2_{1-\frac{\alpha}{2}}(n-1)$ 或 $\chi^2 > \chi^2_{\frac{\alpha}{2}}(n-1)$,则拒绝 H_0,否则接受 H_0.

例7.5 某厂生产一种零件,其直径长期以来服从方差 $\sigma^2 = 0.0002 \text{cm}^2$ 的正态分布. 最近生产了一批这种零件,为检验其直径的方差是否有了变化,故从中抽取了10个并测量其直径,得到如下数据(单位:cm):

   1.19 1.21 1.21 1.18 1.17 1.20 1.20 1.17 1.19 1.18,

据此能否断定这批零件的方差较以往有了显著变化($\alpha = 0.05$)?

解　这是一个关于正态总体,对总体方差的双侧检验问题,应采用 χ^2-检验法.

建立原假设 $H_0:\sigma^2=\sigma_0^2=0.0002$,备择假设 $H_1:\sigma^2\neq\sigma_0^2$.

当 H_0 为真时,统计量 $\chi^2=\dfrac{(n-1)S^2}{\sigma_0^2}\sim\chi^2(n-1)$.

对于 $\alpha=0.05$,查 χ^2 分布的临界值表,得

$$\chi_{\frac{\alpha}{2}}^2(n-1)=\chi_{0.025}^2(9)=19.023,\quad \chi_{1-\frac{\alpha}{2}}^2(n-1)=\chi_{0.975}^2(9)=2.700,$$

故有拒绝域:$W=(0,2.700)\bigcup(19.023,+\infty)$.

经计算

$$\bar{x}=\frac{1}{10}(1.19+1.21+\cdots+1.18)=1.19,$$

$$s^2=\frac{1}{n-1}\sum_{i=1}^{10}(x_i-\bar{x})^2$$

$$=\frac{1}{9}\big[(1.19-1.19)^2+(1.21-1.19)^2+\cdots+(1.18-1.19)^2\big]$$

$$=0.000\,22,$$

进而求得

$$\chi^2=\frac{(n-1)s^2}{\sigma_0^2}=\frac{9\times0.000\,22}{0.0002}=9.9.$$

由于 $\chi^2=9.9\notin W$,所以接受 H_0,即认为这批零件直径的方差没有显著变化.

有时我们关心方差是否变大,常常采用单侧检验法,即选择备则假设为 $H_1:\sigma^2>\sigma_0^2$.对于选定的 α,查出 χ^2 分布(自由度为 $n-1$)的上侧临界值 $\chi_\alpha^2(n-1)$.若 $\chi^2>\chi_\alpha^2(n-1)$,则拒绝 H_0;否则接受 H_0,拒绝域如图 7.3 所示(阴影部分).

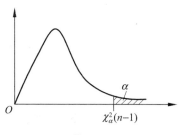

图　7.3

例 7.6　假定一台自动装配磁带的机器装配每盒磁带的长度服从正态分布,如果磁带长度的标准差不超过 0.15cm,则认为机器工作正常,不然则需要调整机器.现抽取 10 盒磁带测量其磁带长度,经计算子样方差为 0.028cm^2,这时机器是否工作正常($\alpha=0.05$)?

解　设磁带长度 $X\sim N(\mu,\sigma^2)$,$H_0:\sigma^2\leqslant0.15^2$,$H_1:\sigma^2>0.15^2$.

因为磁带长度的方差越小越好,所以采用单侧 χ^2-检验法,选用统计量

$$\chi^2=\frac{(n-1)S^2}{\sigma_0^2}.$$

当 H_0 为真时,统计量 $\chi^2=\dfrac{(n-1)S^2}{\sigma_0^2}\sim\chi^2(9)$.

由 $P(\chi^2>\chi_{0.05}^2(9))=0.05$,查表得临界值 $\chi_{0.05}^2(9)=16.99$,而

$$\chi^2=\frac{(n-1)s^2}{\sigma_0^2}=\frac{9\times0.028}{0.15^2}=11.2,$$

因为 $\chi^2<\chi_{0.05}^2(9)$,所以接受 H_0,即在显著性水平 0.05 下可以认为机器工作正常.

思政小课堂 18

【学】实际生产和科学实验中,大量工作是在获得一批数据后,要对母体的某一参数进行估计和检验.例如对某种钢的断裂韧性测定中取得了一批数据,求其断裂韧性的平均值,或求其断裂韧性的单侧下限值,这就是参数估计的问题.经过长期的积累,知道了某材料的断裂韧性的平均值和标准差,经改进热处理后,又测得一批数据,试问新工艺与老工艺相比是否有显著差异,这就是假设检验的问题.参数估计是假设检验的第一步,没有参数估计,也就无法完成假设检验.

【思】正确区分总体方差和样本方差,合理选择统计量,对实际问题进行参数估计和假设检验.课本上例题都是简化的实际问题,在学习例题时还需要逆向思考,如何把一个实际问题凝练成一道例题,这个过程就是一个数学知识应用的过程.

【悟】大家要通过学习,增强提出问题,分析问题,解决问题的能力.正如:"只有教育才能使一个人对自己的观点的判断有清醒的自觉的认识,只有教育才能令他阐明观点时有道理,表达时有说服力,鼓动时有力量."

7.3 两个正态总体的参数检验

在许多情况下,人们需要比较两个总体的参数,看它们是否有显著的区别.例如,比较两种种植密度的平均单产之间是否存在差异;同一种教学方法,在不同的年级或不同内容的课程中是否会有不同的效果等.对此,可以利用两个总体参数的检验寻找答案.

设 $X_1, X_2, \cdots, X_{n_1}$ 是来自正态总体 $N(\mu_1, \sigma_1^2)$ 的样本, $Y_1, Y_2, \cdots, Y_{n_2}$ 是来自正态总体 $N(\mu_2, \sigma_2^2)$ 的样本,并且这两个样本相互独立.

7.3.1 两个正态总体均值的参数检验

1. 方差 σ_1^2, σ_2^2 已知,检验均值 $\mu_1 = \mu_2$

假设检验的基本步骤如下:

(1) 建立原假设 $H_0: \mu_1 = \mu_2$,备择假设 $H_1: \mu_1 \neq \mu_2$.

(2) 构造统计量,如果 H_0 成立,则 $U = \dfrac{\bar{X} - \bar{Y}}{\sqrt{\dfrac{\sigma_1^2}{n_1} + \dfrac{\sigma_2^2}{n_2}}} \sim N(0, 1)$.

(3) 选定显著性水平 α,由标准正态分布的数值表查得临界值 $u_{1-\frac{\alpha}{2}}$,使其满足 $P\{|U| > u_{1-\frac{\alpha}{2}}\} = \alpha$,于是 H_0 的拒绝域为 $|U| > u_{1-\frac{\alpha}{2}}$.

(4) 根据样本观测值 $x_1, x_2, \cdots, x_{n_1}; y_1, y_2, \cdots, y_{n_2}$,计算出统计量 U 的观察值 u.

(5) 判断: 若 $|u| > u_{1-\frac{\alpha}{2}}$,则拒绝 H_0,否则接受 H_0.

例 7.7 全市高三学生进行数学毕业会考,随机抽取 10 名男生的会考成绩为 65　72　89　56　79　63　92　48　75　81;随机抽取 8 名女生的会考成绩为 78　69　65　61　54　87　51　67.若男生的会考成绩 $X \sim N(\mu_1, 10^2)$,女生的会考成绩 $Y \sim N(\mu_2, 9.5^2)$,试问:男生和女生的平均成绩是否相同($\alpha = 0.05$)?

解　$H_0: \mu_1 = \mu_2, H_1: \mu_1 \neq \mu_2$.

选取统计量

$$U = \frac{\overline{X} - \overline{Y}}{\sqrt{\dfrac{\sigma_1^2}{n_1} + \dfrac{\sigma_2^2}{n_2}}}.$$

当 H_0 为真时,$U \sim N(0,1)$.

对 $\alpha = 0.05$,查标准正态分布表得 $u_{1-\frac{\alpha}{2}} = u_{0.975} = 1.96$,故有拒绝域为

$$(-\infty, -1.96) \bigcup (1.96, +\infty).$$

由样本值计算可得 $\overline{x} = 72, \overline{y} = 66.5, n_1 = 10, n_2 = 8, \sigma_1^2 = 10^2, \sigma_2^2 = 9.5^2, u =$

$$\frac{72 - 66.5}{\sqrt{\dfrac{10^2}{10} + \dfrac{9.5^2}{8}}} = 1.19.$$

因为 $|u| < u_{1-\frac{\alpha}{2}}$,所以接受 H_0,即在显著性水平 0.05 下可以认为男生和女生的平均成绩相等.

2. 方差 σ_1^2, σ_2^2 未知,但是 $\sigma_1^2 = \sigma_2^2$,检验均值

(1) 建立原假设 $H_0: \mu_1 = \mu_2$,备择假设 $H_1: \mu_1 \neq \mu_2$.

(2) 构造统计量,如果 H_0 成立,则 $T = \dfrac{\overline{X} - \overline{Y}}{S_{12}\sqrt{\dfrac{1}{n_1} + \dfrac{1}{n_2}}} \sim t(n_1 + n_2 - 2)$.

(3) 选定显著性水平 α,由 t 分布的数值表查得临界值 $t_{\frac{\alpha}{2}}(n_1 + n_2 - 2)$,使其满足 $P\{|T| > t_{\frac{\alpha}{2}}(n_1 + n_2 - 2)\} = \alpha$,于是 H_0 的拒绝域为 $|T| > t_{\frac{\alpha}{2}}(n_1 + n_2 - 2)$.

(4) 根据样本观测值 $x_1, x_2, \cdots, x_n; y_1, y_2, \cdots, y_n$,计算出统计量 T 的观察值 t.

(5) 判断:若 $|t| > t_{\frac{\alpha}{2}}(n_1 + n_2 - 2)$,则拒绝 H_0,否则接受 H_0.

例 7.8　有两种灯泡,一种用 A 型灯丝,另一种用 B 型灯丝,随机地抽取两种灯泡各 10 只试验,得到灯泡的寿命(单位:h):

A 型:1293,1380,1614,1497,1340,1643,1466,1677,1387,1711;

B 型:1061,1065,1092,1017,1021,1138,1143,1094,1028,1119.

设两种灯泡的寿命服从正态分布,且方差相等,试检验这两种灯泡平均寿命之间是否存在显著差异($\alpha = 0.05$)?

解　这是关于两个正态总体,方差未知但相等,对总体均值差异性的双侧检验问题.

$$H_0: \mu_1 = \mu_2, \quad H_1: \mu_1 \neq \mu_2.$$

当 H_0 为真时,统计量 $T = \dfrac{\overline{X} - \overline{Y}}{S_{12}\sqrt{\dfrac{1}{n_1} + \dfrac{1}{n_2}}} \sim t(n_1 + n_2 - 2)$.

由 $n_1 = n_2 = 10, \alpha = 0.05$,查 t 分布表可得 $t_{\frac{\alpha}{2}}(n_1 + n_2 - 2) = t_{0.025}(18) = 2.1009$,故有拒绝域 $W =$ 为 $(-\infty, -2.1009) \bigcup (2.1009, +\infty)$.

由样本值经计算得到

$$\overline{x} = 1500.8, \quad s_1^2 = 22\,896.84;$$

$$\overline{y} = 1077.8, \quad s_2^2 = 2209.51;$$

$$s_{12}^2 = \frac{(n_1-1)s_1^2 + (n_2-1)s_2^2}{n_1+n_2-2} = \frac{9 \times 22\,896.84 + 9 \times 2209.51}{18} = 12\,553.18,$$

$$t = \frac{1500.8 - 1077.8}{\sqrt{12\,553.18} \times \sqrt{\frac{1}{10} + \frac{1}{10}}} = 8.44.$$

因为 $t=8.44 \in W$,故拒绝 H_0,即认为这两种灯泡的平均寿命存在显著差异.

3. 成对数据的 T-检验法

有时为了比较两种产品、两种仪器或两种方法的差异,我们常在相同的条件下进行对比试验,得到一对成对观察值,然后分析观察数据做出推断,这种方法称为成对比较法.

在配对试验中,设两个总体为

$$X \sim N(\mu_1, \sigma_1^2), \quad Y \sim N(\mu_2, \sigma_2^2),$$

$X_1, X_2, \cdots, X_n$ 和 $Y_1, Y_2, \cdots, Y_n$ 是分别取自两个总体的样本.

记 $D_i = X_i - Y_i (i=1,2,\cdots,n)$,则样本均值和方差为

$$\overline{D} = \frac{1}{n}\sum_{i=1}^{n}D_i, \quad S_d^2 = \frac{1}{n-1}\sum_{i=1}^{n}(D_i - \overline{D})^2.$$

设 $D_1, D_2, \cdots, D_n$ 是取自正态总体 $D = X - Y \sim N(\mu_1 - \mu_2, \sigma^2)$ 的样本,虽然方差 σ^2 未知,但当 $H_0: \mu_1 = \mu_2$ 成立时,有

$$T = \frac{\overline{D}}{S_d/\sqrt{n}} = \frac{\overline{D}}{\sqrt{\sum_{i=1}^{n}(D_i - \overline{D})^2/[n(n-1)]}} \sim t(n-1).$$

例 7.9 有甲、乙两台仪器,用来测量某种材料中金属的含量,为鉴定它们的测量结果是否存在显著差异,制备了 9 件试块,现在用两台仪器分别对每个试块测量一次,得到 9 对观测值,如表 7.1 所示.

表 7.1

甲	0.20	0.30	0.40	0.50	0.60	0.70	0.80	0.90	1.00
乙	0.10	0.21	0.52	0.32	0.78	0.59	0.68	0.77	0.89

问能否认为这两台仪器测量结果存在显著性差异($\alpha = 0.01$)?

解 这是成对数据的差异性检验问题.

建立原假设 $H_0: \mu_1 = \mu_2$,备择假设 $H_1: \mu_1 \neq \mu_2$.

当 H_0 为真时,统计量 $T = \dfrac{\overline{D}}{\sqrt{\sum_{i=1}^{n}(D - \overline{D})^2/[n(n-1)]}} \sim t(n-1)$.

对于 $\alpha = 0.01$,查 t 分布表得 $t_{\frac{\alpha}{2}}(n-1) = t_{0.005}(8) = 3.3554$,故有拒绝域 $W = (-\infty, -3.3554) \cup (3.3554, +\infty)$.

计算 d_i 列表如下(表 7.2).

又 $\overline{d} = 0.06$,$s_d = 1.227$,由于统计量 T 的观测值 $|t| = 1.467 < 3.3554$,所以接受 H_0.即这两台仪器的测量结果没有显著性差异.

表　7.2

x_i	0.20	0.30	0.40	0.50	0.60	0.70	0.80	0.90	1.00
y_i	0.10	0.21	0.52	0.32	0.78	0.59	0.68	0.77	0.89
d_i	0.10	0.09	-0.12	0.18	-0.18	0.11	0.12	0.13	0.11
$(d_i-\bar d)^2$	0.0016	0.0009	0.0324	0.0144	0.0576	0.0025	0.0036	0.0049	0.0025

7.3.2　两个正态总体方差的差异性检验

在前面两总体均值差异性检验中,要求两总体的方差相等.如果不知道两总体的方差是否相等,也可以用统计方法进行检验,这就是所谓的方差齐性检验.

设两总体 $X\sim N(\mu_1,\sigma_1^2)$,$Y\sim N(\mu_2,\sigma_2^2)$,并设 μ_1 和 μ_2 未知,待检验的假设是
$$H_0:\sigma_1^2=\sigma_2^2.$$

设 $X_1,X_2,\cdots,X_{n_1}$ 和 $Y_1,Y_2,\cdots,Y_{n_2}$ 分别是来自总体 X 和 Y 的相互独立的样本,则
$$S_1^2=\frac{1}{n_1-1}\sum_{i=1}^{n_1}(X_i-\overline X)^2\quad\text{和}\quad S_2^2=\frac{1}{n_2-1}\sum_{i=1}^{n_2}(Y_i-\overline Y)^2$$
分别是 σ_1^2 和 σ_2^2 的无偏估计.故当 H_0 成立时,S_1^2 与 S_2^2 之比应接近于 1;相反,若二者之比与 1 相比过大或过小,则应拒绝 H_0.由第 5 章 F 分布的性质可知,当 H_0 成立时,有
$$F=\frac{S_1^2}{S_2^2}\sim F(n_1-1,n_2-1),$$
于是上面的统计量可用于方差齐性检验.

实际应用中,由于 F 分布临界值表的值都大于 1,常采用单侧检验方法.对于给定的显著性水平 α,可按自由度 n_1-1 和 n_2-1,查得 F 分布的临界值 F_α,满足
$$P(F>F_\alpha)=\alpha.$$

当统计量 F 的观测值 F 落入区间 $(F_\alpha,+\infty)$ 之内时,就拒绝 H_0,拒绝域如图 7.4 所示.

注意在统计量 F 的表达式中,应取 S_1^2 和 S_2^2 中的较大者为分子,从而保证 $F>1$.而若 $S_2^2>S_1^2$,由 F 分布的性质知 $F=\dfrac{S_2^2}{S_1^2}\sim F(n_2-1,n_1-1)$,应注意查表时参数的不同.

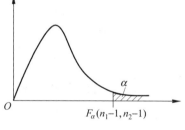

图　7.4

例 7.10　对例 7.8 中的数据检验两总体的方差是否相等(取 $\alpha=0.05$).

解　这是关于两个正态总体、均值未知、对方差齐性的检验问题.

建立原假设 $H_0:\sigma_1^2=\sigma_2^2$,备择假设 $H_1:\sigma_1^2\neq\sigma_2^2$.

当 H_0 为真时,统计量
$$F=\frac{S_1^2}{S_2^2}\sim F(n_1-1,n_2-1).$$

对于 $\alpha=0.05$,查 F 分布表得 $F_\alpha(n_1-1,n_2-1)=F_{0.05}(9,9)=3.18$,故有拒绝域 $W=(3.18,+\infty)$.

由例 7.8 知，$s_1^2 = 22\,896.84$，$s_2^2 = 2209.51$，所以有

$$F_0 = \frac{s_1^2}{s_2^2} = \frac{22\,896.84}{2209.51} = 10.36.$$

由于 $F_0 = 10.36 \in W$，故拒绝 H_0，即可以认为两种灯泡寿命的方差之间存在显著差异.由此看来，在例 7.8 中设定上述两个方差相等并不合理.

在实际问题中，在进行两个正态总体的均值差异性检验之前，一般要先进行方差齐性检验.如果对假设 $H_0: \sigma_1^2 = \sigma_2^2$ 的检验结果是不显著的，则可视 $\sigma_1^2 = \sigma_2^2$，再对假设 $H_0: \mu_1 = \mu_2$ 进行检验；如果对假设 $H_0: \sigma_1^2 = \sigma_2^2$ 的检验结果是显著的，一般不能直接进行均值之间的差异性检验.此时，解决的办法是：对数据进行适当的变换，但变换后的数据满足方差齐性的要求，进而对变换后的数据进行均值的差异性检验.由于这种检验过于复杂，故在此不作介绍.

思政小课堂 19

【学】两个正态总体的参数检验是大样本生产实践和科学实验常用的方法.方差已知和方差未知对均值的检验，成对数据的检验，方差的差异性检验是将来从事生产实践及科研工作的重要数学工具.

【思】思考两个正态总体的参数检验与单因素正态总体参数检验的区别，思考正态分布的标准化对概率论与数理统计课程的重要性.

【悟】复杂的问题简单化、标准化、规范化.理性的分析问题，勇敢挑战自己，通过学习武装自己，不断增强社会责任感，永不言弃，做对家庭、社会、国家有用的人.

7.4 非参数假设检验

前两节的假设检验都是在已知总体的分布类型(如正态分布)的情况下进行的，但是在许多问题中，总体不一定是正态分布，甚至总体的分布未知.为此，本节介绍统计上常用的不依赖于总体分布及其参数知识的检验——非参数假设检验方法.

7.4.1 χ^2-拟合优度检验

这是在总体分布未知的情况下，根据样本 $X_1, X_2, \cdots, X_n$ 来检验总体分布的假设.

$\quad H_0$：总体的分布函数为 $F(x)$，　H_1：总体的分布函数不是 $F(x)$；

说明：若总体 X 为离散型随机变量，则上述假设相当于

$\quad H_0$：总体 X 的分布率为 $P\{X = k_i\} = p_i$，　$i = 1, 2, \cdots$；

若总体 X 为连续型随机变量，则上述假设相当于

$\quad H_0$：总体 X 的概率密度为 $p(x)$.

假设随机试验的全部可能结果是 k 个：$A_1, A_2, \cdots, A_k$(例如掷一颗骰子可能出现 6 个结果)，相应的概率为

$$P(A_1) = p_1, \quad P(A_2) = p_2, \quad \cdots, \quad P(A_k) = p_k. \tag{7.4}$$

将该试验重复独立进行 n 次，用 n_i 表示事件 A_i 出现的次数，则 n_i 服从二项分布：

$$n_i \sim B(n, p_i), \quad i = 1, 2, \cdots, k.$$

为此,构造统计量

$$\chi^2 = \sum_{i=1}^k \frac{(n_i - np_i)^2}{np_i}. \tag{7.5}$$

关于上面的统计量有如下定理:

定理 7.1(皮尔逊定理) 如果随机变量的分布律如式(7.4)所示,则统计量(7.5)近似地服从自由度为 $k-1$ 的 χ^2 分布,即近似有

$$\chi^2 = \sum_{i=1}^k \frac{(n_i - np_i)^2}{np_i} \sim \chi^2(k-1).$$

对给定的显著性水平 α,由

$$P(\chi^2 > \chi_\alpha^2) = \alpha$$

确定临界值 χ_α^2,其拒绝域为 $W = (\chi_\alpha^2, +\infty)$.

这种检验方法就叫做 χ^2-拟合优度检验.

例 7.11 把一颗骰子重复抛掷 300 次,结果如表 7.3 所示.

表 7.3

出现的点数	1	2	3	4	5	6
出现的频数	40	70	48	60	52	30

试检验这颗骰子的六个面是否匀称(取 $\alpha = 0.05$)?

解 根据题意可得

H_0:这颗骰子的六个面是匀称的,或 $H_0: P\{X = i\} = \dfrac{1}{6} (i = 1, 2, \cdots, 6)$,其中 X 表示 "抛掷这颗骰子一次所出现的点数(可能值只有 6 个)".

当 H_0 为真时,

$$\chi^2 = \sum_{i=1}^k \frac{(n_i - np_i)^2}{np_i} \sim \chi^2(k-1),$$

由 $np_i = 300 \times \dfrac{1}{6} = 50, i = 1, 2, \cdots, 6$,于是得到 χ^2 统计量的观测值

$$\chi^2 = \sum_{i=1}^6 \frac{(n_i - np_i)^2}{np_i} = \frac{1}{50}\big[(-10)^2 + 20^2 + (-2)^2 + 10^2 + 2^2 + (-20)^2\big] = 20.16.$$

对于选定的显著性水平 $\alpha = 0.05$,查表得 $\chi_{0.05}^2(5) = 11.07$,故 H_0 的拒绝域为 $W = (11.07, +\infty)$.

由于 $\chi^2 = 20.16 \in W$,故拒绝原假设 H_0,即认为这颗骰子并不均匀.

7.4.2 列联表检验

列联表是观测数据按两个或更多属性分类时所列出的频数表. 一般地,若总体中的个体按两个属性 A 与 B 分类,A 有 r 个等级 $A_1, A_2, \cdots, A_r$,B 有 s 个等级 $B_1, B_2, \cdots, B_s$,从总体中抽取大小为 k 的样本,设其中有 k_{ij} 个个体的属性属于 A_i 和 B_j,k_{ij} 称为频数,将 $r \times s$ 个 k_{ij} 排列为一个 r 行 s 列的二维列联表,简称 $r \times s$ 表,如表 7.4 所示.

表　7.4

	B_1	B_2	$\cdots$	B_s	合计
A_1	k_{11}	k_{12}	$\cdots$	k_{1s}	$k_1.$
A_2	k_{21}	k_{22}	$\cdots$	k_{2s}	$k_2.$
$\vdots$	$\vdots$	$\vdots$		$\vdots$	$\vdots$
A_r	k_{r1}	k_{r2}	$\cdots$	k_{rs}	$k_r.$
合计	$k.{}_1$	$k.{}_2$	$\cdots$	$k.{}_s$	k

　　例如,一个公司在四个不同的地区设有分公司,现该公司要进行一项改革,采用抽样调查方法,从四个分公司共抽取420名职工,了解职工对此项改革的看法,调查结果如表7.5所示.

表 7.5　关于改革方案的调查结果

	一分公司	二分公司	三分公司	四分公司	合计
赞成该方案	68	75	57	79	279
反对该方案	32	45	33	31	141
合计	100	120	90	110	420

　　表7.5中的行是态度变量,这里划分为两类:赞成改革方案和反对改革方案;表中的列是单位变量,这里划分为四类,即四个分公司.因此,表7.5是一个2×4列联表.表中的每个数据,都反映着来自态度和单位两个方面的信息.

　　我们感兴趣的是A类与B类是否相互独立,即检验

　　　　H_0:A类与B类相互独立,　　H_1:A类与B类不独立.

为此选取统计量

$$\chi^2 = \sum_{i=1}^{r}\sum_{j=1}^{s}\frac{(k_{ij}-\hat{k}_{ij})^2}{\hat{k}_{ij}},\quad \hat{k}_{ij}=\frac{k_i.k.{}_j}{k}.$$

当H_0为真时,其极限分布为$\chi^2((r-1)(s-1))$.

　　对显著性水平α,其拒绝域为$\chi^2>\chi_\alpha^2((r-1)(s-1))$.

　　例7.12　在某校甲、乙两个班级进行某种技能训练,测验成绩按优、良、及格、不及格四级给分,其结果如表7.6所示.试问成绩与班级有无关系($\alpha=0.05$)?

表　7.6

班级	优	良	及格	不及格	合计
甲	14	20	15	11	60
乙	18	10	20	12	60
合计	32	30	35	23	120

　　解　H_0:成绩与班级无关系.

　　为便于计算,我们将H_0为真时的理论频数列表如下(表7.7).

表 7.7

班级	优	良	及格	不及格	合计
甲	16	15	17.5	11.5	60
乙	16	15	17.5	11.5	60
合计	32	30	35	23	120

$$\chi^2 = \frac{(14-16)^2}{16} + \frac{(18-16)^2}{16} + \cdots + \frac{(12-11.5)^2}{16} = 4.592.$$

对 $r=2, s=4, \alpha=0.05$ 查 χ^2 分布上侧分位数表得 $\chi^2_{0.05}(3)=7.815.$

因为 $\chi^2 < \chi^2_{0.05}(3)$，所以接受 H_0，即在显著性水平 0.05 下可以认为成绩与班级无关.

习　题　7

一、填空题

1. U-检验和 T-检验都是关于_____的假设检验，当_____已知时，用 U-检验，当_____未知时，用 T-检验.

2. 设总体 $X \sim N(\mu, \sigma^2)$ (μ, σ^2 未知)，$X_1, X_2, \cdots, X_n$ 是来自该总体的样本，记 $\overline{X} = \frac{1}{n}\sum_{i=1}^{n} X_i, Q^2 = \sum_{i=1}^{n}(X_i - \overline{X})^2$，如果检验 $H_0: \mu=0$，则使用的统计量是_____，服从_____分布，自由度为_____.

3. 设总体 $X \sim N(\mu, \sigma^2)$，σ^2 未知，对于假设 $H_0: \mu=\mu_0, H_1: \mu\neq\mu_0$，进行假设检验时，采用的统计量是_____，服从_____，自由度为_____.

4. 设总体 $X \sim N(\mu, \sigma^2)$，μ 未知，对于假设 $H_0: \sigma^2=\sigma_0^2, H_1: \sigma^2\neq\sigma_0^2$，进行假设检验时，采用的统计量是_____，服从_____，拒绝域为_____.

5. 设总体 $X \sim N(\mu_1, \sigma_1^2)$，$Y \sim N(\mu_2, \sigma_2^2)$，且 X 和 Y 相互独立，$\mu_1, \mu_2, \sigma_1^2, \sigma_2^2$ 均未知，分别从 X 和 Y 中得到容量为 n_1 和 n_2 的样本，样本均值分别为 $\overline{X}$ 和 $\overline{Y}$，样本方差为 S_1^2 和 S_2^2，对 $H_0: \sigma_1^2=\sigma_2^2, H_1: \sigma_1^2\neq\sigma_2^2$ 进行检验时，采用的统计量是_____，服从_____分布，其第一自由度为_____，第二自由度为_____.

二、选择题

1. 在假设检验中，原假设为 H_0，则称（　　）为犯第一类错误.
   - A. H_0 为真，接受 H_0
   - B. H_0 为伪，接受 H_0
   - C. H_0 为真，拒绝 H_0
   - D. H_0 为伪，拒绝 H_0

2. 在假设检验中，显著性水平 α 的意义是（　　）.
   - A. 原假设 H_0 成立，经检验被拒绝的概率
   - B. 原假设 H_0 不成立，经检验被拒绝的概率
   - C. 原假设 H_0 成立，经检验被接受的概率
   - D. 原假设 H_0 不成立，经检验被接受的概率

3. 设总体 $X \sim N(\mu, \sigma^2)$，μ 和 σ^2 均未知，原假设 $H_0: \mu=\mu_0$，备择假设 $H_1: \mu\neq\mu_0$，若用 T-检验法进行检验，则在显著性水平 α 下，拒绝域为（　　）.

    A. $|t| < t_{\frac{\alpha}{2}}(n-1)$　　　　　　　B. $|t| > t_{\frac{\alpha}{2}}(n-1)$

    C. $t > t_{\frac{\alpha}{2}}(n-1)$　　　　　　　　D. $t < -t_{1-\frac{\alpha}{2}}(n-1)$

4. 对显著性水平 α 检验结果而言,犯第一类错误的概率(　　).

    A. 不是 α　　　B. 等于 $1-\alpha$　　　C. 大于 α　　　D. 小于或等于 α

5. 设总体 $X \sim N(\mu_1, \sigma_1^2)$, $Y \sim N(\mu_2, \sigma_2^2)$,检验假设 $H_0: \sigma_1^2 = \sigma_2^2$; $H_1: \sigma_1^2 \neq \sigma_2^2$; $\alpha = 0.05$,从 X 中抽取容量 $n_1 = 12$ 的样本,从 Y 中抽取容量 $n_2 = 10$ 的样本,已知 $s_1^2 = 118.4$, $s_2^2 = 31.93$,应该采用的检验方法与结论是(　　).

    A. T-检验法,临界值 $t_{0.05}(17) = 2.11$,拒绝 H_0

    B. F-检验法,临界值 $F_{0.95}(11,9) = 0.34$, $F_{0.05}(11,9) = 3.10$,接受 H_0

    C. F-检验法,临界值 $F_{0.95}(11,9) = 0.34$, $F_{0.05}(11,9) = 3.10$,拒绝 H_0

    D. F-检验法,临界值 $F_{0.01}(11,9) = 5.18$, $F_{0.99}(11,9) = 0.21$,接受 H_0

三、计算题

1. 设某种产品的性能指标服从正态分布 $N(\mu, \sigma^2)$,从历史资料已知 $\sigma^2 = 16$,抽查 10 件样品,测得均值为 17,问在显著性水平 $\alpha = 0.05$ 的情况下,能否认为指标的期望值 $\mu = 20$ 仍然成立?

2. 由以往经验知零件质量 $X \sim N(\mu, \sigma^2)$, $\mu = 15$, $\sigma^2 = 0.05$.技术革新后,抽取了 6 件样品,测得质量为(单位: g):14.7　15.1　14.8　15.0　15.2　14.6.已知方差不变,问平均质量是否仍为 $15(\alpha = 0.05)$?

3. 正常人的脉搏平均为 72 次/min,现某医生测得 10 例慢性四乙基铅中毒患者的脉搏(次/min)如下:54　67　68　78　70　66　67　70　65　69,问四乙基铅中毒患者和正常人的脉搏有无显著性差异$(\alpha = 0.05)$?

4. 某厂生产一种构件,由经验知其强力的标准差 $\sigma = 7.5$kg,且强力服从正态分布.后改变工艺,从新产品中抽取 25 件进行强力试验,计算的样本标准差为 9.1kg.问新产品的强力方差是否有显著变化$(\alpha = 0.05)$?

5. 甲、乙相邻两地段各取了 41 块和 61 块岩心进行磁化率测定,算出子样方差分别为 $s_1^2 = 0.0142$, $s_2^2 = 0.0054$,试问甲、乙两地段的方差是否有显著差异$(\alpha = 0.05)$?

6. 某香烟厂生产两种香烟,独立随机地抽取容量大小相同的烟叶标本,测量尼古丁含量的毫克数,实验室分别做了六次测定,数据记录如下:

    甲　25　28　23　26　29　22;

    乙　28　23　30　25　21　27,

试问:这两种香烟的尼古丁含量有无显著性差异? 假设尼古丁含量服从正态分布且方差相同$(\alpha = 0.05)$.

7. 在一个正 20 面体的 20 个面上,分别标以数 $0,1,2,\cdots,9$,每个数字在两个面上标出.为检验其对称性,共做了 800 次投掷试验,数字 $0,1,2,\cdots,9$ 朝正上方的次数如下:

数字	0	1	2	3	4	5	6	7	8	9
次数	74	92	83	79	80	73	77	75	76	91

问该 20 面体是否均匀$(\alpha = 0.05)$?

第8章

回归分析和方差分析

回归分析 变量之间的关系在客观世界中是普遍存在的,这些关系一般分为两类。一类是确定性关系,变量之间的关系可以用函数解析式表达出来;另一类是相关关系,例如,正常人的年龄与血压之间的关系就是一种相关关系,施肥量与农作物产量之间的关系,这种关系虽不能用函数关系来描述,但施肥量对农作物产量的确有着十分重要的影响,这种关系就是相关关系.

回归分析方法就是寻找变量间相关关系的数学表达式并进行统计推断的一种方法.通过对观察或试验数据的处理,找出变量间相关关系的定量数学表达式——经验公式;借助概率统计知识进行分析,判明所建立的经验公式的有效性;在一定的置信度下,根据一个或几个变量的值,预测或控制另一个变量的取值;进行因素分析,找出影响一个变量的各因素的主次,这就是回归分析方法解决的问题.

方差分析 在工农业生产、科学研究和经营管理过程中,影响产品产量、质量和销量的因素往往很多.例如,农作物的产量受到作物品种、肥料种类、施肥量等多种因素的影响;不同地区、不同时期对某种产品的销量有影响等.在众多的影响因素中,有些因素影响大些,有些小些,我们需要分析哪些因素对农作物的产量或产品的销量有显著影响.为此,要先做些试验,然后对试验的结果进行分析.方差分析就是研究不同的试验条件对试验结果是否有显著影响及影响程度大小的一种统计方法.

8.1 一元线性回归

在回归分析中最简单的一类是线性回归.

设随机变量 y 与变量 x 之间存在着某种相关关系,这里 x 是可以控制或可以精确观察到的变量,我们通常称之为控制变量或回归变量或自变量;而将 y 称为因变量,如果这两个变量之间存在着线性相关关系,利用它们的样本数据,建立起表达它们之间关系的数学模型,对模型进行各种统计检验,并利用这一模型进行预测和控制,就是一元线性回归.

首先,我们给出一元线性回归的数学模型.

设自变量 x 与因变量 y 之间有下面的数学关系式:

$$y = \beta_0 + \beta_1 x + \varepsilon,$$

式中,β_0, β_1 是未知参数,ε 是随机项.

若能搜集到变量 y 与 x 的 n 对数据,则对每一组 (x_i, y_i) 都存在上面的关系,即

$$y_i = \beta_0 + \beta_1 x_i + \varepsilon_i, \quad i = 1, 2, \cdots, n.$$

为了便于统计推断,对变量 y 与 x 所建立的一元线性回归模型有以下几个基本假设:

(1) 变量 y 与 x 之间存在着"真实的"线性相关关系;

(2) 变量 x 为非随机变量;

(3) 随机项 $\varepsilon_i \sim N(0,\sigma^2)$, $i=1,2,\cdots,n$,且相互独立,即

$$\mathrm{cov}(\varepsilon_i,\varepsilon_j) = \begin{cases} \sigma^2, & i \neq j, \\ 0, & i = j. \end{cases}$$

我们通过 $(x_i,y_i)(i=1,2,\cdots,n)$ 估计 β_0, β_1,记为 $\hat{\beta}_0$, $\hat{\beta}_1$,则称其为回归系数,而称方程 $\hat{y}=\hat{\beta}_0+\hat{\beta}_1 x$ 为一元线性回归方程,其图像称为回归直线.

8.1.1　参数 β_0, β_1 的估计

未知参数 β_0, β_1 的估计通常采用最小二乘法求得,我们希望求得的 $\hat{\beta}_0$, $\hat{\beta}_1$,使得

$$Q(\beta_0,\beta_1) = \sum_{i=1}^{n}(y_i - \beta_0 - \beta_1 x_i)^2$$

达到最小. 由于 Q 是 β_0, β_1 的一个非负二次型,故其极小值必存在. 根据微积分的理论知道,只要求 Q 对 β_0, β_1 的一阶偏导数,并令其为 0,即可求出 β_0, β_1,

$$\begin{cases} \dfrac{\partial Q}{\partial \beta_0} = -2 \sum_{i=1}^{n}(y_i - \beta_0 - \beta_1 x_i) = 0, \\ \dfrac{\partial Q}{\partial \beta_1} = -2 \sum_{i=1}^{n}(y_i - \beta_0 - \beta_1 x_i)x_i = 0. \end{cases}$$

整理后得线性方程组

$$\begin{cases} \sum_{i=1}^{n}(y_i - \beta_0 - \beta_1 x_i) = 0, \\ \sum_{i=1}^{n}(y_i - \beta_0 - \beta_1 x_i)x_i = 0. \end{cases}$$

称此线性方程组为正规方程组.解此线性方程组,得

$$\begin{cases} \hat{\beta}_1 = \dfrac{\sum_{i=1}^{n} x_i y_i - n \bar{x}\,\bar{y}}{\sum_{i=1}^{n} x_i^2 - n \bar{x}^2}, \\ \hat{\beta}_0 = \bar{y} - \hat{\beta}_1 \bar{x}. \end{cases}$$

若记

$$l_{xx} = \sum_{i=1}^{n}(x_i - \bar{x})^2 = \sum_{i=1}^{n} x_i^2 - n \bar{x}^2, \quad l_{xy} = \sum_{i=1}^{n}(x_i - \bar{x})(y_i - \bar{y}) = \sum_{i=1}^{n} x_i y_i - n \bar{x}\,\bar{y},$$

则 $\hat{\beta}_1 = l_{xy}/l_{xx}$, $\hat{\beta}_0 = \bar{y} - \hat{\beta}_1 \bar{x}$.

8.1.2　假设检验

回归分析的主要目的是根据所建立的估计方程用自变量 x 来估计或预测因变量 y 的取值.当建立了估计方程后,还不能马上进行估计或预测.因为根据样本数据拟合回归方程

时,实际上假定了变量 x 和 y 之间存在着线性关系,即

$$y = \beta_0 + \beta_1 x + \varepsilon,$$

并假定误差项 ε 是一个服从正态分布的随机变量,且对不同的 x 具有相同的方差.但这些假设是否成立,需要通过检验后才能证实.

回归分析中的显著性检验主要包括两个方面的内容:一是回归方程的显著性检验;二是回归系数的显著性检验.

1. 回归方程的显著性检验

回归方程的显著性检验是检验整个回归模型是否显著,或者说,x,y 之间能否用一个线性模型 $y = \beta_0 + \beta_1 x + \varepsilon$ 来表示.

对回归方程"真实"线性关系的检验,也称为回归方程的 F-检验.

对于
$$H_0: \beta_1 = 0, \quad H_1: \beta_1 \neq 0.$$

选用统计量

$$F = \frac{\sum_{i=1}^{n} (\hat{y}_i - \bar{y})^2 \big/ 1}{\sum_{i=1}^{n} (y_i - \hat{y}_i)^2 \big/ (n-2)} = \frac{\text{SSR}/1}{\text{SSE}/(n-2)}.$$

当 H_0 为真时,$F \sim F(1, n-2)$.

对给定的显著性水平 α,由 $P(F > F_\alpha(1, n-2)) = \alpha$,查表得临界点 $F_\alpha(1, n-2)$.若 $F > F_\alpha(1, n-2)$,则拒绝 H_0,即回归方程显著;否则接受 H_0,即回归方程不显著.

2. 回归系数的显著性检验

回归系数的显著性检验是要检验自变量对因变量的影响是否显著.在一元线性回归模型 $y = \beta_0 + \beta_1 x + \varepsilon$ 中,如果回归系数 $\beta_1 = 0$,回归线是一条水平线,表明因变量 y 的取值不依赖于自变量 x,即两个变量之间没有线性关系.如果回归系数 $\beta_1 \neq 0$,也不能肯定得出两个变量之间存在线性关系的结论,这要看这种关系是否具有统计意义上的显著性.回归系数的显著性检验就是检验回归系数 β_1 是否等于 0.为检验原假设 $H_0: \beta_1 = 0$ 是否成立,需要构造用于检验的统计量.为此,需要研究回归系数 β_1 的抽样分布.

估计的回归方程 $\hat{y}_i = \hat{\beta}_0 + \hat{\beta}_1 x_i$ 是根据样本数据计算出来的.当抽取不同的样本时,就会得出不同的估计方程.实际上,$\hat{\beta}_0$ 和 $\hat{\beta}_1$ 是根据最小二乘法得到的用于估计参数 β_0 和 β_1 的统计量,它们都是随机变量,也都有自己的分布.根据检验的需要,这里只讨论 $\hat{\beta}_1$ 的分布.

可以证明,$\hat{\beta}_1$ 服从正态分布,$E(\hat{\beta}_1) = \hat{\beta}_1$,标准差为

$$\sigma_{\hat{\beta}_1} = \frac{\sigma}{\sqrt{\sum x_i^2 - \dfrac{1}{n} \left(\sum x_i \right)^2}},$$

式中,σ 是误差项 ε 的标准差.

由于 σ 未知,用 σ 的估计值 S_e 代入上式,得到 $\sigma_{\hat{\beta}_1}$ 的估计值,即 $\hat{\beta}_1$ 的估计的标准差为

$$S_{\hat{\beta}_1} = \frac{S_e}{\sqrt{\sum x_i^2 - \dfrac{1}{n} \left(\sum x_i \right)^2}}.$$

其中,$S_e^2 = \dfrac{\sum\limits_{i=1}^{n}(y_i - \hat{y}_i)^2}{n-2}$. 这样,就可以构造出用于检验 β_1 的统计量 t:

$$t = \frac{\hat{\beta}_1 - \beta_1}{S_{\hat{\beta}_1}}.$$

当 H_0 成立时,$t = \dfrac{\hat{\beta}_1}{S_{\hat{\beta}_1}} \sim t(n-2)$.

选定显著性水平 α,并根据自由度 $n-2$ 查 t 分布表,找出相应的临界值 t_α. 若 $|t| > t_\alpha$,拒绝 H_0,表明自变量 x 对因变量 y 的影响是显著的;若 $|t| < t_\alpha$,则不拒绝 H_0,没有证据表明 x 对 y 的显著影响.

例 8.1　某公司为了解某化妆品销售量 y 与收入 x 之间的关系,在 14 个城市调查数据如下:

表　8.1

销售量 y	85	167	240	116	94	209	166	214	96	175	252	232	124	77
收入 x /10 万元	249	331	380	283	224	378	300	345	223	303	402	442	256	208

试建立销售量 y 与收入 x 的数学模型(显著性水平 $\alpha = 0.05$).

解　假设 y 与 x 存在线性关系:$y = \hat{\beta}_0 + \hat{\beta}_1 x$

根据给定的数据可计算出

$$\bar{x} = \frac{1}{14}(249 + 331 + \cdots + 208) = 308.9, \quad \bar{y} = \frac{1}{14}(85 + 167 + \cdots + 77) = 160.5,$$

$$l_{xx} = \sum_{i=1}^{n} x_i^2 - n\bar{x}^2 = 69\,944, \quad l_{xy} = \sum_{i=1}^{n} x_i y_i - n\bar{x} \cdot \bar{y} = 56\,197.$$

根据回归系数计算公式得

$$\begin{cases} \hat{\beta}_1 = \dfrac{l_{xy}}{l_{xx}} = 0.81, \\[2mm] \hat{\beta}_0 = \bar{y} - \hat{\beta}_1 \bar{x} = -87.7, \end{cases}$$

即(可见图 8.1 中的直线)　　　　　$y = 0.81x - 87.7.$

由图 8.1 可知,回归方程很好地反映了数据的变化特点.

下面我们通过假设检验来说明模型的拟合效果.

1. 回归方程显著性检验(*F*-检验)

假设 $H_0: \hat{\beta}_1 = 0, H_1: \hat{\beta}_1 \neq 0$.

统计量 $F = \dfrac{\text{SSR}}{\text{SSE}/(n-2)} = \dfrac{\sum\limits_{i=1}^{14}(\hat{y}_i - \bar{y})^2}{\sum\limits_{i=1}^{14}(\hat{y} - y_i)^2/(14-2)} = \dfrac{44\,764}{4718/12} = 114.9.$

给定 $\alpha = 0.05$,查表得 $F_{0.05}(1, 14-2) = 4.75$.

显然 $F > F_{0.05}(1, 14-2)$,故回归模型成立.

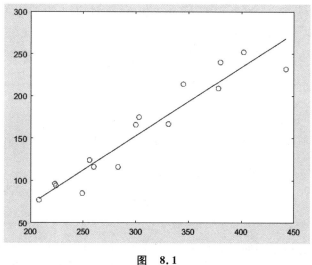

图 8.1

2. 回归系数显著性检验

提出假设 $H_0: \hat{\beta}_1 = 0$, $H_1: \hat{\beta}_1 \neq 0$.

统计量 $t^* = \dfrac{\sqrt{l_{xx}}\hat{\beta}_1}{\hat{\sigma}_e} = 10.76$.

给定显著水平 $\alpha = 0.05$, 查表得

$$t_{0.05}(14-2) = 2.1788.$$

显然, $t^* > t_{0.05}(12)$, 拒绝原假设, 即销售量 y 与收入 x 有显著的线性关系.

于是从数学角度证明了回归模型的正确性. 这里需要说明的是由于一元回归只有一个自变量, 故 F 检验和 t 检验提出的假设是一样的, 却从不同的角度说明 y 与 x 有显著的线性关系.

8.1.3 利用回归方程进行估计和预测

当建立了两个变量之间的回归方程, 并检验其有效后, 就可以用它来解决生产实践和科学研究中经常遇到的估计与预测问题. 所谓估计, 就是对于给定的 x_0 值, 估计和推测随机变量 y 的值, 对于给定的显著性水平 α, 求出对应的 y 的置信区间, 又称估计区间. 所谓预测, 就是当希望随机变量 y 的值落入某个指定的区间时, 决定如何控制 x 才能达到目的.

1. 预测问题

(1) 点估计

利用估计的回归方程, 对于 x 的一个特定值 x_0, 求出 y 的一个估计值就是点估计. 例如, 我们得到的估计的回归方程为 $\hat{y} = -0.8295 + 0.037\,895x$, 如果给定 $x_0 = 100$, 可以得到 $\hat{y} = 2.96$.

(2) 区间估计

利用估计的回归方程, 对于 x 的一个特定值 x_0, 求出 y 的一个估计值所在的区间就是区间估计. 置信区间估计就是求出 y 的平均值的区间估计.

设 x_0 为自变量 x 的一个特定值, $E(y_0)$ 为 x_0 所对应 y 的期望值, $\hat{y}_0 = \hat{\beta}_0 + \hat{\beta}_1 x_0$ 为 $E(y_0)$ 的估计值. 一般来说, $\hat{y}_0$ 不是 $E(y_0)$ 的精确值. 要想用 $\hat{y}_0$ 推断 $E(y_0)$, 可以根据估计的回归方程得到 $\hat{y}_0$ 的方差, 用 $S_{\hat{y}_0}$ 表示 $\hat{y}_0$ 标准差的估计量, 其计算公式为

$$S_{\hat{y}_0} = S_e \sqrt{\frac{1}{n} + \frac{(x_0 - \bar{x})^2}{\sum\limits_{i=1}^{n}(x_i - \bar{x})^2}}.$$

有了 $\hat{y}_0$ 的标准差之后, 对于给定的 x_0, $E(y_0)$ 在 $1-\alpha$ 置信水平下的置信区间可表示为

$$\hat{y}_0 \pm t_\alpha S_e \sqrt{\frac{1}{n} + \frac{(x_0 - \bar{x})^2}{\sum\limits_{i=1}^{n}(x_i - \bar{x})^2}}.$$

2. 控制问题

除了预测问题之外, 利用回归方程还可以解决控制问题. 所谓控制, 就是要求变量 y 在一定范围内取值. 例如要求 $y_1 \leqslant y \leqslant y_2$, 而应该把变量 x 控制在什么范围之内? 为此, 只要找到这样的 x_0, 使得

$$\hat{y}_0 - \delta \geqslant y_1, \quad \hat{y}_0 + \delta \leqslant y_2.$$

在实际问题中, 当 n 较大时, 通常在平面上作两条平行于回归直线的直线:

$$l_1 : y = \hat{\beta}_0 - 2S_y + \hat{\beta}_1 x, \quad l_2 : y = \hat{\beta}_0 + 2S_y + \hat{\beta}_1 x,$$

则可预测在 $\bar{x}$ 附近的一系列的观察值中, 约有 95% 将落在这两条直线所夹的带形区域内. 如果要控制 y 在 y_1 与 y_2 之间, 即 $y_1 \leqslant y \leqslant y_2$, 只要通过

$$y_1 = \hat{\beta}_0 - 2S_y + \hat{\beta}_1 x, \quad y_2 = \hat{\beta}_0 + 2S_y + \hat{\beta}_1 x,$$

分别解出 x_1, x_2 以确定 x 值的控制范围. 当 $\hat{\beta}_1 > 0$ 时, 如解得 $x_1 \leqslant x_2$, 则可控制 x 在 x_1 与 x_2 之间; 当 $\hat{\beta}_1 < 0$ 时, 如解得 $x_1 \geqslant x_2$, 则可控制 x 在 x_2 与 x_1 之间.

例 8.2 表 8.2 列出了 18 个 5~8 岁儿童的质量(容易测量)和体积(难以测量)的数据.

表 8.2

质量 x/kg	17.1	10.5	13.8	15.7	11.9	10.4	15.0	16.0	17.8
体积 y/dm³	16.7	10.4	13.5	15.7	11.6	10.2	14.5	15.8	17.6
质量 x/kg	15.8	15.1	12.1	18.4	17.1	16.7	16.5	15.1	15.1
体积 y/dm³	15.2	14.8	11.9	18.3	16.7	16.6	15.9	15.1	14.5

(1) 求 y 关于 x 的线性回归方程 $\hat{y} = \hat{\beta}_0 + \hat{\beta}_1 x$;

(2) 求 $x = 14.0$ 时 y 的置信度为 0.95 的预测区间.

解 (1) $l_{xx} = \sum\limits_{i=1}^{18} x_i^2 - \dfrac{1}{18} \left(\sum\limits_{i=1}^{18} x_i \right)^2 = 96.39$,

$l_{yy} = \sum\limits_{i=1}^{18} y_i^2 - \dfrac{1}{18} \left(\sum\limits_{i=1}^{18} y_i \right)^2 = 94.75$,

$l_{xy} = \sum\limits_{i=1}^{18} x_i y_i - \dfrac{1}{18} \left(\sum\limits_{i=1}^{18} x_i \right) \left(\sum\limits_{i=1}^{18} y_i \right) = 95.24$,

$$\hat{\beta}_1 = \frac{l_{xy}}{l_{xx}} = 0.988,$$

$$\hat{\beta}_0 = \bar{y} - \hat{\beta}_1 \bar{x} = -0.104,$$

$$\hat{y} = -0.104 + 0.988x.$$

（2）当 $x = 14.0$ 时，y_0 的置信度为 0.95 的预测区间为

$$\left(\hat{y}_0 \pm t_a S_e \sqrt{\frac{1}{n} + \frac{(x_0 - \bar{x})^2}{\sum\limits_{i=1}^{n}(x_i - \bar{x})^2}} \right),$$

即 $(13.64, 13.82)$.

8.2　可化为一元线性回归的情形

在研究实际问题时，我们所遇到的两个变量之间的相关关系常常并不是线性的. 这种情况下，回归方程的图形往往是一条曲线，而直接求回归曲线方程一般比较困难. 但是对于许多函数类型，都可以通过变量变换把非线性关系的函数关系化成线性函数，然后应用线性回归的计算步骤进行计算，确定函数中的未知参数. 常见的可以化为线性回归的曲线模型有以下几种.

1. 双曲线 $\dfrac{1}{y} = a + \dfrac{b}{x}$

令 $y' = \dfrac{1}{y}, x' = \dfrac{1}{x}$，则有 $y' = a + bx'$.

2. 幂函数 $y = ax^b$

令 $y' = \ln y, x' = \ln x, a' = \ln a$，则有 $y' = a' + bx'$.

3. 指数函数 $y = ae^{bx}$

令 $y' = \ln y, a' = \ln a$，则有 $y' = a' + bx$.

4. 对数函数 $y = a + b\ln m^x x$

令 $x' = \ln m^x x$，则有 $y = a + bx'$.

5. S 形曲线 $y = \dfrac{1}{a + be^{-x}}$

令 $y' = \dfrac{1}{y}, x' = e^{-x}$，则 $y' = a + bx'$.

例 8.3　电容器充电到 100V 电压时开始放电，测得时刻 t 时的电压 U 的数据如表 8.3.

表　8.3

t/s	0	1	2	3	4	5	6	7	8	9	10
U/V	100	75	55	40	30	20	15	10	8	5	3

试建立电压 U 与时刻 t 的数学模型（显著性水平 $\alpha = 0.05$）.

解 （1）画图估计模型类型

通过观察图 8.2 可知电压 U 与时刻 t 符合指数函数类型

$$y = a\mathrm{e}^{bx}.$$

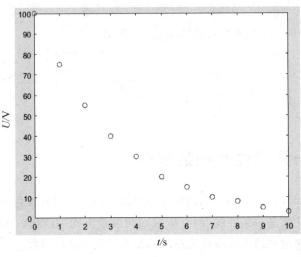

图　8.2

（2）参数估计

令 $u = \ln y$，$\hat{a} = \ln a$，可知 $u = \hat{a} + bx$.

利用最小二乘法可得

$$b = \frac{l_{xy}}{l_{xx}} = -0.342, \quad \hat{a} = \bar{u} - b\bar{x} = 4.693.$$

（3）模型假设检验

由于是一元回归模型，只需进行回归模型显著性检验即可.

表　8.4

模　型	平方和	df(自由度)	F-值	$F_{0.05}(1,9)$
回归(SSR)	12.862	1	1774.671	5.12
残差(SSE)	0.065	9		
总离差(SST)	12.927	10		

由表 8.4 可知，回归方程显著成立.

（4）还原模型

由于 $\hat{a} = \ln a$，可得 $a = \mathrm{e}^{\hat{a}} = \mathrm{e}^{4.693} = 109.180$，最终得到指数模型：

$$y = a\mathrm{e}^{bx} = 109.1802\mathrm{e}^{-0.342x}.$$

8.3　多元线性回归分析

在许多实际问题中，影响某变量 y 的因素往往不止一个，如 $x_1, x_2, \cdots, x_n$ 共 n 个，研究变量 y 与变量 $x_1, x_2, \cdots, x_n$ 之间定量关系的问题就称为 n 元回归分析. 当变量 y 与变量

$x_1, x_2, \cdots, x_n$ 之间是线性关系时,所进行的回归分析就是 n 元线性回归. 多元线性回归的原理与一元线性回归的原理基本相同,但计算要复杂得多,一般要利用计算机来完成.

8.3.1　数学模型

假设因变量为 y, k 个自变量 $x_1, x_2, \cdots, x_k$,描述因变量 y 如何依赖于自变量 $x_1, x_2, \cdots, x_k$ 和随机误差项 ε 的方程称为多元回归模型,其一般形式可表示为

$$y = \beta_0 + \beta_1 x_1 + \beta_2 x_2 + \cdots + \beta_k x_k + \varepsilon, \tag{8.1}$$

其中 $\beta_0, \beta_1, \cdots, \beta_k$ 是 k 个参数(未知常数), ε 是一个随机误差项.

式(8.1)表明: y 是 $x_1, x_2, \cdots, x_k$ 的线性函数加上随机误差项 ε. 该误差项反映了除 $x_1, x_2, \cdots, x_k$ 对 y 的线性关系之外的随机因素对 y 的影响,是不能由 $x_1, x_2, \cdots, x_k$ 与 y 之间的线性关系所解释的变异性.

在多元线性回归模型中,对随机误差项 ε 有三个基本假定:

(1) 随机误差项 ε 是一个期望值为 0 的随机变量,即 $E(\varepsilon) = 0$,所以对于给定的 $x_1, x_2, \cdots, x_k$ 的值, $E(y) = \beta_0 + \beta_1 x_1 + \cdots + \beta_k x_k$.

(2) 对于自变量 $x_1, x_2, \cdots, x_k$ 的所有值, ε 的方差都相同.

(3) 随机误差项 ε 是一个服从正态分布的随机变量,且相互独立,即

$$\varepsilon \sim N(0, \sigma^2).$$

回归方程中的参数 $\beta_0, \beta_1, \cdots, \beta_k$ 是未知的,需要利用样本数据去估计它们. 当用样本统计量 $\hat{\beta}_0, \hat{\beta}_1, \cdots, \hat{\beta}_k$ 去估计回归方程中的未知参数 $\beta_0, \beta_1, \cdots, \beta_k$ 时,就得到了估计的多元线性回归方程,其一般形式为

$$\hat{y} = \hat{\beta}_0 + \hat{\beta}_1 x_1 + \hat{\beta}_2 x_2 + \cdots + \hat{\beta}_k x_k,$$

式中, $\hat{\beta}_0, \hat{\beta}_1, \cdots, \hat{\beta}_k$ 是参数 $\beta_0, \beta_1, \beta_2, \cdots, \beta_k$ 的估计值, $\hat{y}$ 是 y 的估计值.

8.3.2　参数 $\beta_0, \beta_1, \cdots, \beta_k$ 的估计值

设 $\beta_0, \beta_1, \cdots, \beta_k$ 的估计值分别记为 $\hat{\beta}_0, \hat{\beta}_1, \cdots, \hat{\beta}_k$,则可以得到一个 k 元线性方程

$$\hat{y} = \hat{\beta}_0 + \hat{\beta}_1 x_1 + \cdots + \hat{\beta}_k x_k, \tag{8.2}$$

称其为 k 元线性回归方程. 对每一样本点 $(x_{1i}, x_{2i}, \cdots, x_{ki})$,由式(8.2)可求得相应的值

$$\hat{y}_i = \hat{\beta}_0 + \hat{\beta}_1 x_{1i} + \cdots + \hat{\beta}_k x_{ki} \tag{8.3}$$

称由式(8.3)所求得的 $\hat{y}_i$ 为回归值. 我们总希望由估计 $\hat{\beta}_0, \hat{\beta}_1, \cdots, \hat{\beta}_k$ 所定出的回归方程能使一切 y_i 与 $\hat{y}_i$ 之间的偏差达到最小,因此,同一元线性回归一样,仍用最小二乘法去求 $\beta_0, \beta_1, \cdots, \beta_k$ 的估计. 令

$$Q(\beta_0, \beta_1, \cdots, \beta_k) = \sum_{i=1}^{n} (y_i - \beta_0 - \beta_1 x_{1i} - \cdots - \beta_k x_{ki})^2,$$

由于 Q 是 $\beta_0, \beta_1, \cdots, \beta_k$ 的一个非负二次型,故其极小值必存在. 根据微积分的理论知道只要求 Q 对 $\beta_0, \beta_1, \cdots, \beta_k$ 的一阶偏导数并令其为 0,

$$\begin{cases} \dfrac{\partial Q}{\partial \beta_0} = -2\sum_{i=1}^{n}(y_i - \beta_0 - \beta_1 x_{1i} - \cdots - \beta_k x_{ki}) = 0, \\[3mm] \dfrac{\partial Q}{\partial \beta_j} = -2\sum_{i=1}^{n}(y_i - \beta_0 - \beta_1 x_{1i} - \cdots - \beta_k x_{ki})x_{ji} = 0, \quad j = 1,2,\cdots,k. \end{cases}$$

经整理即得关于 $\beta_0,\beta_1,\cdots,\beta_k$ 的一个线性方程组

$$\begin{cases} n\beta_0 + \sum_{i=1}^{n}x_{1i}\beta_1 + \cdots + \sum_{i=1}^{n}x_{ki}\beta_k = \sum_{i=1}^{n}y_i, \\[3mm] \sum_{i=1}^{n}x_{1i}\beta_0 + \sum_{i=1}^{n}x_{1i}^2\beta_1 + \cdots + \sum_{i=1}^{n}x_{1i}x_{ki}\beta_k = \sum_{i=1}^{n}x_{1i}y_i, \\[2mm] \qquad\qquad\qquad\qquad \vdots \\[2mm] \sum_{i=1}^{n}x_{ki}\beta_0 + \sum_{i=1}^{n}x_{ki}x_{1i}\beta_1 + \cdots + \sum_{i=1}^{n}x_{ki}^2\beta_k = \sum_{i=1}^{n}x_{ki}y_i. \end{cases} \tag{8.4}$$

称式(8.4)为正规方程组,其解称为 $\beta_0,\beta_1,\cdots,\beta_k$ 的最小二乘估计.

实际上换一种思路,多元线性回归问题可以看做是一个解线性方程组的问题.

对于所有样本,回归方程(8.3)变为如下模型:

$$\begin{cases} \hat{\beta}_0 + \hat{\beta}_1 x_{11} + \hat{\beta}_2 x_{21} + \cdots + \hat{\beta}_k x_{k1} = y_1, \\[2mm] \hat{\beta}_0 + \hat{\beta}_1 x_{12} + \hat{\beta}_2 x_{22} + \cdots + \hat{\beta}_k x_{k2} = y_2, \\[2mm] \qquad\qquad\qquad\qquad \vdots \\[2mm] \hat{\beta}_0 + \hat{\beta}_1 x_{1n} + \hat{\beta}_2 x_{2n} + \cdots + \hat{\beta}_k x_{kn} = y_n. \end{cases} \tag{8.5}$$

令 $\boldsymbol{X} = \begin{pmatrix} 1 & x_{11} & x_{21} & \cdots & x_{k1} \\ 1 & x_{12} & x_{22} & \cdots & x_{k2} \\ \vdots & \vdots & \vdots & & \vdots \\ 1 & x_{1n} & x_{2n} & \cdots & x_{kn} \end{pmatrix}, \quad \bar{\boldsymbol{\beta}} = \begin{pmatrix} \hat{\beta}_0 \\ \hat{\beta}_1 \\ \vdots \\ \hat{\beta}_k \end{pmatrix}, \quad \boldsymbol{Y} = \begin{pmatrix} y_1 \\ y_2 \\ \vdots \\ y_n \end{pmatrix}$

线性方程组(8.5)简化为矩阵方程

$$\boldsymbol{X}\bar{\boldsymbol{\beta}} = \boldsymbol{Y}, \tag{8.6}$$

矩阵方程两边同乘以 $\boldsymbol{X}^{\mathrm{T}}$,最终可解出 $\bar{\boldsymbol{\beta}} = (\boldsymbol{X}^{\mathrm{T}}\boldsymbol{X})^{-1}\boldsymbol{X}^{\mathrm{T}}\boldsymbol{Y}$. 可见从矩阵的角度更容易求得未知参数.

8.3.3 假设检验

1. 回归方程的显著性检验

所谓回归方程的显著性检验,就是检验变量 y 与 $x_1,x_2,\cdots,x_k$ 之间是否确有线性关系,如果它们之间没有线性关系,则一切 $\beta_i(i=1,2,\cdots,k)$ 均应为 0,这就是要检验假设

$$H_0: \beta_1 = \beta_2 = \cdots = \beta_k = 0$$

是否成立. 可引入适当的统计量来实现.

首先考察由 $x_1,x_2,\cdots,x_k$ 和随机因素 ε 的变动所引起的 y 的 n 个观察值 $y_i(i=1,2,\cdots,n)$ 的总的波动. 显然,它可以用下面的平方和

$$\text{SST} = \sum_{i=1}^{n}(y_i - \bar{y})^2 = \sum_{i=1}^{n}(y_i - \hat{y}_i)^2 + \sum_{i=1}^{n}(\hat{y}_i - \bar{y})^2 + 2\sum_{i=1}^{n}(y_i - \hat{y}_i)(\hat{y}_i - \bar{y})$$

来表示. 称 SST 为总的偏差平方和.

利用正规方程组(8.4)可知

$$\sum_{i=1}^{n}(y_i - \hat{y}_i)(\hat{y}_i - \bar{y}) = 0,$$

所以总的偏差平方和可以分解成两部分

$$\text{SST} = \sum_{i=1}^{n}(y_i - \hat{y}_i)^2 + \sum_{i=1}^{n}(\hat{y}_i - \bar{y})^2 = \text{SSE} + \text{SSR},$$

其中 $\text{SSE} = \sum_{i=1}^{n}(y_i - \hat{y}_i)^2$, $\text{SSR} = \sum_{i=1}^{n}(\hat{y}_i - \bar{y})^2$, 称 SSR 为回归平方和, SSE 是剩余平方和.

与一元线性回归的情形类似, 在模型的假定下, y 与 $x_1, x_2, \cdots, x_k$ 是否线性相关的问题, 仍可以通过对假设 $H_0: \beta_1 = \beta_2 = \cdots = \beta_k = 0$ 的检验得到验证, 若通过检验并拒绝了假设 H_0, 则认为它们之间存在线性关系. 为此, 我们仍提出原假设

$$H_0: \beta_1 = \beta_2 = \cdots = \beta_k = 0.$$

可以证明, 当 H_0 成立时, 统计量为

$$F = \frac{\text{SSR}}{k-1} \bigg/ \frac{\text{SSE}}{n-k} \sim F(k-1, n-k).$$

对给定的显著性水平 α, 由 F 分布上侧分位数表查得临界值 $F_\alpha(k-1, n-k)$. 若根据实测数据算得 $F > F_\alpha(k-1, n-k)$, 则拒绝 H_0, 即可以认为线性回归方程在水平 α 上显著; 反之, 则接受 H_0, 即可以认为线性回归方程在水平 α 上不显著.

在 F 检验中, SSR 和 SSE 可采用下面的公式:

$$\begin{cases} \text{SST} = l_{yy}, \\ \text{SSR} = \hat{\beta}_1 l_{1y} + \hat{\beta}_2 l_{2y} + \cdots + \hat{\beta}_k l_{ky}, \\ \text{SSE} = \text{SST} - \text{SSR}. \end{cases}$$

2. 各回归系数的显著性检验

当 F 检验通过后, 还应该对每个自变量的系数进行显著性检验.

零假设和备择假设分别为

$$H_0: \beta_i = 0, \qquad H_1: \beta_i \neq 0, \ i = 1, 2, \cdots, k.$$

在 H_0 成立的条件下

$$t^* = \frac{\hat{\beta}_j - \beta_j}{\hat{SE}(\hat{\beta}_j)} = \frac{\hat{\beta}_j}{\hat{\sigma}\sqrt{c_{jj}}} \sim t(n-k),$$

其中 $\hat{\sigma}^2 = \dfrac{\text{SSE}}{n-k}$, c_{jj} 为矩阵 $(\boldsymbol{X}^{\mathrm{T}}\boldsymbol{X})^{-1}$ 中与 $\hat{\beta}_j$ 对应的主对角线上的元素.

若用样本计算得到的 $|t^*| > t_\alpha(n-k)$, 则拒绝原假设.

在多元线性回归中, 需分别对每个回归系数逐个地进行 t 检验.

例 8.4　某科学基金会的管理人员欲了解从事研究工作的高水平的科学家的年工资额 Y(单位: 万元)与他们的研究成果(论文、著作等)的质量指标 X_1、从事研究的工作时间 X_2 (单位: 年)之间的关系, 为此按一定的设计方案调查了 15 位科学家, 得数据如表 8.5.

表 8.5

Y	33.2	40.3	38.7	46.8	41.4	37.5	39.0	40.7	30.1	52.9	38.2	31.8	43.3	44.1	42.8
X_1	3.5	5.3	5.1	5.8	4.2	6	6.8	5.5	3.1	7.2	4.5	4.9	8	6.5	6.6
X_2	9	20	18	33	31	13	25	30	5	47	25	11	23	35	39

试建立 Y 与 X_1, X_2 的线性回归模型(显著性水平 $\alpha = 0.05$).

解 1) 参数估计

将样本转化为矩阵形式

$$X = \begin{pmatrix} 1 & 3.5 & 9 \\ 1 & 5.3 & 20 \\ 1 & 5.1 & 18 \\ \vdots & \vdots & \vdots \\ 1 & 6.6 & 39 \end{pmatrix}_{15 \times 3}, \qquad Y = \begin{pmatrix} 33.2 \\ 40.3 \\ \vdots \\ 42.8 \end{pmatrix}.$$

根据公式 $\bar{\beta} = (X^T X)^{-1} X^T Y$ 可得

$$\bar{\beta} = \begin{pmatrix} \hat{\beta}_0 \\ \hat{\beta}_1 \\ \hat{\beta}_2 \end{pmatrix} = \begin{pmatrix} 25.2 \\ 1.04 \\ 0.37 \end{pmatrix},$$

即可得多元回归模型为

$$Y = 25.2 + 1.04 X_1 + 0.37 X_2,$$

2) 假设检验

(1) 回归方程显著性检验

提出假设 $H_0: \beta_1 = \beta_2 = 0$, $H_1: \beta_i$ 不全为零.

计算统计量 $F = \dfrac{\text{SSR}/(3-1)}{\text{SSE}/(15-3)} = 41.142$.

根据显著性水平 $\alpha = 0.05$,查表得 $F_{0.05}(3-1, 15-3) = 3.89$.

显然,$F > F_{0.05}(2, 12)$,故回归方程显著.

(2) 回归系数显著性检验

① 回归系数 β_1 的显著性检验

提出假设 $H_0: \beta_1 = 0$, $H_1: \beta_1 \neq 0$.

计算统计量

$$t^* = \frac{\hat{\beta}_1}{\hat{\sigma} \sqrt{c_{22}}} = 1.889.$$

根据显著性水平 $\alpha = 0.05$,查表得 $t_{0.05}(15-3) = 0.6955$.

显然 $|t^*| > t_{0.05}(12)$,拒绝原假设,故 Y 与 X_1 有显著的线性关系.

② 回归系数 β_2 的显著性检验

提出假设 $H_0: \beta_2 = 0$, $H_1: \beta_2 \neq 0$.

计算统计量

$$t^* = \frac{\hat{\beta}_2}{\hat{\sigma} \sqrt{c_{33}}} = 5.88.$$

根据显著性水平 $\alpha = 0.05$,查表得 $t_{0.05}(15-3) = 0.6955.$

显然 $|t^*| > t_{0.05}(12)$,拒绝原假设,故 Y 与 X_2 有显著的线性关系.

由此可见,科学家的年工资额与他们的研究成果(论文、著作等)的质量和从事研究的工作时间之间有显著的线性关系.

思政小课堂 20

【学】回归分析和方差分析是对前面学习的统计量、参数估计、假设检验的应用.回归分析是研究各因素对结果影响的一种模拟经验方程的办法,是确定两种或两种以上变量间相互依赖的定量关系的一种统计分析方法.方差分析是从观测变量的方差入手,研究诸多控制变量中哪些变量是对观测变量有显著影响的变量.

【思】方差分析是特殊情形的回归分析,是回归分析的特例,这种说法对吗?

【悟】无论是回归分析还是方差分析都是处理实际问题的数学工具.在学习好理论的同时要学会应用才能为今后的发展奠定良好的基础."宝剑锋从磨砺出,梅花香自苦寒来",希望大家在学习的过程中一不怕累,二不怕苦,心系家国情怀,为中华之崛起而读书,为实现中国梦而奉献自己的力量.

8.4　单因素方差分析

设在一项试验中,所考察的因素只有一个,即只有一个因素在改变,而其他因素保持不变,我们称这种试验为单因素试验.在试验中,我们将因素所处的状态称为水平.例如,在化工生产中,温度是一个因素,在 $50\,^\circ\!C$,$55\,^\circ\!C$,$60\,^\circ\!C$ 三个不同温度条件下做试验,每个温度值都是一个水平,共有三个水平.

8.4.1　数学模型

设在某试验中,因子 A 有 r 个不同水平 $A_1, A_2, \cdots, A_r$,在 A_i 水平下的试验结果 $X_i \sim N(\mu_i, \sigma^2)$,$i = 1, 2, \cdots, r$,且 $X_1, X_2, \cdots, X_r$ 间相互独立.在 A_i 水平下做了 t 次试验,获得了 t 个试验结果 X_{ij},$j = 1, 2, \cdots, t$.这可以看成是取自 X_i 的一个容量为 t 的样本,$i = 1, 2, \cdots, r$.由于 $X_{ij} \sim N(\mu_i, \sigma^2)$,故 X_{ij} 与 μ_i 的差可以看成一个随机误差 ε_{ij},$\varepsilon_{ij} \sim N(0, \sigma^2)$.因此可以假设 X_{ij} 具有下述数据结构式:

$$\begin{cases} X_{ij} = \mu_i + \varepsilon_{ij}, & i = 1, 2, \cdots, r; j = 1, 2, \cdots, t, \\ \varepsilon_{ij} \sim N(0, \sigma^2), & 1 \leqslant i \leqslant r, 1 \leqslant j \leqslant t. \quad (\varepsilon_{ij} \text{ 相互独立}) \end{cases}$$

这一数据结构式即为单因子方差分析的数学模型.要检验的假设:

$$H_0: \mu_1 = \mu_2 = \cdots = \mu_r, \qquad \text{(自变量对因变量没有显著影响)}$$

$$H_1: \mu_i (i = 1, 2, \cdots, r) \text{ 不全相等.} \qquad \text{(自变量对因变量有显著影响)}$$

如果拒绝原假设 H_0,则意味着自变量对因变量有显著影响,也就是自变量与因变量之间有显著关系;如果接受原假设 H_0,则表明自变量对因变量没有显著影响,也就是说,自变量与因变量之间没有显著关系.

8.4.2　构造检验的统计量

1. 构造统计量

为检验 H_0 是否成立,需要确定检验的统计量.

1)计算各样本的均值

假定从第 i 个总体中抽取一个容量为 t 的样本,令 $\bar{x}_i$ 为第 i 个总体的样本均值,则有

$$\bar{x}_i = \frac{\sum_{j=1}^{t} x_{ij}}{t}, \quad i = 1, 2, \cdots, r.$$

式中,t 为第 i 个总体的样本量;x_{ij} 为第 i 个总体的第 j 个观测值.

2)计算全部观测值的总均值

它是全部观测值的总和除以观测值的总个数,令总均值为 $\bar{x}$,则有

$$\bar{x} = \frac{\sum_{i=1}^{r} t\bar{x}_i}{n}, \quad n = rt.$$

3)计算各误差平方和

为构造检验的统计量,在方差分析中,需要计算三个误差平方和,它们是总平方和、组间平方和(因素平方和)和组内平方和(误差平方和).

(1)总平方和,记为 SST. 它是全部观测值 x_{ij} 与总平均值 $\bar{x}$ 的误差平方和,其计算公式为

$$\mathrm{SST} = \sum_{i=1}^{r} \sum_{j=1}^{t} (x_{ij} - \bar{x})^2.$$

(2)组间平方和,记为 SSA,它是各组平均值 $\bar{x}_i (i=1, 2, \cdots, r)$ 与总平均值 $\bar{x}$ 的误差平方和,反映各样本均值之间的差异程度,又称为组间平方和,其计算公式为

$$\mathrm{SSA} = \sum_{i=1}^{r} (\bar{x}_i - \bar{x})^2.$$

(3)组内平方和,记为 SSE. 它是每个水平或组的各样本数据与其组平均值误差的平方和,反映了每个样本各观测值的离散状况,因此又称为组内平方和或残差平方和.该平方和反映了随机误差的大小,其计算公式为

$$\mathrm{SSE} = \sum_{i=1}^{r} \sum_{j=1}^{t} (x_{ij} - \bar{x}_i)^2.$$

从上述三个误差平方和可以看出,SSA 是对随机误差和系统误差大小的度量,它反映了自变量对因变量的影响,也称为自变量效应或因子效应;SSE 是对随机误差大小的度量,它反映了除自变量对因变量的影响之外,其他因素对因变量的影响,因此 SSE 也被称为残差变量,它所引起的误差也称为残差效应;SST 是全部数据总误差程度的度量,它反映了自变量和残差变量的共同影响,因此它等于自变量效应加残差效应,即 SST=SSA+SSE.

（4）计算统计量

由于各误差平方和的大小与观测值的多少有关，为了消除观测值多少对误差平方和大小的影响，需要将其平均，也就是用各平方和除以它们所对应的自由度，这一结果称为均方和，也称为方差.三个平方和所对应的自由度分别为：

SST 的自由度为 $n-1$，其中 n 为全部观测值的个数.

SSA 的自由度为 $r-1$，其中 r 为因素水平（总体）的个数.

SSE 的自由度为 $n-r$.

由于要比较的是组间均方和与组内均方和之间的差异，所以通常只计算 SSA 的均方和和 SSE 的均方和.SSA 的均方和也称为组间均方和或组间方差，记为 MSA，其计算公式为

$$\text{MSA} = \frac{\text{SSA}}{r-1}.$$

SSE 的均方和也称为组内均方和或组内方差，记为 MSE，其计算公式为

$$\text{MSE} = \frac{\text{SSE}}{n-r}.$$

将上述 MSA 和 MSE 进行对比，即得到所需要的检验统计量 F，当 H_0 为真时，二者的比值服从分子自由度为 $r-1$、分母自由度为 $n-r$ 的 F 分布，即

$$F = \frac{\text{MSA}}{\text{MSE}} \sim F(r-1, n-r).$$

2. 统计决策

如果原假设 $H_0: \mu_1 = \mu_2 = \cdots = \mu_r$ 成立，则表明没有系统误差，组间方差 MSA 和组内方差 MSE 的比值差异就不会太大；如果组间方差显著大于组内方差，说明各水平（总体）之间的差异显然不仅仅有随机误差，还有系统误差.判断因素的水平是否对其观测值有显著影响，实际上也就是比较组间方差与组内方差之间差异的大小.那么，它们之间的差异大到何种程度，才表明有系统误差存在呢？这就需要用检验的统计量进行判断.将统计量的值 F 与给定的显著性水平 α 的临界值 F_α 进行比较，从而作出对原假设 H_0 的决策.

若 $F > F_\alpha$，则拒绝原假设 $H_0: \mu_1 = \mu_2 = \cdots = \mu_r$，也就是说，所检验的因素对观测值有显著影响.

若 $F < F_\alpha$，则不拒绝原假设 H_0，没有证据表明 $\mu_i(i=1, 2, \cdots, r)$ 之间有显著差异，也就是说，这时还不能认为所检验的因素对观测值有显著影响.

在具体计算时，SSA，SSE 的计算可简化如下：

$$\begin{cases} \text{SST} = \sum_{i=1}^{r} \sum_{j=1}^{t} x_{ij}^2 - n\,\bar{x}^2, \\ \text{SSA} = \sum_{i=1}^{r} \frac{x_{i\cdot}^2}{t} - n\,\bar{x}^2, \quad x_{i\cdot} = \sum_{j=1}^{t} x_{ij}, \\ \text{SSE} = \text{SST} - \text{SSA}. \end{cases}$$

可以将计算结果列表如表 8.6 所示.

表 8.6

来源	平方和		自由度	均方和	F 比
因子 A	$SSA = \sum_{i=1}^{r} \dfrac{x_{i\cdot}^2}{t} - n\bar{x}^2$		$r-1$	$\dfrac{SSA}{r-1}$	$F_A = \dfrac{SSA}{r-1} \Big/ \dfrac{SSE}{n-r}$
误差 E	$SSE = SST - SSA$		$n-r$	$\dfrac{SSE}{n-r}$	
总和	$SST = \sum_{i=1}^{r} \sum_{j=1}^{t} x_{ij}^2 - n\bar{x}^2$		$n-1$		$F_a(r-1, n-r)$

例 8.5 表 8.7 列出了对某种农作物产量的 20 个相互独立的观测值,按所施的肥料种类将这些观测值分成 5 组,每组由 4 个观测值组成,其中有一组是没有施肥的.假设产量服从方差相等的正态分布.试问:施肥与否对产量是否有显著影响($\alpha = 0.05$)?

表 8.7

组别	施的肥料	观测值 x_{ij}				$\bar{x}_i$	组别	施的肥料	观测值 x_{ij}				$\bar{x}_i$
1	没有施肥	67	67	55	42	57.75	4	$N+P_2O_5$	79	64	81	70	73.50
2	K_2O+N	98	96	91	66	87.75	5	$K_2O+P_2O_5+N$	90	70	79	88	81.75
3	$K_2O+P_2O_5$	60	69	50	35	53.50							

解 设所施肥料为因子 A,分成的五个组分别是 A 的 5 个水平 A_1, A_2, A_3, A_4, A_5,它们的样本均值分别为 $\mu_i (i=1,2,3,4,5)$.

$$H_0: \mu_1 = \mu_2 = \mu_3 = \mu_4 = \mu_5.$$

将有关的数值计算结果列表如下(表 8.8).

表 8.8

观测值	组　　别					
	A_1	A_2	A_3	A_4	A_5	
1	67	98	60	79	90	
2	67	96	69	64	70	
3	55	91	50	81	79	
4	42	66	35	70	88	
$x_{i\cdot}$	231	351	214	294	327	$\sum\limits_{i=1}^{5}\sum\limits_{j=1}^{4} x_{ij} = 1417$
$x_{i\cdot}^2$	53 361	123 201	45 796	86 436	106 929	$\sum\limits_{i=1}^{5} x_{i\cdot}^2 = 415\,723$

$n = 20.$

$$\sum_{i=1}^{5} \sum_{j=1}^{4} x_{ij}^2 = 106\,093, \qquad \frac{1}{20}\left(\sum_{i=1}^{5}\sum_{j=1}^{4} x_{ij}\right)^2 = 100\,394.45.$$

$\bar{x} = 70.85.$

$SST = 106\,093 - 100\,394.45 = 5698.55.$

$$\text{SSA} = \frac{1}{4} \times 415\,723 - 100\,394.45 = 3536.3.$$

$$\text{SSE} = 5698.55 - 3536.3 = 2162.25.$$

由表 8.9 可知，$F_A > F_{0.05}(4,15)$，所以在 $\alpha = 0.05$ 的显著性水平拒绝 H_0，即不同种类的肥料对该农作物的产量在 0.05 水平上有显著差异.

表 8.9

来源	平方和	自由度	均方和	F 比
因子 A	3536.3	4	884.075	$F_A = 6.1330$
误差 E	2162.25	15	144.150	
总和	5698.55	19		$F_{0.05}(4,15) = 3.06$

8.5 双因素方差分析

8.4 节中，我们介绍了单因素方差分析，但在很多试验中影响试验结果的因素不止一个，先看下面的例子.

例如有 4 个品牌的计算机在 5 个地区销售，试分析品牌和销售地区对计算机的销售量是否有显著影响. 在上面的例子中，品牌和地区是两个自变量，销售量是一个因变量. 同时分析品牌和销售地区对销售量的影响，分析究竟是一个因素在起作用，还是两个因素在起作用，还是两个因素都不起作用，这就是一个双因素方差分析问题.

在双因素方差分析中，由于有两个因素影响，例如计算机的"品牌"因素和"地区"因素，如果"品牌"和"地区"对销售量的影响是相互独立的，分别判断"品牌"和"地区"对销售量的影响，这时的双因素方差分析称为无交互作用的双因素方差分析，或称为无重复双因素分析；如果除了"品牌"和"地区"对销售量的单独影响外，两个因素的搭配还会对销售量产生一种新的影响效应，例如，某个地区对某种品牌的计算机有特殊偏好，这就是两个因素结合后产生的新效应，这时的双因素方差分析称为有交互作用的双因素方差分析，或称为可重复双因素分析.

设在某一试验中有两个变化因素，因子 A 有 r 个不同的水平 $A_1, A_2, \cdots, A_r$，因子 B 有 s 个不同的水平 $B_1, B_2, \cdots, B_s$. 在每一水平组合 (A_i, B_j) 下各做一次试验，观察值为 x_{ij}，$x_{ij} \sim N(\mu_{ij}, \sigma^2)$，$i = 1, 2, \cdots, r; j = 1, 2, \cdots, s$.

检验 H_0：一切 μ_{ij} 相等.

若 H_0 不成立，则需要进一步了解究竟是 A 的水平不同，还是 B 的水平不同，还是二者都有，所以要把 H_0 化成几个假设，我们先引入下面的一些符号：

$$\bar{\mu} = \frac{1}{rs} \sum_{i=1}^{r} \sum_{j=1}^{t} \mu_{ij}, \quad \bar{\mu}_{i\cdot} = \frac{1}{s} \sum_{j=1}^{s} \mu_{ij}, \quad \bar{\mu}_{\cdot j} = \frac{1}{r} \sum_{i=1}^{r} \mu_{ij},$$

$$\alpha_i = \bar{\mu}_{i\cdot} - \bar{\mu}, \quad i = 1, 2, \cdots, r, \quad \beta_j = \bar{\mu}_{\cdot j} - \bar{\mu}, \quad j = 1, 2, \cdots, s,$$

$$\gamma_{ij} = \mu_{ij} - \bar{\mu} - \alpha_i - \beta_j, \quad i = 1, 2, \cdots, r; j = 1, 2, \cdots, s,$$

称 α_i 为因子 A 第 i 个水平的效应，β_j 为因子 B 第 j 个水平的效应，γ_{ij} 为因子 A 第 i 个水平与因子 B 第 j 个水平的交互效应. 易知

$$\mu_{ij} = \bar{\mu} + \alpha_i + \beta_j + \gamma_{ij}, \quad i = 1,2,\cdots,r; j = 1,2,\cdots,s.$$

且

$$\sum_{i=1}^{r} \alpha_i = 0, \quad \sum_{j=1}^{s} \beta_j = 0,$$

$$\sum_{j=1}^{s} \gamma_{ij} = 0, \quad i = 1,2,\cdots,r, \quad \sum_{i=1}^{r} \gamma_{ij} = 0, \quad j = 1,2,\cdots,s.$$

下面分两种情况讨论双因素方差分析的数学模型.

8.5.1 无交互作用的双因素方差分析

1. 数学模型

若 $\mu_{ij} = \bar{\mu} + \alpha_i + \beta_j; i = 1,2,\cdots,r; j = 1,2,\cdots,s$,即 $\gamma_{ij} = 0$,则在水平组合 (A_i, B_j) 下各做一次试验,其结果为 x_{ij},数学模型为

$$\begin{cases} x_{ij} = \bar{\mu} + \alpha_i + \beta_j + \varepsilon_{ij}, \quad i = 1,2,\cdots,r; j = 1,2,\cdots,s, \\ \sum_{i=1}^{r} \alpha_i = 0, \quad \sum_{j=1}^{s} \beta_j = 0, \\ \varepsilon_{ij} \sim N(0, \sigma^2). \end{cases}$$

ε_{ij} 之间相互独立.

检验的问题等价于

$$H_{01}: \alpha_1 = \alpha_2 = \cdots = \alpha_r = 0, \quad H_{02}: \beta_1 = \beta_2 = \cdots = \beta_s = 0.$$

若否定 H_{01},说明因子 A 对试验有显著影响;若否定 H_{02},说明因子 B 对试验有显著影响;若接受 H_{01} 和 H_{02},说明因子 A 和因子 B 对试验都没有显著影响.

2. 构造检验的统计量

(1) 构造统计量

为了寻找检验统计量,要对总的偏差平方和 SST 进行平方和分解,即

$$\text{SST} = \sum_{i=1}^{r} \sum_{j=1}^{s} (x_{ij} - \bar{x})^2$$

$$= \sum_{i=1}^{r} \sum_{j=1}^{s} (\bar{x}_{i.} - \bar{x})^2 + \sum_{i=1}^{r} \sum_{j=1}^{s} (\bar{x}_{.j} - \bar{x})^2 + \sum_{i=1}^{r} \sum_{j=1}^{s} (x_{ij} - \bar{x}_{i.} - \bar{x}_{.j} + \bar{x})^2,$$

其中,分解后的等式右边的第一项是因子 A 所产生的误差平方和,记为 SSA,即

$$\text{SSA} = \sum_{i=1}^{r} \sum_{j=1}^{s} (\bar{x}_{i.} - \bar{x})^2.$$

第二项是因子 B 所产生的误差平方和,记为 SSB,即

$$\text{SSB} = \sum_{i=1}^{r} \sum_{j=1}^{s} (\bar{x}_{.j} - \bar{x})^2.$$

第三项是除因子 A 和因子 B 之外的其余因素影响产生的误差平方和,称为随机误差平方和,记为 SSE,即

$$\text{SSE} = \sum_{i=1}^{r} \sum_{j=1}^{s} (x_{ij} - \bar{x}_{i.} - \bar{x}_{.j} + \bar{x})^2.$$

与各误差平方和相对应的自由度分别是:总平方和 SST 的自由度为 $rs-1$;因子 A 的

误差平方和 SSA 的自由度为 $r-1$;因子 B 的误差平方和 SSB 的自由度为 $t-1$;随机误差平方和 SSE 的自由度为 $(r-1)(s-1)$.

为构造统计量,需要计算下列各均方和:

因子 A 的均方和,记为 MSA,即

$$\text{MSA} = \frac{\text{SSA}}{r-1}.$$

因子 B 的均方和,记为 MSB,即

$$\text{MSB} = \frac{\text{SSB}}{s-1}.$$

随机误差项的均方和,记为 MSE,即

$$\text{MSE} = \frac{\text{SSE}}{(r-1)(s-1)}.$$

为检验因子 A 对因变量的影响是否显著,采用下面的统计量:

$$F_A = \frac{\text{MSA}}{\text{MSE}} \sim F(r-1,(r-1)(s-1)).$$

为检验因子 B 对因变量的影响是否显著,采用下面的统计量:

$$F_B = \frac{\text{MSB}}{\text{MSE}} \sim F(s-1,(r-1)(s-1)).$$

（2）统计决策

根据给定的显著性水平 α 和两个自由度,查 F 分布表得到相应的临界值 F_α,然后将 F_A 和 F_B 与 F_α 进行比较.

若 $F_A > F_\alpha$,则拒绝原假设 H_{01},表明所检验的因子 A 对因变量有显著影响.

若 $F_B > F_\alpha$,则拒绝原假设 H_{02},表明所检验的因子 B 对因变量有显著影响.

在具体计算时,SST,SSA,SSB,SSE 可按如下式子计算:

$$\text{SST} = \sum_{i=1}^{r} \sum_{j=1}^{s} x_{ij}^2 - \frac{1}{n}\Big(\sum_{i=1}^{r} \sum_{j=1}^{s} x_{ij}\Big)^2, \quad n = rs,$$

$$\text{SSA} = \sum_{i=1}^{r} \frac{1}{s} x_{i\cdot}^2 - \frac{1}{n}\Big(\sum_{i=1}^{r} \sum_{j=1}^{s} x_{ij}\Big)^2, \quad \text{SSB} = \sum_{j=1}^{s} \frac{1}{r} x_{\cdot j}^2 - \frac{1}{n}\Big(\sum_{i=1}^{r} \sum_{j=1}^{s} x_{ij}\Big)^2,$$

$$\text{SSE} = \text{SST} - \text{SSA} - \text{SSB}.$$

可以将计算结果列表如下（表 8.10）.

表　8.10

来源	平　方　和	自由度	均方和	F 比
因子 A	$\text{SSA} = \sum\limits_{i=1}^{r} \dfrac{1}{s} x_{i\cdot}^2 - n\bar{x}^2$	$r-1$	$\dfrac{\text{SSA}}{r-1}$	$F_A = \dfrac{\text{SSA}}{r-1} \Big/ \dfrac{\text{SSE}}{(r-1)(s-1)}$
因子 B	$\text{SSB} = \sum\limits_{j=1}^{s} \dfrac{1}{r} x_{\cdot j}^2 - n\bar{x}^2$	$s-1$	$\dfrac{\text{SSB}}{s-1}$	$F_B = \dfrac{\text{SSB}}{s-1} \Big/ \dfrac{\text{SSE}}{(r-1)(s-1)}$
误差 E	$\text{SSE} = \text{SST} - \text{SSA} - \text{SSB}$	$(r-1)(s-1)$	$\dfrac{\text{SSE}}{(r-1)(s-1)}$	
总和	$\text{SST} = \sum\limits_{i=1}^{r} \sum\limits_{j=1}^{s} x_{ij}^2 - n\bar{x}^2$	$rs-1$	$F_\alpha(r-1,(r-1)(s-1))$ $F_\alpha(s-1,(r-1)(s-1))$	

例 8.6 根据表 8.11 所列资料分析不同地区和不同年份对农民家庭人均收入的影响(单位:元,$\alpha = 0.05$).

表 8.11

年份	城 市				
	北京	天津	河北	山西	内蒙古
1980	290.64	227.92	175.78	155.78	181.32
1981	350.67	297.77	204.41	179.53	225.14
1982	432.63	326.12	235.73	227.18	267.03
1983	519.48	411.69	298.07	275.78	294.20
1984	664.16	504.64	345.00	350.50	336.12
1985	775.08	564.55	385.23	358.32	360.41

解 设年份为因子 A,地区为因子 B,$r=6$,$s=5$,$n=rs=30$.

H_{01}:$\alpha_1 = \alpha_2 = \alpha_3 = \alpha_4 = \alpha_5 = \alpha_6 = 0$, H_{02}:$\beta_1 = \beta_2 = \beta_3 = \beta_4 = \beta_5 = 0$.

根据无交互作用的双因子方差分析的公式计算,即得表 8.12.

表 8.12

来源	平方和	自由度	均方和	F 比
因子 A	286 598.063	5	57 319.6126	$F_A = 23.43$ $F_B = 27.89$
因子 B	272 935.958	4	68 233.9895	
误差 E	48 930.511	20	2446.525	
总和	608 464.532	29	$F_{0.05}(4,20) = 2.87$ $F_{0.05}(5,20) = 2.71$	

因为 $F_A > F_{0.05}(5,20)$,所以拒绝 H_{01},即可以认为不同年份对农民家庭人均收入有显著影响;又 $F_B > F_{0.05}(4,20)$,所以拒绝 H_{02},即可以认为不同地区对农民家庭人均收入有显著影响.

8.5.2 有交互作用的双因素方差分析

在上面的分析中,假定两个因素对因变量的影响是独立的,但如果两个因素搭配在一起会对因变量产生一种新的效应,就需要考虑交互作用对因变量的影响,这就是有交互作用的双因素方差分析.

1. 数学模型

若 $\mu_{ij} = \bar{\mu} + \alpha_i + \beta_j$,$i = 1,2,\cdots,r$;$j = 1,2,\cdots,s$,则在每个水平组合 (A_i,B_j) 下做 t 次试验,每次的试验结果为 x_{ijk},那么有交互作用的数学模型为

$$\begin{cases} \mu_{ijk} = \bar{\mu} + \alpha_i + \beta_j + \gamma_{ij}, & 1 \leqslant i \leqslant r, 1 \leqslant j \leqslant s, \\ \sum\limits_{i=1}^{r} \alpha_i = 0, & \sum\limits_{j=1}^{s} \beta_j = 0, \\ \sum\limits_{i=1}^{r} \gamma_{ij} = \sum\limits_{j=1}^{s} \gamma_{ij} = 0, \\ \varepsilon_{ijk} \sim N(0, \sigma^2), & 1 \leqslant k \leqslant t. \end{cases}$$

要检验的假设为

$$H_{01}: \alpha_1 = \alpha_2 = \cdots = \alpha_r = 0; \quad H_{02}: \beta_1 = \beta_2 = \cdots = \beta_s = 0;$$

$$H_{03}: \gamma_{ij} = 0, \quad \text{对一切 } i, j.$$

2. 构造检验的统计量

（1）构造统计量

先引入下面的记号：

x_{ijk} 为对应于行因素的第 i 个水平和列因素的第 j 个水平的第 k 行的观测值；

$\bar{x} = \dfrac{1}{n} \sum\limits_{i=1}^{r} \sum\limits_{j=1}^{s} \sum\limits_{k=1}^{t} x_{ijk}$（$n = rst$）为全部观测值的总平均值；

$\bar{x}_{i\cdot}$ 为行因素的第 i 个水平的样本均值；

$\bar{x}_{\cdot j}$ 为列因素的第 j 个水平的样本均值；

$\bar{x}_{ij}$ 为行因素的第 i 个水平和列因素的第 j 个水平组合的样本均值.

各平方和的计算公式如下：

总平方和

$$\mathrm{SST} = \sum_{i=1}^{r} \sum_{j=1}^{s} \sum_{k=1}^{t} (x_{ijk} - \bar{x})^2.$$

行变量平方和

$$\mathrm{SSA} = st \sum_{i=1}^{r} (\bar{x}_{i\cdot} - \bar{x})^2.$$

列变量平方和

$$\mathrm{SSB} = rt \sum_{j=1}^{s} (\bar{x}_{\cdot j} - \bar{x})^2.$$

交互作用平方和

$$\mathrm{SSAB} = t \sum_{i=1}^{r} \sum_{j=1}^{s} (\bar{x}_{ij} - \bar{x}_{i\cdot} - \bar{x}_{\cdot j} + \bar{x})^2.$$

误差平方和

$$\mathrm{SSE} = \mathrm{SST} - \mathrm{SSA} - \mathrm{SSB} - \mathrm{SSAB}.$$

与无交互作用的双因素方差分析类似，可以计算出：

SSE 的自由度为 $rs(t-1)$；SSA 的自由度为 $r-1$；

SSB 的自由度为 $s-1$；SSAB 的自由度为 $(r-1)(s-1)$.

可以证明，当 H_{01} 为真时，

$$F_A = \frac{\mathrm{SSA}}{r-1} \Big/ \frac{\mathrm{SSE}}{rs(t-1)} \sim F(r-1, rs(t-1));$$

当 H_{02} 为真时,

$$F_B = \frac{SSB}{s-1} \bigg/ \frac{SSE}{rs(t-1)} \sim F(s-1, rs(t-1));$$

当 H_{03} 为真时,

$$F_{AB} = \frac{SSAB}{(r-1)(s-1)} \bigg/ \frac{SSE}{rs(t-1)} \sim F((r-1)(s-1), rs(t-1)).$$

(2) 统计决策

对给定的显著性水平 α,若 $F_A > F_\alpha(r-1, rs(t-1))$,则拒绝 H_{01};若 $F_B > F_\alpha(s-1, rs(t-1))$,则拒绝 H_{02};若 $F_{AB} > F_\alpha((r-1)(s-1), rs(t-1))$,则拒绝 H_{03}.

可以把计算结果列成一张方差分析表(表 8.13).

表 8.13

来 源	平方和	自由度	均 方 和	F 比
因子 A	SSA	$r-1$	$\dfrac{SSA}{r-1}$	$F_A = \dfrac{SSA}{r-1} \bigg/ \dfrac{SSE}{t-1}$
因子 B	SSB	$s-1$	$\dfrac{SSB}{s-1}$	$F_B = \dfrac{SSB}{s-1} \bigg/ \dfrac{SSE}{t-1}$
交互作用 AB	SSAB	$(r-1)(s-1)$	$\dfrac{SSAB}{(r-1)(s-1)}$	$F_{AB} = \dfrac{SSAB}{(r-1)(s-1)} \bigg/ \dfrac{SSE}{t-1}$
误差 E	SSE	$t-1$	$\dfrac{SSE}{t-1}$	
总和	SST	$rst-1$	$F_\alpha(r-1, rs(t-1)),\ F_\alpha(s-1, rs(t-1))$ $F_\alpha((r-1)(s-1), rs(t-1))$	

例 8.7 用 4 种燃料、3 种推进器作火箭射程试验,对燃料与推进器的每一种搭配,各发射火箭两次,得数据如表 8.14 所示.

表 8.14

燃料	推 进 器					
	B_1		B_2		B_3	
A_1	58.2	52.6	56.2	41.2	65.3	60.8
A_2	49.1	42.8	54.1	50.5	51.6	48.4
A_3	60.1	58.3	70.9	73.2	39.2	40.7
A_4	75.8	71.5	58.2	51.0	48.7	41.4

试在显著性水平 0.05 下检验燃料之间、推进器之间各有无显著性差异,燃料与推进器搭配作用是否显著?

解 $H_{01}: \alpha_1 = \alpha_2 = \alpha_3 = \alpha_4 = 0$;$H_{02}: \beta_1 = \beta_2 = \beta_3 = 0$;$H_{03}: \gamma_{ij} = 0\,(i=1,2,3,4; j=1,2,3)$.

相关数据计算表如下(表 8.15):

表　8.15

燃料	推进器				
	B_1	B_2	B_3	$x_i..$	$x_i^2..$
A_1	58.2　52.6 (110.8)	56.2　41.2 (97.4)	65.3　60.8 (126.1)	334.3	111 756.49
A_2	49.1　42.8 (91.9)	54.1　50.5 (104.6)	51.6　48.4 (100.0)	296.5	87 912.25
A_3	60.1　58.3 (118.4)	70.9　73.2 (144.1)	39.2　40.7 (79.9)	342.4	11 723.76
A_4	75.8　71.5 (147.3)	58.2　51.0 (109.2)	48.7　41.4 (90.1)	346.6	120 131.56
$x._j.$	468.4	455.3	396.1	1319.8	437 038.06
$x^2._j.$	219 398.56	207 298.09	156 895.21	$\sum\limits_{j} x^2._j. = 583\ 591.86$	

$r = 4$，$s = 3$，$t = 2$，$n = rst = 24$.

$$\sum_{i=1}^{4}\sum_{j=1}^{3}\sum_{t=1}^{2} x_{ijk}^2 = 75\ 216.3.$$

$$\frac{1}{24}\Big(\sum_{i=1}^{4}\sum_{j=1}^{3}\sum_{t=1}^{2} x_{ijk}\Big)^2 = \frac{1}{24}\times 1319.8^2 = 72\ 578.002.$$

$$\sum_{i=1}^{4}\sum_{j=1}^{3} x_{ij.}^2 = 149\ 958.7.$$

$$\text{SST} = 75\ 216.3 - 72\ 578.002 = 2638.298.$$

$$\text{SSA} = \frac{1}{6}\times 437\ 038.06 - 72\ 578.002 = 261.675.$$

$$\text{SSB} = \frac{1}{8}\times 583\ 591.86 - 72\ 578.002 = 370.981.$$

$$\text{SSAB} = \frac{1}{2}\times 149\ 958.7 - 72\ 578.002 - 261.675 - 370.981 = 1768.692.$$

具体的计算结果见表 8.16.

由于 $F_A > F_{0.05}(3,12)$，所以拒绝 H_{01}，即燃料间有显著差异.

由于 $F_B > F_{0.05}(2,12)$，所以拒绝 H_{02}，即推进器间有显著差异.

由于 $F_{AB} > F_{0.05}(6,12)$，所以拒绝 H_{03}，即燃料与推进器搭配作用显著.

表 8.16　方差分析表

来源	平方和	自由度	均方和	F 比
因子 A	261.675	3	87.225	$F_A = 4.42$
因子 B	370.981	2	185.491	$F_B = 9.39$
交互作用 AB	1768.692	6	294.782	$F_{AB} = 14.93$
误差 E	236.950	12	19.746	
总和	2638.298	23	$F_{0.05}(3,12) = 3.49, F_{0.05}(2,12) = 3.89$ $F_{0.05}(6,12) = 3.00$	

习 题 8

一、填空题

1. 在单因素方差分析中,SST = SSE + SSA 称为 _____ , SSE 称为 _____ , SSA 称为 _____ .

2. 在方差分析中,常用的检验法为 _____ .

3. 方差分析的基本方法就是求出某因素的效应平方和与误差平方和之比. _____ 越大,说明该因素的影响越 _____ .

4. 设随机变量 y 和变量 x 满足 $y = \beta_0 + \beta_1 x + \varepsilon, \varepsilon \sim N(0, \sigma^2)$,则未知参数 β_0, β_1 的最小二乘估计 $\hat{\beta}_1 = $ _____ , $\hat{\beta}_0 = $ _____ .

二、计算题

1. 有一个年级有三个小班,进行了一次外语测验,现从各个班级随机地抽取了一些学生,记录其成绩如下:

班级 1	73	66	89	60	82	45	43	93	80	36	73	77	
班级 2	88	77	78	31	48	78	91	62	51	76	85	96	74	80	56
班级 3	68	41	79	59	68	91	53	71	79	71	15	87	56

试在显著性水平 $\alpha = 0.05$ 下检验各班级的平均分数有无显著性差异. 设各总体服从正态分布,且方差相等.

2. 为了研究金属管防腐蚀的功能,考虑 4 种不同的涂料涂层埋在 3 种不同性质的土壤中,经过一段时间后,测得金属管腐蚀的最大深度如下表所示(以 mm 计):

	土壤类型(因子 B)				土壤类型(因子 B)		
	1	2	3		1	2	3
涂层(因子 A)	1.63	1.35	1.27	涂层(因子 A)	1.19	1.14	1.27
	1.34	1.30	1.22		1.30	1.09	1.32

试在显著性水平 $\alpha = 0.05$ 下检验在不同涂层下腐蚀的最大深度的平均值有无显著性差异;在不同土壤下腐蚀的最大深度的平均值有无显著性差异. 设两因素间没有交互作用.

3. 下表列出了某种化工过程在 3 种浓度、4 种温度水平下得率的数据. 假设在各水平搭配下得率的总体服从正态分布,且方差相等. 试在显著性水平 $\alpha = 0.05$ 下检验在不同浓度下得率有无显著性差异;在不同温度下得率是否有显著差异,交互作用的效应是否显著.

浓度/%	温度/℃			
	10	24	38	52
2	14	11	13	10
	10	11	9	12
4	9	10	7	6
	7	8	11	10
6	5	13	12	14
	11	14	13	10

4. 根据国家统计局统计资料,我国城镇居民的人均每月收入 x 和生活消费每月支出 y 的数据如下(单位:元):

x	37.2	41.36	47.5	52.7	55.3	61.2	64.4
y	39.2	39.2	47.8	47.8	54.2	54.2	62.3
x	70.9	75.4	82.8	87.9	96.7	112.3	123.17
y	62.3	71.3	71.3	82.3	82.3	105.2	105.2

(1) 求 y 对 x 的线性回归方程;

(2) 检验回归效果是否显著($\alpha=0.05$);

(3) 若已知 1987 年的人均月收入为 160 元,预测 1987 年的人均月消费支出为多少元?

5. 研究高磷钢的效率(y)与出钢量(x_1)和 FeO(x_2)的关系,测得数据如下:

x_1	115.3	96.5	56.9	101.0	102.9	87.9
x_2	14.2	14.6	14.9	14.9	18.2	13.2
y	83.5	78.0	73.0	91.4	83.4	82.0
x_1	101.4	109.8	103.4	110.6	80.3	93.0
x_2	13.5	20.0	13.0	15.3	12.9	14.7
y	84.0	80.0	88.0	86.5	81.0	88.6
x_1	88.0	88.0	108.9	89.5	104.4	101.9
x_2	16.4	18.1	15.4	18.3	13.8	12.2
y	81.5	85.7	81.9	79.1	89.9	80.6

(1) 假设效率与出钢量和 FeO 有线性关系,求回归方程 $\hat{y}=\beta_0+\beta_1 x_1+\beta_2 x_2$;

(2) 检验回归方程的显著性($\alpha=0.05$).

MATLAB 软件的使用

本章首先介绍常用概率分布的概率密度函数、分布函数、均值和方差的 MATLAB 命令；接下来介绍参数估计函数，包括点估计命令、极大似然估计命令和区间估计命令；以及假设检验函数和回归分析及方差分析的应用.

9.1 关于概率分布的计算

MATLAB 的统计工具箱(statistic toolbox)为 21 种常用分布提供了 5 种功能函数：概率密度函数、分布函数、分位数、随机数的生成以及均值和方差的计算. 其命令分别为 pdf，cdf，inv，rnd 以及 stat. 当要计算一种分布的某一功能函数值（如概率密度函数值）时，只需将分布命令字符与函数命令字符连接起来，并输入自变量(可以是标量、数组或矩阵)和参数即可. 下面将常用分布的概率密度函数、分布函数、均值和方差列在表 9.1 中.

表 9.1 常用分布的命令

分布类型	概率密度函数	概率分布函数	均值和方差
二项分布	binopdf(k,n,p)	binocdf(k,n,p)	binostat(k,n,p)
泊松分布	poisspdf(k,λ)	poisscdf(k,λ)	poissstat(k,λ)
几何分布	geopdf(k,p)	geocdf(k,p)	geostat(k,p)
均匀分布	unifpdf(a,b)	unifcdf(a,b)	unifstat(a,b)
指数分布	exppdf($1/\lambda$)	expcdf($1/\lambda$)	expstat($1/\lambda$)
正态分布	normpdf(μ,σ^2)	normcdf(μ,σ^2)	normstat(μ,σ^2)

例 9.1 某机房有 12 台计算机，每台计算机是否工作相互独立. 若每台计算机在任一时刻处于闲置状态的概率为 0.3，求任一时刻机房恰有 4 台计算机处于闲置状态的概率.

解 在 MATLAB 命令窗口中，输入如下命令：

```
>>binopdf(4,12,0.3)
ans=0.2311.
```

即 $P_{12}(4)=C_{12}^4 \times 0.3^4 \times 0.7^8=0.2311$.

例 9.2 设某种动物寿命 X(单位：岁)服从 $\lambda=0.01$ 的指数分布，求：

(1) 该动物寿命在 $50\sim150$ 岁的概率；

(2) 已知该动物现 100 岁，求它的寿命不少于 200 岁的概率.

解 (1) $P\{50 \leqslant X \leqslant 150\}=F(150)-F(50)=0.3834$.

在 MATLAB 命令窗口中,输入命令≫expcdf(150,100)－expcdf(50,100),得到结果 ans＝0.3834.

(2) $P\{X\geqslant 200 \,|\, X\geqslant 100\}=\dfrac{P\{X\geqslant 200\}}{P\{X\geqslant 100\}}=0.3679.$

在 MATLAB 命令窗口中,输入命令≫[1－expcdf(200,100)]/[1－expcdf(100,100)], 得到结果 ans＝0.3679.

由(2)可知,动物活过 200 岁的概率等于动物已经 100 岁的条件下再活 100 岁的概率,这种性质称为指数分布的"无记忆性".

例 9.3　设轴的长度 $X\sim N(10,0.01)$,如果轴的长度在$(10-0.2,10+0.2)$范围内算合格.今有 4 根轴,求:

(1) 恰有 3 根轴长度合格的概率;

(2) 至少有 3 根轴长度合格的概率.

解　(1) 轴长度合格的概率为 $P\{10-0.2<X<10+0.2\}=2\Phi(2)-1=0.9544$,恰有 3 根轴长度合格的概率为 $C_4^3\times 0.9544^3\times(1-0.9544)\approx 0.1586.$

(2) 至少有 3 根轴长度合格的概率为 $C_4^3\times 0.9544^3\times(1-0.9544)+0.9544^3\approx 0.9883.$

在 MATLAB 命令窗口中,输入如下命令:

```
>>p=normcdf(10+0.2,10,sqrt(0.01))-normcdf(10-0.2,10,sqrt(0.01))
                                              %轴长度合格的概率
p =
   0.9544
>>p1= binopdf(3,4,p)          %3根轴长度合格的概率
p1 =
   0.1586
>>p2= 1- binocdf(2,4,p)       %至少3根轴长度合格的概率
p2 =
   0.9883
```

9.2　参数估计函数

MATLAB 的统计工具箱提供了常用概率分布的参数估计.统计工具箱采用极大似然估计法给出参数的点估计,并给出区间估计,另外还提供了部分分布的对数似然函数的计算功能.

由于用矩法求参数估计的实质是求与未知参数相对应的样本矩,利用统计工具箱提供的求矩函数 moment,就可进行矩估计.下面以正态分布为例介绍这些函数的用法.

9.2.1　函数 moment 的用法

矩估计表达式为 m＝moment(x,order).给定样本 x 的整数 order 阶的中心矩.当 x 是向量时,m 是指定中心矩;当 x 是矩阵时,则给定每一列的中心矩.注意一阶中心矩是 0.

例 9.4　一个灯泡厂从某天生产的一大批 40W 灯泡中随机抽取 10 只进行寿命检验,

得到如下数据(单位：h)：

> 1050　1100　1080　1120　1200　1250　1040　1130　1300　1200.

试用矩估计法估计该厂当天生产的这批灯泡的平均寿命及寿命的方差.

解 命令如下：

```
>>data=[1050  1100  1080  1120  1200  1250  1040  1130  1300  1200];
>>mu=mean(data)
mu=1147                          %均值的矩估计是1147
>>v=moment(data,2)
v=6821                           %方差的矩估计是6821
```

9.2.2　函数 mle 的用法

区间估计表达式：[phat,pci]＝mle(dist,data,alpha,pl).给定指定分布 dist 参数的极大似然估计 phat 以及置信水平为 $100(1-\text{alpha})\%$ 的置信区间，pci,data 是数据向量，pl 是二项分布的试验次数，不是二项分布可以不必给出. alpha 的默认值是 0.05，相应于置信水平为 95%.

例 9.5 一个灯泡厂从某天生产的一大批 40W 灯泡中随机抽取 10 只进行寿命检验，得到如下数据(单位：h)：

> 1050　1100　1080　1120　1200　1250　1040　1130　1300　1200.

试用极大似然估计法估计该厂当天生产的这批灯泡的平均寿命及寿命的方差.

解 命令如下：

```
>>data=[1050  1100  1080  1120  1200  1250  1040  1130  1300  1200];
>>[phat,pci]=mle('norm',data)
phat=1.0e+003 *
   1.1470  0.0826                %均值的极大似然估计为1147
pci=1.0e+003 *
1.0958  0.0464
1.1982  0.1188                   %均值的95%区间估计
phat(2)^2
ans=6.8210e+003                  %方差的点估计
```

9.2.3　区间估计函数

学习用 MATLAB 命令求一个正态总体的均值、方差的置信区间的方法；求两个正态总体的均值差和方差比的置信区间的方法.

1. 一个正态总体在方差已知的条件下，求均值的置信区间

在 MATLAB 工具箱中没有现成的命令，可以通过编制 M 函数或 M 文件来实现.

例 9.6 已知幼儿身高 $X \sim N(\mu,49)$，现从 5～6 岁的幼儿中随机地抽取了 8 人，其身高分别为(单位：cm)：115　120　131　115　109　115　105　110，求总体均值 μ 的 $1-\alpha$ 置信区间($\alpha=0.05$).

解 命令如下:

```
>>data=[115  120  131  115  109  115  105  110];              %输入数据
>>ci(1)=mean(data)-norminv(0.975)*7/sqrt(length(data));       %置信下限
>>ci(2)=mean(data)+norminv(0.975)*7/sqrt(length(data));       %置信上限
>>ci                                                          %显示结果
ci =
   113.6280  116.3720
```

所以幼儿平均身高 μ 的置信度为 95% 的置信区间是 $(113.6280, 116.3720)$.

2. 一个正态总体在方差未知的条件下,求均值的置信区间

在 MATLAB 工具箱中可以用 normfit 命令实现.

例 9.7 设有一批胡椒粉,每袋净重服从正态分布 $X \sim N(\mu, \sigma^2)$,现从中任取 8 袋,测得净重(单位: g)分别为

$$12.1 \quad 11.9 \quad 12.4 \quad 12.3 \quad 11.9 \quad 12.1 \quad 12.4 \quad 12.1.$$

试求总体均值 μ 的置信水平为 0.99 的置信区间.

解 命令如下:

```
>>data=[12.1  11.9  12.4  12.3  11.9  12.1  12.4  12.1];  %输入数据
>> [mu,sigma,muci]=normfit(data);                        %直接调用函数 normfit 求解
>>alpha=0.01;
>> [mu,sigma,muci]=normfit(data,alpha);
>>muci
muci =
     11.9025  12.3975                                     %显示结果
```

所以袋装胡椒粉净重均值 μ 的置信度为 99% 的置信区间是 $(11.9025, 12.3975)$.

3. 一个正态总体在方差未知的条件下,求方差的置信区间

在 MATLAB 工具箱中可以用 normfit 命令实现.

例 9.8 某厂生产一批金属材料,其抗弯强度服从正态分布,今从这批金属材料中抽取 5 个测试件,测得它们的抗弯强度为

$$24.3 \quad 20.8 \quad 23.7 \quad 19.3 \quad 17.4.$$

试求抗弯强度的方差范围 $(\alpha = 0.10)$.

解 命令如下:

```
>>data=[24.3  20.8  23.7  19.3  17.4];
>>alpha=0.10
alpha=
  0.1000
>> [mu,sigma,muci,sigmaci]=normfit(data,alpha);
>>sigmaci.^2
ans=
  3.5857  47.8667
```

故抗弯强度的置信度为 90% 的置信区间是 $(3.5857, 47.8667)$.

4. 两个正态总体在方差均已知的条件下,求均值差$\mu_1 - \mu_2$的置信区间

在 MATLAB 工具箱中没有现成的命令,可以通过编制 M 函数或 M 文件来实现.

例 9.9 为提高某一化学品在生产过程中的获得率,试图采用一种新的催化剂.为慎重起见,在实验工厂先进行试验.设采用原来催化剂进行了 $n_1 = 5$ 次试验,得到获得率的平均值 $\bar{x} = 24.4$;又采用新的催化剂进行了 $n_2 = 5$ 次试验,得到获得率的平均值 $\bar{y} = 27$.假设两总体都服从正态分布 $N_1(\mu_1, 5)$ 和 $N_2(\mu_2, 8)$,且它们相互独立,求两总体均值差的 $\mu_1 - \mu_2$ 的置信区间($\alpha = 0.05$).

解 命令如下:

```
>>ci(1)=24.4-27-norminv(0.975) * sqrt(5/5+8/5);
>>ci(2)=24.4-27+norminv(0.975) * sqrt(5/5+8/5);
>>ci
ci =
   -5.7603  0.5603
```

故两总体均值差 $\mu_1 - \mu_2$ 的 95% 置信区间为 $(-5.7603, 0.5603)$.

5. 两个正态总体在方差未知但相等的条件下,求均值差$\mu_1 - \mu_2$的置信区间

在 MATLAB 工具箱中没有现成的命令,可以通过编制 M 函数或 M 文件来实现.

例 9.10 随机从 A 批导线中抽取 4 根,从 B 批导线中抽取 5 根,测量其电阻,测得数据(单位:Ω)为

$$\text{A 批导线:} 0.143 \quad 0.142 \quad 0.143 \quad 0.137;$$
$$\text{B 批导线:} 0.140 \quad 0.142 \quad 0.136 \quad 0.138 \quad 0.140.$$

设测试数据分别服从正态分布 $N(\mu_1, \sigma^2)$ 和 $N(\mu_2, \sigma^2)$,并且它们相互独立,σ^2 未知,求总体均值差 $\mu_1 - \mu_2$ 的 0.95 置信区间.

解 命令如下:

```
>>x=[0.143 0.142 0.143 0.137];
>>y=[0.140 0.142 0.136 0.138 0.140];
>>m=length(x),n=length(y);                    %求 x 和 y 的长度
>>m
m=4
>>n
n=5
>>s=sqrt(((m-1) * var(x)+(n-1) * var(y))/(m+n-2));
>>s
s=0.0026
>>t=tinv(0.975,m+n-2);
>>t
t=2.3646
>>r=sqrt(1/m+1/n);
>>r
r=0.6705
>>ci(1)=mean(x)-mean(y)-t * s * r;
>>ci(2)=mean(x)-mean(y)+t * s * r;
```

```
>>ci
ci =
    -0.0020   0.0061
```

所以总体均值差 $\mu_1 - \mu_2$ 的 95％置信区间为 $(-0.0020, 0.0061)$.

6. 两个正态总体在均值 μ_1, μ_2 未知的条件下,求方差比 $\dfrac{\sigma_1^2}{\sigma_2^2}$ 的置信区间

在 MATLAB 工具箱中没有现成的命令,可以通过编制 M 函数或 M 文件来实现.

例 9.11　随机从甲、乙两厂生产的蓄电池中抽取一些样本,测得蓄电池的电容量(单位:A·h)如下:

　　　　甲厂:144　141　138　142　141　143　138　137;

　　　　乙厂:142　143　139　140　138　141　140　138　142　136.

设两厂生产的蓄电池电容量分别服从正态分布 $N(\mu_1, \sigma_1^2)$ 和 $N(\mu_2, \sigma_2^2)$,它们相互独立,试求方差比 $\dfrac{\sigma_1^2}{\sigma_2^2}$ 的置信区间.

解　命令如下:

```
>>x=[144  141  138  142  141  143  138  137];
>>y=[142  143  139  140  138  141  140  138  142  136];
>>m=length(x);
>>n=length(y);
>>m
m=8
>>n
n=10
>>t=var(x)/var(y);
>>s1=finv(0.025,n-1,m-1);
>>s2=finv(0.975,n-1,m-1);
>>t
t=1.3786
>>s1
s1=0.2383
>>s2
s2=4.8232
>>ci(1)=t*s1;
>>ci(2)=t*s2;
>>ci
ci=0.3285  6.6494
```

所以方差比 $\dfrac{\sigma_1^2}{\sigma_2^2}$ 的置信区间为 $(0.3285, 6.6494)$.

9.3　假设检验函数

MATLAB 的统计工具箱只提供了几种常用函数的假设检验方法的函数,对于其他没有提供函数的检验方法,如 χ^2 拟合优度检验、列联表的独立性检验等,可以通过自己编制

M 函数或 M 文件来实现.下面根据不同的检验条件介绍几种常用的假设检验方法.

9.3.1 一个正态总体在方差已知的条件下,求均值的假设检验

表达式为[h,p,ci,zval]=ztest(data,mean,sigma,alpha,tail).

data 为样本值;mean 为需要检验的总体均值;sigma 为总体的方差;alpha 为显著性水平 α,省略时为 0.05;tail 的值控制备择假设的类型,tail=0 代表备择假设为 data 的均值不等于 mean,tail=1 代表备择假设为 data 的均值大于 mean,tail=−1 代表备择假设为 data 的均值小于 mean.

h 为检验结果,h=0 表示不能拒绝原假设,h=1 表示拒绝原假设;p 为统计量在 data 的均值等于 mean 的零假设下较大或统计意义上较大的概率值;ci 为总体均值的置信区间;zval 为统计量的值.

例 9.12 假设仪器测量的温度服从正态分布,用一台机器(标准差 $\sigma=12$)间接测量温度 5 次,得到数据(单位:℃):1250,1265,1245,1260,1275,而用另一种精密仪器测得温度为 1277℃(可看作真值),问用此仪器测量温度有无系统偏差($\alpha=0.05$)?

解 假设系统无偏差,即均值为 1277℃,命令如下:

```
>>data=[1250,1265,1245,1260,1275];
>>[h,p,ci,zval]=ztest(data,1277,12,0.05,0);
>>h
h=1                      %拒绝原假设
>>p
p=7.9623e-004            %p<0.05,故拒绝假设
>>ci
ci=1.0e+003*
   1.2485   1.2695       %总体均值的 95%置信区间是(1248.5,1269.5)
>>zval
zval=-3.3541
```

故认为系统有偏差.

9.3.2 一个正态总体在方差未知的条件下,求均值的假设检验

表达式为[h,p,ci,stats]=ttest(data,mean,alpha,tail).

data 为样本值;mean 为需要检验的总体均值;alpha 为显著性水平 α,省略时为 0.05;tail 的值控制备择假设的类型,tail=0 代表备择假设为 data 的均值不等于 mean,tail=1 代表备择假设为 data 的均值大于 mean,tail=−1 代表备择假设为 data 的均值小于 mean.

h 为检验结果,h=0 表示不能拒绝原假设,h=1 表示拒绝原假设;p 为统计量在 data 的均值等于 mean 的零假设下较大或统计意义上较大的概率值;ci 为总体均值的置信区间;stats 为方差分析结果,作为假设检验结果的参考.

例 9.13 某晚稻良种的千粒重 $\mu_0=27.5$g.现育成一高产品种,在 9 个小区种植,得其千粒重为(单位:g):

$$32.5 \quad 28.6 \quad 28.4 \quad 24.7 \quad 29.1 \quad 27.2 \quad 29.8 \quad 33.3 \quad 29.7,$$

问新育成品种的千粒重与某晚稻良种有无差异($\alpha=0.05$)?

解　假设新育成品种的千粒重与某晚稻良种无差异,命令如下:

```
>>data=[32.5  28.6  28.4  24.7  29.1  27.2  29.8  33.3  29.7];
>>[h,p,ci,stats]=ttest(data,27.5,0.05,0)
h=0                                    %接受假设
p=0.0762
ci=27.2670  31.2441
stats =
      tstat:2.0358
df:8
sd:2.5870
```

所以不能拒绝假设,即认为新育成品种的千粒重与某晚稻良种没有显著差异.

例 9.14　某林场规定杨树苗平均高度达到 60cm 可以出圃,今在一批苗木中抽取 64 株,求得平均苗高 58cm,标准差为 9cm,假设树高服从正态分布,在 $\alpha=0.05$ 的显著性水平下,试问该批苗木是否能出圃?

解　假设杨树苗平均高度达到 60cm,可以出圃,命令如下:

```
>>t=(58-60) * sqrt(64)/9;
>>t
t=-1.7778
>>t1=tinv(0.95,63);
>>t1
t1=1.6694
>>h=0;
>>h
h=0
>>if(t<-t1),h=1;
end
>>h
h=1                                    %拒绝假设
```

因为 h=1,故拒绝假设,认为该批苗圃不能出圃.

9.3.3　一个正态总体在方差未知的条件下,求方差的假设检验

例 9.15　某厂生产一种螺栓,其直径长期以来服从方差 $\sigma^2=0.0002\text{cm}^2$ 的正态分布. 最近生产了一批这种螺栓,为检验其直径的方差是否有了变化,故抽取了 10 只测量直径,得到如下数据(单位:cm):

　　　1.19　1.21　1.21　1.18　1.17　1.20　1.20　1.17　1.19　1.18.

据此能否断定这批螺栓直径的方差较以往有了显著变化($\alpha=0.05$)?

解　假设这批螺栓直径的方差无显著变化,命令如下:

```
>>data=[1.19  1.21  1.21  1.18  1.17  1.20  1.20  1.17  1.19  1.18];
>>n=length(data);
>>[mu,sigma]=normfit(data);
>>n
n=10
```

```
>>mu
mu=1.1900
>>sigma
sigma=0.0149
>>chi2=(n-1)*sigma.^2/(0.0002);
>>a=chi2inv(0.025,n-1);
>>b=chi2inv(0.975,n-1);                    %计算两个边界值
>>a
a=2.7004
>>b
b=19.0228
>>h=0;
>>h
h=0
>>if(chi2>b||chi2<a),h=1;
end
>>h
h=0                                        %接受假设
```

故这批螺栓直径的方差无显著变化.

9.3.4　两个正态总体在方差已知的条件下,求总体均值差 $\mu_1 - \mu_2$ 的假设检验

例 9.16　设甲、乙两个品种羔羊的出生体重均服从正态分布,甲品种 $X \sim N(\mu_1, 0.9)$,乙品种 $Y \sim N(\mu_2, 0.4)$.现从甲、乙两品种的初生羔羊中各任选 6 只称重,得到如下数据(单位:kg):

$$甲品种:3.5\quad 3.6\quad 3.0\quad 2.4\quad 4.0\quad 3.0;$$
$$乙品种:4.9\quad 3.9\quad 3.7\quad 4.3\quad 4.2\quad 4.4.$$

试问这两个品种羔羊的出生体重有无显著差异($\alpha = 0.05$)?

解　假设这两个品种羔羊的出生体重无显著差异,命令如下:

```
>>x=[3.5  3.6  3.0  2.4  4.0  3.0];
>>y=[4.9  3.9  3.7  4.3  4.2  4.4];
>>u=(mean(x)-mean(y))/sqrt((0.9+0.4)/6);
>>u
u=-2.1125
>>u1=norminv(0.975);
>>u1
u1=1.9600
>>h=0;
>>if(abs(u)>u1)h=1;
end
>>h
h=1                                        %拒绝假设
```

故这两个品种羔羊的出生体重有显著差异.

9.3.5　两个正态总体在方差未知但相等的条件下,求总体均值差 $\mu_1-\mu_2$ 的假设检验

表达式为 $[h,p,ci,stats]=ttest2(data1,data2,alpha,tail)$.

例 9.17　有两种灯泡,一种用 A 型灯丝,一种用 B 型灯丝.随机地抽取两种灯泡各 10 只试验,得到灯泡的寿命(h):

A 型:1293,1380,1614,1497,1340,1643,1466,1677,1387,1711;

B 型:1061,1065,1092,1017,1021,1138,1143,1094,1028,1119.

设两种灯泡的使用寿命服从正态分布,而且方差相等,试检验这两种灯泡平均寿命之间是否存在显著差异($\alpha=0.05$)?

解　假设这两种灯泡平均寿命之间不存在显著差异,命令如下:

```
>>x=[1293  1380  1614  1497  1340  1643  1466  1677  1387  1711];
>>y=[1061  1065  1092  1017  1021  1138  1143  1094  1028  1119];
>>[h,p,ci,stats]=ttest2(x,y,0.05,0);
>>h
h=1                                          %拒绝假设
>>p
p=1.1298e-007
```

所以认为这两种灯泡平均寿命之间存在显著差异.

9.3.6　两个正态总体在方差未知的条件下,求两总体方差是否相等的假设检验

例 9.18　对例 9.17 中的数据检验两总体的方差是否相等.

解　假设方差相等,命令如下:

```
>>x=[1293  1380  1614  1497  1340  1643  1466  1677  1387  1711];
>>y=[1061  1065  1092  1017  1021  1138  1143  1094  1028  1119];
>>f=var(x)/var(y);
>>f1=finv(0.95,9,9);
>>f
f=10.3629
>>f1
f1=3.1789
>>h=0;
>>if(f>f1),h=1;
end
>>h
h=1                                          %拒绝假设
```

即认为这两种灯泡寿命的方差之间存在显著差异.

9.4 回归分析和方差分析函数

MATLAB 的统计工具箱提供了一元线性回归分析函数、多元线性回归分析函数和方差分析函数,当然还有其他线性模型函数以及各种诊断函数.

9.4.1 一元线性回归分析

回归分析函数 regress 的表达式为 $[b, bint, r, rint, stats] = regress(y, x, alpha)$.

b 是线性模型 $y = xb$(y 是 $n \times 1$ 观测值向量,x 是 $n \times p$ 矩阵)的回归系数 b 的最小二乘估计值;bint 是回归系数的 $100(1 - alpha)\%$ 置信区间,alpha 的默认值是 0.05;r, rint 分别是残差向量及其 $100(1 - alpha)\%$ 置信区间;stats 是检验回归模型的统计量,它包含 3 个数值:第 1 个数值是复相关系数 R^2,第 2 个是 F 统计量的值,第 3 个是相应于所得 F 统计量的概率 p,当 p 小于 alpha 时拒绝假设 H_0,即认为线性回归模型有意义.

例 9.19 随机抽取了 10 个家庭,调查了他们的家庭月收入 X(单位:百元)和月支出 Y(单位:百元),记录如表 9.2 所示.

表 9.2 家庭月收入、支出数据表　　　　　　　　　百元

X	20	15	20	25	16	20	18	19	22	16
Y	18	14	17	20	14	19	17	18	20	13

(1) 在直角坐标系下,画出散点图,判断 Y 与 X 是否存在线性相关关系;

(2) 试求 Y 关于 X 的一元线性回归方程;

(3) 对所求得的回归方程进行显著性检验($\alpha = 0.05$);

(4) 对家庭月收入 $x_0 = 17$,求对应 y_0 的点预测和包含概率为 95% 的区间预测.

解 命令如下:

```
>>x=[20  15  20  25  16  20  18  19  22  16];
>>y=[18  14  17  20  14  19  17  18  20  13];
>>plot(x,y,'*')                              %画散点图
>>lsline                                     %加画最小二乘直线
>>X=[ones(1,length(x));x]';                  %调整系数矩阵
>>[b,bint,r,rint,stat]=regress(y',X);        %计算回归系数并显示
>>n=length(y);                               %计算样本容量
>>t0=tinv(0.975,n-2);            %给出(n-2)个自由度的 t 分布的 0.025 上侧分位数
>>sigmahat=sqrt((n-1)*var(r)/(n-2));         %估计误差的标准差 σ
>>lxx=(n-1)*var(x);                          %计算 lxx
>>lx=sqrt(1+1/n+(17-mean(x)).^2./lxx)*sigmahat*t0;   %计算 l(x)
>>yhat=b(1)+b(2)*17;                         %y 的预测值
>>yci(1)=yhat-lx;                            %区间下限
>>yci(2)=yhat+lx;                            %区间上限
>>b                                          %求一元回归方程
b=
```

```
        2.4849
        0.7600
>>stat                                         %进行显著性检验
stat =
        0.8255   37.8360   0.0003
>>yhat                                         %显示预测值
yhat =
        15.4041
>>yci                                          %显示预测区间
yci =
        12.6185   18.1897
```

（1）散点图如图 9.1 所示.

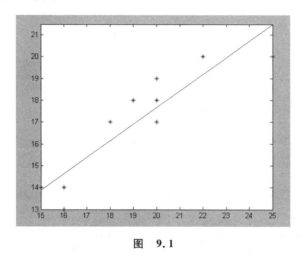

图　9.1

（2）Y 关于 X 的一元线性回归方程为 $Y=2.4849+0.76X$.

（3）由 stat $=0.8255,37.8360,0.0003$ 知，$p=0.0003<0.05$，拒绝假设，即认为 Y 与 X 之间的回归关系显著.

（4）对家庭月收入 $x_0=17$，求对应 y_0 的点预测为 15.40，预测区间为 $[12.6185,18.1897]$.

9.4.2　多元线性回归分析

例 9.20　关于化学实验数据分析. 因变量 Y 表示硝基蒽醌中某物质 A 的含量，自变量是实验中的 3 个因素：X_1 为亚硫酸钠的量（g），X_2 为硫代硫酸钠的量（g），X_3 为反应时间（h）. 为了提高该实验产品硝基蒽醌中某物质 A 的含量，根据 3 个因素的 8 个不同搭配，每个搭配做两次试验，共进行了 16 次试验. 其结果列于表 9.3.

表 9.3　化学实验数据

序号	X_1	X_2	X_3	Y_{i1}	Y_{i2}
1	9	4.5	3	90.98	93.73
2	9	4.5	1	84.54	87.67
3	9	2.5	3	87.70	91.46

序号	X_1	X_2	X_3	Y_{i1}	Y_{i2}
4	9	2.5	1	85.60	88.50
5	5	4.5	3	85.40	86.01
6	5	4.5	1	82.63	83.88
7	5	2.5	3	85.50	82.40
8	5	2.5	1	83.20	83.55

(1) 试建立 Y 与 X_1,X_2 和 X_3 之间的线性回归方程;

(2) 当 $\alpha=0.05$ 时,对方程进行显著性检验;

(3) 若取 $\boldsymbol{X}_0'=(7,3,2)$,试对 Y 的取值进行预测.

解 命令如下:

```
x1=[9  9  9  9  5  5  5  5];
x1=[x1,x1];
x2=[4.5  4.5  2.5  2.5  4.5  4.5  2.5  2.5];
x2=[x2,x2];
x3=[3  1  3  1  3  1  3  1];
x3=[x3,x3];
y=[90.98  84.54  87.70  85.60  85.40  82.63  85.50  83.20,…
    93.73  87.67  91.46  88.50  86.01  83.88  82.40  83.55];   %输入数据
n=length(y);                                    %求 y 的长度
X=[ones(1,n);x1;x2;x3]';                        %构造系数矩阵

[b,bint,r,rint,stat]=regress(y',X);    %拟合多重线性模型
b                                      %回归系数
stat                                   %方差分析
p=4;                                   %变量个数(包括常量)
t0=tinv(0.975,n-p);                    %自由度为 n-p 的 t 分布的 0.975 上侧分位数
sigmahat=sqrt((n-1)*var(r)/(n-p));     %正态随机误差的标准差估计
x0=[1,7,3,2];                          %输入构造区间预测的点
d=x0*inv(X'*X)*x0';
delta=t0*sigmahat*sqrt(1+d);           %计算 δ
ci(1)=x0*b-delta;                      %预测区间下限
ci(2)=x0*b+delta;                      %预测区间上限
ci                                     %显示结果
```

运行程序可得

(1) $Y=73.7275+1.1753X_1+0.4331X_2+1.4756X_3$

(2) $p=0.0007<0.05$ 回归显著

(3) Y 的区间为 $[81.9351,90.4755]$

9.4.3 可化为线性回归的曲线回归

例 9.21 已知鱼的体重 y 与它的体长 x 有关系式 $y=ax^b$,今测得某种鱼的生长数据如

表 9.4 所示.

表 9.4   鱼的体重与体长

x/mm	29	60	124	155	170	185	190
y/g	0.5	34	75	122.5	170	190	195

试求参数 a,b 的最小二乘估计.

解   命令如下:

```
x=[29 60 124 155 170 185 190];
y=[0.5 34 75 122.5 170 190 195];           %输入数据
v=log(x);                                   %转为对数
u=log(y);                                   %转为对数
X=[ones(1,length(x));v]';                   %构造系数矩阵
b=regress(u',X);                            %计算线性回归系数
ahat=exp(b(1));                             %参数 a 的估计
ahat2=sum(y.*x.^b(2))/sum(x.^(2*b(2)));     %参数 a 的最小二乘估计
rr1=sum((y-ahat.*x.^b(2)).^2);              %转为线性回归方程的残差平方和
rr2=sum((y-ahat2.*x.^b(2)).^2);             %另一种方法的残差平方和
```

运行程序可得 $a=$ahat$=0.000\,072, b=2.8661$.

9.4.4   单因素方差分析

单因素方差分析用函数 anoval,其表达式为 [p,anovatab]=anoval(x,group).

用来比较 x 中各列数据的均值是否相等,输出的 p 值为原假设成立时,相应于 x 中的数据的概率. 如果 p 值接近于零,有理由怀疑各总体的均值相等. 事实上,认为它们是不等的. 如果 x 的各列有相同的元素个数,参数 group 可以省略. 如果 x 是一个向量,从第 1 个总体的样本到第 r 个总体的样本依次排列,group 是一个与 x 有相同长度的向量,表示 x 中的元素是如何分组的. group 中某个元素为 i,表示 x 中这个位置的数据来自第 i 个总体. 因此 group 的分量必须是整数值,最小为 1,最大值等于被比较的总体个数 r,且每个总体的样本容量最少为 1. anoval 还给出两个图,一个是标准的方差分析表,另一个是 x 各列的盒子图. anovatab 给出方差分析表的值.

例 9.22   5 个水稻品种比较试验. 在成熟期随机抽取样本测定产量,每个品种取 3 个点,结果如表 9.5 所示.

表 9.5   5 种水稻品种各重复 3 次试验

重　复	品　　种				
	A_1	A_2	A_3	A_4	A_5
1	41	33	38	37	31
2	39	37	35	39	34
3	40	35	35	38	34
$\sum X$	120	105	108	114	99
$\overline{X}$	40	35	36	38	33

(1) 研究水稻的 5 个品种产量之间是否有显著差异?

(2) 选择使水稻产量达到最高的品种($\alpha = 0.1$).

解 命令如下:

```
>>x=[41  33  38  37  31;39  37  35  39  34;40  35  35  38  34];
>>[p,table]=anova1(x);
```

结果如下:

Source	SS	df	HS	F	Prob>F
Column	87.6	4	21.2	9.12	0.0023
Error	24	10	2.4		
Total	111.6	14			

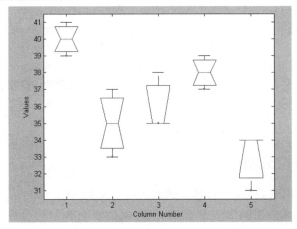

图 9.2

进行单方差分析,得到 p 值为 0.0023,小于 0.1,故应拒绝原假设 H_0,说明 5 个品种产量有显著性差异.从盒子图(图 9.2)可以看出品种 A_1 使水稻产量达到最高.

9.4.5 双因素方差分析

双因素方差分析用函数 anova2,其表达式为[p,table]=anova2(x,reps).

进行均衡的双因素方差分析,比较 x 中各行数据的均值是否相等及各列数据的均值是否相等.不同行的数据表示一个因素的变化,不同列的数据表示另一个因素的变化,如果在每个水平组合(A_i, B_j)下有重复试验,可用 reps 表示重复次数,且每个水平组合重复试验次数都相同.返回值 p 在 reps=1 时有 2 个值,分别表示列因素和行因素的显著性检验得到的概率.当 reps>1 时,p 有 3 个值,分别为列因素、行因素和交互作用的显著性检验得到的概率.返回值 table 给出方差分析表的值.

例 9.23 一种火箭使用了 4 种燃料、3 种推进器,进行射程试验.由于每种燃料与每种推进器的组合进行了一次试验,得到试验数据如表 9.6 所示.

表 9.6　燃料 A 与推进器 B 组合试验

燃　料	推　进　器			燃　料	推　进　器		
	B_1	B_2	B_3		B_1	B_2	B_3
A_1	58.4	56.2	65.3	A_3	60.1	70.9	39.2
A_2	49.1	54.1	51.6	A_4	75.8	58.2	48.7

问各种燃料之间及各种推进器之间有无显著差异($\alpha=0.05$)？

解　命令如下：

```
>>x=[58.4  56.2  65.3;49.1  54.1  51.6;60.1  70.9  39.2;75.8  58.2  48.7];
>>p=anova2(x);
```

结果如下：

Source	SS	df	MS	F	Prob>F
Columns	223.85	2	111.923	0.92	0.4491
Rows	157.59	3	52.53	0.43	0.7387
Error	731.98	6	121.997		
Total	1113.42	11			

p 值分别为 0.4491 和 0.7387，都大于 0.05，接受假设，从行来看，燃料之间无显著差异；从列来看，推进器之间无显著差异.

习　题　9

用 MATLAB 软件编程.

1. 设电子元件的寿命 X（单位：h）的概率密度函数为

$$p(x)=\begin{cases}0.0015\mathrm{e}^{-0.0015x}, & x\geqslant 0,\\ 0, & 其他,\end{cases}$$

今测试 4 个元件，并记录下它们各自的失效时间. 求：

(1) 到 800h 时没有一个元件失效的概率；

(2) 到 3000h 时所有元件都失效的概率.

2. 由过去的经验知道，60 日龄的雄鼠体重服从正态分布，且标准差 $\sigma=2.1\mathrm{g}$，今从 60 日龄雄鼠中随机抽取 16 只测其体重，得数据如下（单位：g）：

$$20.3\quad 21.5\quad 22.0\quad 19.8\quad 22.5\quad 23.7\quad 25.4\quad 24.3$$
$$23.2\quad 26.8\quad 18.7\quad 21.9\quad 24.4\quad 22.8\quad 26.2\quad 21.4$$

求 60 日龄雄鼠中体重均值 μ 置信度为 95% 的置信区间.

3. 为了估计一动物的质量 μ，将其称了 10 次，得到的质量（单位：kg）为

$$10.1\quad 10\quad 9.8\quad 10.5\quad 9.7\quad 10.1\quad 9.9\quad 10.2\quad 10.3\quad 9.9,$$

假设所称出的物体的质量都服从 $N(\mu,\sigma^2)$，求该物体质量 μ 的置信度为 95% 的置信区间.

4. 某地区环保部门规定，废水处理后水中某种有毒物质的平均浓度不得超过 10mg/L，现从某废水处理厂随机抽取 15L 处理后的水，测得 $\bar{x}=9.5$mg/L，假设废水处理后有毒物质的含量服从标准差为 2.5mg/L 的正态分布，试在 $\alpha=0.05$ 下判断该厂处理后的水是否合格？

习 题 答 案

习题 1

一、1. (1) {白球,黑球};{(白、黑),(白、白),(黑、黑),(黑、白)};{0,1,2};
    (2) $\{10,11,\cdots\}$.

2. (1) $A\bar{B}\bar{C}$; (2) $A\cup B\cup C$;   (3) $A\bar{B}\bar{C}\cup\bar{A}B\bar{C}\cup\bar{A}\bar{B}C$;
    (4) $\bar{A}B C\cup A\bar{B}C\cup AB\bar{C}\cup ABC$;   (5) $\overline{AB\bar{C}}$;
    (6) $\bar{A}(B\cup C)$.

3. (1) $1-P(A)$;   (2) $P(B)-P(BA)$;
    (3) $P(A)+P(B)+P(C)-P(AB)-P(AC)-P(BC)+P(ABC)$.

4. (1) $1/C_n^2$;   (2) C_{n-1}^3/C_n^3;   (3) $1-C_{n-3}^5/C_n^5$.

5. $C_5^1 C_5^2/C_{10}^3 = 5/12$.

6. $5/8$, 0, $3/8$.

7. 0.1.

8. 0.6.

9. $2/7$.

10. $p(1-p)^{n-1}$.

二、1. D.   2. A.   3. C.   4. B.   5. C.   6. D.
    7. B.   8. D.   9. D.   10. C.

三、1. $\dfrac{3}{8}$; $\dfrac{9}{16}$; $\dfrac{1}{16}$.

2. $\dfrac{5}{36}$, $\dfrac{1}{9}$, $\dfrac{4}{5}$.

3. $\dfrac{4}{7}$, $\dfrac{16}{49}$.

4. (1) $\dfrac{13^4}{C_{52}^4}$;   (2) $\dfrac{C_{13}^4}{C_{52}^4}$;   (3) $1-\dfrac{C_{13}^4}{C_{52}^4}$.

5. $\dfrac{4}{9}$.

6. $\dfrac{17}{25}$.

7. $1-p$.

8. (1) 0.0347; (2) 0.1562.

9. (1) 0.0267; (2) 0.25.

10. (1) 0.92; (2) 0.12;   (3) 0.08.

11. 0.9672.

12. 0.176.

习题 2

一、1. $\dfrac{12}{25}$.　　2. $a+b+c=0.4, a>-0.2, b>-0.3, c>0$.　　3. $\dfrac{1}{5}$.

4. 0.5.　　5. 0.6082.　　6. $\dfrac{15}{16}$.　　7. $\left(\dfrac{1}{2}, \dfrac{1}{\pi}\right), \dfrac{1}{\pi}\dfrac{1}{1+x^2}, -3<x<3$.

8. 0.363 17, 0.273 76.　　9. 0.2.　　10. $\dfrac{1}{\sqrt[4]{2}}, \dfrac{15}{16}$.

二、1. C.　　2. C.　　3. C.　　4. C.　　5. A.

6. B.　　7. B.　　8. A.　　9. D.　　10. C.

11. B.　　12. B.　　13. C.

三、1. $P(X=0)=\mathrm{C}_4^0\left(\dfrac{1}{6}\right)^0\left(\dfrac{5}{6}\right)^4$,　　$P(X=1)=\mathrm{C}_4^1\left(\dfrac{1}{6}\right)^1\left(\dfrac{5}{6}\right)^3$,　…,

$P(X=4)=\mathrm{C}_4^4\left(\dfrac{1}{6}\right)^4\left(\dfrac{5}{6}\right)^0$.

2. (1) $\dfrac{1}{2}$;　　(2) $F(x)=\begin{cases}0, & x<0, \\ \dfrac{x^2}{4}, & 0\leqslant x\leqslant 2, \\ 1, & x>2;\end{cases}$　　(3) $\dfrac{3}{4}$.

3. (1) $\dfrac{1}{2}$;　　(2) $F(x)=\begin{cases}\dfrac{\mathrm{e}^x}{2}, & x<0, \\ \dfrac{1}{2}+\dfrac{x}{4}, & 0\leqslant x<2, \\ 1, & x\geqslant 2;\end{cases}$　　(3) $\dfrac{3}{4}-\dfrac{\sqrt{\mathrm{e}}}{2}$.

4. 0.0456.

5. 4 次.

6. $f_Y(y)=\begin{cases}\dfrac{1}{2}, & 0\leqslant y\leqslant 2, \\ 0, & \text{其他}.\end{cases}$

7. (1) $c=1$;　　(2) $F(x)=\begin{cases}0, & x<0, \\ 1-\mathrm{e}^{-x}, & x\geqslant 0;\end{cases}$

(3) $f_Y(y)=\begin{cases}0, & y\leqslant 1, \\ \dfrac{1}{2}\mathrm{e}^{-\frac{1}{2}(y-1)}, & y>1.\end{cases}$

8. $f_Y(y)=\begin{cases}\dfrac{1}{(b-a)\sqrt{\pi y}}, & \dfrac{\pi a^2}{4}\leqslant y\leqslant \dfrac{\pi b^2}{4}, \\ 0, & \text{其他}.\end{cases}$

习题 3

一、1. 0.7.

2.

X	Y	
	0	1
0	$\dfrac{10}{12}\cdot\dfrac{9}{11}$	$\dfrac{10}{12}\cdot\dfrac{2}{11}$
1	$\dfrac{2}{12}\cdot\dfrac{10}{11}$	$\dfrac{2}{12}\cdot\dfrac{1}{11}$

3. $0,F(x,y),F_X(x)$.

4. $\dfrac{5}{7}$.

5. $\dfrac{1}{8}$.

6. $f_X(x)=\dfrac{2}{\pi(4+x^2)},-\infty<x<+\infty$.

7. $f(x,y)=\begin{cases}\dfrac{1}{16\pi}, & (x,y)\in D,\\[2mm] 0, & (x,y)\notin D;\end{cases}\quad P(Y>X)=\dfrac{1}{2}$;

8. $\dfrac{1}{2\pi}\mathrm{e}^{-\frac{x^2+y^2}{2}}$.

9.

Z	-2	-1	0	2	4
P	0.15	0.25	0.15	0.3	0.15

$P(-1<X\leqslant1,0\leqslant Y\leqslant2)=0.4$.

10. $1-[1-F_X(z)][1-F_Y(z)]$.

二、1. C.　　2. C.　　3. D.　　4. A.　　5. D.

6. B.　　7. A.　　8. A.　　9. C.　　10. C.

三、1. $f(x,y)=\begin{cases}\dfrac{1}{\pi}, & (x,y)\in D,\\[2mm] 0, & \text{其他};\end{cases}\quad f_X(x)=\begin{cases}\dfrac{2}{\pi}\sqrt{2x-x^2}, & 0<x<2,\\[2mm] 0, & \text{其他};\end{cases}$

$f_Y(y)=\begin{cases}\dfrac{2}{\pi}\sqrt{1-y^2}, & -1<y<1,\\[2mm] 0, & \text{其他}.\end{cases}$

2. $f_X(x)=A\sqrt{\dfrac{\pi}{c}}\mathrm{e}^{-(a-\frac{b^2}{4c})x^2}$;　$f_Y(y)=A\sqrt{\dfrac{\pi}{a}}\mathrm{e}^{-(c-\frac{b^2}{4a})y^2}$. 当 $b=0,A=\dfrac{\sqrt{ac}}{\pi}$ 时，X,Y 独立.

3. (1) $f_X(x)=\begin{cases}1, & 0\leqslant x\leqslant1,\\ 0, & \text{其他};\end{cases}\quad f_Y(y)=\begin{cases}\dfrac{1}{2}, & 0\leqslant y\leqslant2,\\[2mm] 0, & \text{其他};\end{cases}$

(2) X 与 Y 独立；　(3) $\dfrac{5}{8}$.

4. (1) $A = \dfrac{3}{2}$;　(2) $f_X(x) = \begin{cases} \dfrac{x}{2}, & 0 \leqslant x \leqslant 2, \\ 0, & \text{其他}; \end{cases}$　$f_Y(y) = \begin{cases} 3y^2, & 0 \leqslant y \leqslant 1, \\ 0, & \text{其他}; \end{cases}$

(3) X 与 Y 独立.

5. (1) $A = 4.8$;

(2) $f_X(x) = \begin{cases} 2.4(2-x)x^2, & 0 \leqslant x \leqslant 1, \\ 0, & \text{其他}; \end{cases}$

$f_Y(y) = \begin{cases} 7.2y - 9.6y^2 + 2.4y^3, & 0 \leqslant y \leqslant 1, \\ 0, & \text{其他}; \end{cases}$

(3) X 与 Y 不独立.

习题 4

一、1. $\dfrac{3}{2}, \dfrac{3}{2}, \dfrac{3}{4}, \dfrac{3}{4}$.　　　2. 44.　　　3. 0.9.　　　4. 6.

二、1. B.　　　2. D.　　　3. C.　　　4. D.

三、1. 0.5,4.25,12.　　2. 3,2.　　3. 1.2.

4. $a = \dfrac{1}{2}, b = \dfrac{1}{\pi}, E(X) = 0$.

5. 0.

6. 提示：$f(x) = E(X-x)^2 = x^2 - 2xE(X) + E(X^2)$，则 $f'(x) = 2x - 2E(X)$，
令 $f'(x) = 0$,得 $x = E(X)$.

7. $\mu, \dfrac{\sigma^2}{n}$.　　　8. 85,37.

9. $-0.05, -0.218$.

10. 0.0013.　　　11. 0.9525.

习题 5

1. $p^{\sum\limits_{i=1}^{n} x_i}(1-p)^{n - \sum\limits_{i=1}^{n} x_i}$.

2. $f^*(x_1, x_2, \cdots, x_n) = f(x_1)f(x_2)\cdots f(x_n) = \begin{cases} \lambda^n e^{-\lambda \sum\limits_{i=1}^{n} x_i}, & x_i \geqslant 0 (i=1,2,\cdots,n), \\ 0, & \text{其他}. \end{cases}$

3. 67.4,35.16.　　　4. 0.849.　　　5. 0.81.

习题 6

一、1. 2.　　2. $\hat{\theta} = 2\overline{X}$.　　3. $\hat{\mu} = 419.28, \sigma^2 = 2.186$.　　4. $\hat{p} = 0.1$.　　5. 3.6.

6. $1/7.64$.   7. $\dfrac{1}{2(n-1)}$.   8. $\left(\overline{X}-\dfrac{\sigma}{\sqrt{n}}u_{\frac{\alpha}{2}},\overline{X}+\dfrac{\sigma}{\sqrt{n}}u_{\frac{\alpha}{2}}\right)$.

9. $(14.754,15.146)$.   10. $(11.53,14.47)$.

二、1. (1) ACD；(2) C.   2. B.   3. A.   4. D.

三、1. 矩估计为 $\hat{\theta}=\dfrac{\overline{X}}{1-\overline{X}}$，极大似然估计为 $\hat{\theta}=-\dfrac{n}{\displaystyle\sum_{i=1}^{n}\ln x_i}$.

2. $\hat{\theta}=-\dfrac{1}{n}\displaystyle\sum_{i=1}^{n}\ln X_i$.

3. $\hat{a}=\overline{X}-\sqrt{\dfrac{3}{n}\displaystyle\sum_{i=1}^{n}(X_i-\overline{X})^2},\hat{b}=\overline{X}+\sqrt{\dfrac{3}{n}\displaystyle\sum_{i=1}^{n}(X_i-\overline{X})^2}$.

4. $\hat{a}=x_{(1)}=\min\limits_{1\leqslant i\leqslant n}X_i,\hat{b}=x_{(n)}=\max\limits_{1\leqslant i\leqslant n}X_i$.

5. $\hat{\theta}=\dfrac{1}{4}(3-\overline{X}),\hat{\theta}=\dfrac{7-\sqrt{13}}{12}$.

6. $(-1.87,2.43),(3.56,28.64)$.

7. 减肥效果没有显著差别.

习题 7

一、1. 总体均值 μ，方差 σ^2，方差 σ^2.   2. $T=\dfrac{\overline{X}}{Q}\sqrt{n(n-1)}$，$t$ 分布，$n-1$.

3. $T=\dfrac{\overline{X}-\mu_0}{S/\sqrt{n}}$，$t$ 分布，$n-1$.

4. $\dfrac{(n-1)S^2}{\sigma_0^2}$，$\chi^2(n-1)$，$\left(0,\chi_{1-\frac{\alpha}{2}}^2(n-1)\right)\bigcup\left(\chi_{\frac{\alpha}{2}}^2(n-1),+\infty\right)$.

5. $F=\dfrac{S_1^2}{S_2^2}$，F，n_1-1,n_2-1.

二、1. C.   2. A.   3. B.   4. D.   5. C.

三、1. 拒绝 $H_0:\mu=17$，双侧检验，$|u|=2.372>1.96\in W$.

2. 接受 $H_0:\mu=15$，双侧检验，$|u|=1.095<1.96\notin W$.

3. 拒绝 $H_0:\mu=72$，双侧检验，$|t|=2.45>2.2622\in W$.

4. 接受 $H_0:\sigma^2=7.5^2$，双侧检验，$\chi^2=35.33\notin W$.

5. 拒绝 $H_0:\sigma_1^2=\sigma_2^2$，$F=\dfrac{s_1^2}{s_2^2}=\dfrac{0.0142}{0.0054}=2.63>1.59=F_{0.05}(40,60)$.

6. 接受 $H_0:\mu_1=\mu_2$，双侧检验，$|t|=0.099<2.2281\notin W$.

7. 可以认为此 20 面体是匀称的.

习题 8

一、1. 总平方和，误差平方和，因素平方和.   2. F-检验.

3. 比值,显著.   4. l_{xy}/l_{xx}, $\bar{y}-\hat{\beta}_1\bar{x}$.

二、1. 三个班的成绩没有显著性差异.

2. 不同涂层下腐蚀的最大深度的平均值无显著性差异;在不同土壤下腐蚀的最大深度的平均值无显著性差异.

3. 不同浓度下得率有显著性差异;在不同温度下得率没有显著差异,交互作用的效应不显著.

4. (1) $\hat{y}=6.9110+0.8206x$;   (2) 显著;   (3) 138.19 元.

5. (1) $\hat{y}=72.12+0.1776x_1-0.398x_2$;   (2) 显著.

习题 9

1. 程序如下:

(1) >>t=1-expcdf(800,2000/3)

t=0.3012

>>t*t*t*t

ans=0.0082;

(2) >>r=expcdf(3000,2000/3)

r=0.9889

>>r*r*r*r

ans=0.9563.

2. 程序如下:

>>data=[20.3,21.5,22.0,19.8,22.5,23.7,25.4,24.3,23.2,26.8,18.7,21.9,24.4,22.8,

26.2,21.4];

>>ci(1)=mean(data)-norminv(0.975)*2.1/sqrt(length(data));

>>ci(2)=mean(data)+norminv(0.975)*2.1/sqrt(length(data))

ci=21.7773   23.8352.

3. 程序如下:

>>data=[10.1   10   9.8   10.5   9.7   10.1   9.9   10.2   10.3   9.9];   %输入数据

>>alpha=0.05;

>>[mu,sigma,muci]=normfit(data,alpha);

>>muci

muci =

     9.8412

    10.2255

所以质量均值 μ 的置信度为 95% 的置信区间是 [9.8412,10.2255].

4. 假设该厂处理后的水是合格的. 程序如下:

>>t=(9.5-10)*sqrt(15)/2.5

t=-0.7746

>>t1=tinv(0.95,14)

```
t1=1.7613
>>h=0;
>>if(t<-t1),h=1;
end
>>h
h=0
```

故接受假设,认为该厂处理后的水是合格的.

附录 A 常用分布表

表 A.1 二项分布表

$$P(X \leqslant c) = \sum_{k=0}^{c} C_n^k p^k (1-p)^{n-k}$$

n	c	0.001	0.002	0.003	0.005	0.01	0.02	0.03	0.05	0.10	0.15	0.20	0.25	0.30
								p						
2	0	0.9980	0.9960	0.9940	0.9900	0.9801	0.9604	0.9409	0.9025	0.8100	0.7225	0.6400	0.5625	0.4900
2	1	1.0000	1.0000	1.0000	1.0000	0.9999	0.9996	0.9991	0.9975	0.9900	0.9775	0.9600	0.9375	0.9100
3	0	0.9970	0.9940	0.9910	0.9851	0.9703	0.9412	0.9127	0.8574	0.7290	0.6141	0.5120	0.4219	0.3430
3	1	1.0000	1.0000	1.0000	0.9999	0.9997	0.9988	0.9974	0.9928	0.9720	0.9392	0.8960	0.8843	0.7840
3	2				1.0000	1.0000	1.0000	1.0000	0.9999	0.9999	0.9966	0.9920	0.9844	0.9730
4	0	0.9960	0.9920	0.9881	0.9801	0.9606	0.9224	0.8853	0.8145	0.6561	0.5220	0.4096	0.3164	0.2401
4	1	1.0000	1.0000	0.9999	0.9999	0.9994	0.9977	0.9948	0.9860	0.9477	0.8905	0.8192	0.7383	0.6517
4	2			1.0000	1.0000	1.0000	1.0000	0.9999	0.9995	0.9963	0.9880	0.9728	0.9492	0.9163
4	3							1.0000	1.0000	0.9999	0.9995	0.9984	0.9961	0.9919
5	0	0.9950	0.9900	0.9851	0.9752	0.9510	0.9039	0.8587	0.7738	0.5905	0.4437	0.3277	0.2373	0.1681
5	1	1.0000	1.0000	0.9999	0.9998	0.9990	0.9962	0.9915	0.9774	0.9185	0.8352	0.7373	0.6328	0.5282
5	2			1.0000	1.0000	1.0000	0.9999	0.9997	0.9988	0.9914	0.9734	0.9421	0.8965	0.8369
5	3					1.0000	1.0000	1.0000	0.9995	0.9978	0.9933	0.9844	0.9692
5	4								1.0000	0.9999	0.9997	0.9990	0.9976
6	0	0.9940	0.9881	0.9821	0.9704	0.9415	0.8858	0.8330	0.7351	0.5314	0.3771	0.2621	0.1780	0.1176
6	1	1.0000	0.9999	0.9999	0.9996	0.9985	0.9943	0.9875	0.9672	0.8857	0.7765	0.6553	0.5339	0.4202
6	2			1.0000	1.0000	1.0000	1.0000	0.9998	0.9995	0.9978	0.9842	0.9527	0.9011	0.8306	0.7443
6	3						1.0000	1.0000	0.9999	0.9987	0.9941	0.9830	0.9624	0.9295
6	4								1.0000	0.9999	0.9996	0.9984	0.9954	0.9891
6	5									1.0000	1.0000	0.9999	0.9998	0.9993
7	0	0.9930	0.9861	0.9792	0.9655	0.9321	0.8681	0.8080	0.6983	0.4783	0.3206	0.2097	0.1335	0.0824
7	1	1.0000	0.9999	0.9998	0.9995	0.9980	0.9921	0.9829	0.9556	0.8503	0.7166	0.5767	0.4449	0.3294
7	2			1.0000	1.0000	1.0000	1.0000	0.9997	0.9991	0.9962	0.9743	0.9262	0.8520	0.7564	0.6471
7	3						1.0000	1.0000	0.9998	0.9973	0.9879	0.9667	0.9294	0.8740
7	4								1.0000	0.9998	0.9988	0.9953	0.9871	0.9712
7	5									1.0000	0.9999	0.9996	0.9987	0.9962
7	6										1.0000	1.0000	0.9999	0.9998
7	7											1.0000	1.0000	0.9999
8	0	0.9920	0.9841	0.9763	0.9607	0.9227	0.8508	0.7837	0.6634	0.4305	0.2725	0.1678	0.1001	0.0576
8	1	1.0000	0.9999	0.9998	0.9993	0.9973	0.9897	0.9777	0.9428	0.8131	0.6572	0.5033	0.3671	0.2553
8	2			1.0000	1.0000	1.0000	0.9999	0.9996	0.9987	0.9942	0.9619	0.8948	0.7969	0.6785	0.5518
8	3					1.0000	1.0000	0.9999	0.9996	0.9950	0.9786	0.9437	0.8862	0.8059

n	c	p												
		0.001	0.002	0.003	0.005	0.01	0.02	0.03	0.05	0.10	0.15	0.20	0.25	0.30
8	4						1.0000	1.0000	0.9996	0.9971	0.9896	0.9727	0.9420
8	5								1.0000	0.9998	0.9988	0.9958	0.9887
8	6									1.0000	0.9999	0.9996	0.9987
8	7										1.0000	1.0000	0.9999
9	0	0.9910	0.9821	0.9733	0.9559	0.9135	0.8337	0.7602	0.6302	0.3874	0.2316	0.1342	0.0751	0.0404
9	1	1.0000	0.9999	0.9997	0.9991	0.9966	0.9869	0.9718	0.9288	0.7748	0.5995	0.4362	0.3003	0.1960
9	2		1.0000	1.0000	1.0000	0.9999	0.9994	0.9980	0.9916	0.9470	0.8591	0.7382	0.6007	0.4628
9	3					1.0000	1.0000	0.9999	0.9994	0.9917	0.9661	0.9144	0.8343	0.7297
9	4							1.0000	1.0000	0.9991	0.9944	0.9804	0.9511	0.9012
9	5									0.9999	0.9994	0.9969	0.9900	0.9747
9	6									1.0000	1.0000	0.9997	0.9987	0.9957
9	7											1.0000	0.9999	0.9996
9	8												1.0000	1.0000
10	0	0.9900	0.9802	0.9704	0.9511	0.9044	0.8171	0.7374	0.5987	0.3487	0.1969	0.1074	0.0563	0.0282
10	1	1.0000	0.9998	0.9996	0.9989	0.9957	0.9838	0.9655	0.9139	0.7361	0.5443	0.3758	0.2440	0.1493
10	2		1.0000	1.0000	1.0000	0.9999	0.9991	0.9972	0.9885	0.9298	0.8202	0.6778	0.5256	0.3828
10	3					1.0000	1.0000	0.9999	0.9990	0.9872	0.9500	0.8791	0.7759	0.6496
10	4							1.0000	0.9999	0.9984	0.9901	0.9672	0.9219	0.8497
10	5								1.0000	0.9999	0.9986	0.9936	0.9803	0.9527
10	6									1.0000	0.9999	0.9991	0.9965	0.9894
10	7										1.0000	0.9999	0.9996	0.9984
10	8											1.0000	1.0000	0.9999
10	9													1.0000
11	0	0.9891	0.9782	0.9675	0.9464	0.8953	0.8007	0.7153	0.5688	0.3138	0.1673	0.0859	0.0422	0.0198
11	1	0.9999	0.9998	0.9995	0.9987	0.9948	0.9805	0.9587	0.8981	0.6974	0.4922	0.3221	0.1971	0.1130
11	2	1.0000	1.0000	1.0000	1.0000	0.9998	0.9988	0.9963	0.9848	0.9104	0.7788	0.6174	0.4552	0.3127
11	3					1.0000	1.0000	0.9998	0.9984	0.9815	0.9306	0.8389	0.7133	0.5696
11	4							1.0000	0.9999	0.9972	0.9841	0.9496	0.8854	0.7897
11	5								1.0000	0.9997	0.9973	0.9883	0.9657	0.9218
11	6									1.0000	0.9997	0.9980	0.9924	0.9784
11	7										1.0000	0.9998	0.9988	0.9957
11	8											1.0000	0.9999	0.9994
11	9												1.0000	1.0000
12	0	0.9881	0.9763	0.9646	0.9416	0.8864	0.7847	0.6938	0.5404	0.2824	0.1422	0.0687	0.0317	0.0138
12	1	0.9999	0.9997	0.9994	0.9984	0.9938	0.9769	0.9514	0.8816	0.6590	0.4435	0.2749	0.1584	0.0850
12	2	1.0000	1.0000	1.0000	1.0000	0.9998	0.9985	0.9952	0.9804	0.8891	0.7358	0.5583	0.3907	0.2528
12	3					1.0000	0.9999	0.9997	0.9978	0.9744	0.9078	0.7946	0.6488	0.4925
12	4						1.0000	1.0000	0.9998	0.9957	0.9761	0.9274	0.8424	0.7237

续表

n	c	0.001	0.002	0.003	0.005	0.01	0.02	0.03	0.05	0.10	0.15	0.20	0.25	0.30
12	5								1.0000	0.9995	0.9954	0.9806	0.9456	0.8822
12	6									0.9999	0.9993	0.9961	0.9857	0.9614
12	7									1.0000	0.9999	0.9994	0.9972	0.9905
12	8										1.0000	0.9999	0.9996	0.9983
12	9											1.0000	1.0000	0.9998
12	10													1.0000
13	0	0.9871	0.9743	0.9617	0.9369	0.8775	0.7690	0.6730	0.5133	0.2542	0.1209	0.0550	0.0238	0.0097
13	1	0.9999	0.9997	0.9993	0.9981	0.9928	0.9730	0.9436	0.8646	0.6213	0.3983	0.2336	0.1267	0.0637
13	2	1.0000	1.0000	1.0000	1.0000	0.9997	0.9980	0.9938	0.9755	0.8661	0.7296	0.5017	0.3326	0.2025
13	3					1.0000	0.9999	0.9995	0.9969	0.9658	0.9033	0.7473	0.5843	0.4206
13	4						1.0000	1.0000	0.9997	0.9935	0.9740	0.9009	0.7940	0.6543
13	5								1.0000	0.9991	0.9947	0.9700	0.9198	0.8346
13	6									0.9999	0.9987	0.9930	0.9757	0.9376
13	7									1.0000	0.9998	0.9988	0.9944	0.9818
13	8										1.0000	0.9998	0.9990	0.9960
13	9											1.0000	0.9999	0.9993
13	10												1.0000	0.9999
13	11													1.0000
14	0	0.9861	0.9724	0.9588	0.9322	0.8687	0.7536	0.6528	0.4877	0.2288	0.1028	0.0440	0.0178	0.0068
14	1	0.9999	0.9996	0.9992	0.9978	0.9916	0.9690	0.9355	0.8470	0.5846	0.3567	0.1979	0.1010	0.0475
14	2	1.0000	1.0000	1.0000	1.0000	0.9997	0.9975	0.9923	0.9699	0.8416	0.6479	0.4481	0.2811	0.1608
14	3					1.0000	0.9999	0.9994	0.9958	0.9559	0.8535	0.6982	0.5213	0.3552
14	4						1.0000	1.0000	0.9996	0.9908	0.9533	0.8702	0.7415	0.5842
14	5								1.0000	0.9985	0.9885	0.9561	0.8883	0.7805
14	6									0.9998	0.9978	0.9884	0.9617	0.9067
14	7									1.0000	0.9997	0.9976	0.9897	0.9685
14	8										1.0000	0.9996	0.9978	0.9917
14	9											1.0000	0.9997	0.9983
14	10												1.0000	0.9998
14	11													1.0000
15	0	0.9851	0.9704	0.9559	0.9276	0.8601	0.7386	0.6333	0.4633	0.2059	0.0874	0.0352	0.0134	0.0047
15	1	0.9999	0.9996	0.9991	0.9975	0.9904	0.9647	0.9270	0.8290	0.5490	0.3186	0.1671	0.0802	0.0353
15	2	1.0000	1.0000	1.0000	0.9999	0.9996	0.9970	0.9906	0.9638	0.8159	0.6042	0.3980	0.2361	0.1268
15	3				1.0000	1.0000	0.9998	0.9992	0.9945	0.9444	0.8227	0.6482	0.4613	0.2969
15	4						1.0000	0.9999	0.9994	0.9873	0.9383	0.8358	0.6865	0.5155
15	5							1.0000	0.9999	0.9978	0.9832	0.9389	0.8516	0.7216
15	6								1.0000	0.9997	0.9964	0.9819	0.9434	0.8689
15	7									1.0000	0.9994	0.9958	0.9827	0.9500

续表

n	c	\(p\) 0.001	0.002	0.003	0.005	0.01	0.02	0.03	0.05	0.10	0.15	0.20	0.25	0.30
15	8										0.9999	0.9992	0.9958	0.9848
15	9										1.0000	0.9999	0.9992	0.9963
15	10											1.0000	0.9999	0.9993
15	11												1.0000	0.9999
15	12													1.0000
16	0	0.9841	0.9685	0.9531	0.9229	0.8515	0.7238	0.6143	0.4401	0.1853	0.0743	0.0281	0.0100	0.0033
16	1	0.9999	0.9995	0.9989	0.9971	0.9891	0.9601	0.9182	0.8108	0.5147	0.2839	0.1407	0.0635	0.0261
16	2	1.0000	1.0000	1.0000	0.9999	0.9995	0.9963	0.9887	0.9571	0.7892	0.5614	0.3518	0.1971	0.0994
16	3				1.0000	1.0000	0.9998	0.9989	0.9930	0.9316	0.7899	0.5981	0.4050	0.2459
16	4						1.0000	0.9999	0.9991	0.9830	0.9209	0.7982	0.6302	0.4499
16	5							1.0000	0.9999	0.9967	0.9765	0.9183	0.8103	0.6598
16	6								1.0000	0.9995	0.9944	0.9733	0.9204	0.8247
16	7									0.9999	0.9989	0.9930	0.9729	0.9256
16	8									1.0000	0.9998	0.9985	0.9925	0.9743
16	9										1.0000	0.9998	0.9984	0.9929
16	10											1.0000	0.9997	0.9984
16	11												1.0000	0.9997
16	12													1.0000
17	0	0.9831	0.9665	0.9502	0.9183	0.8429	0.7093	0.5958	0.4181	0.1668	0.0631	0.0225	0.0075	0.0023
17	1	0.9999	0.9995	0.9988	0.9968	0.9877	0.9554	0.9091	0.7922	0.4818	0.2525	0.1182	0.0501	0.0193
17	2	1.0000	1.0000	1.0000	0.9999	0.9994	0.9956	0.9866	0.9497	0.7618	0.5198	0.3096	0.1637	0.0774
17	3				1.0000	1.0000	0.9997	0.9986	0.9912	0.9174	0.7556	0.5489	0.3530	0.2019
17	4						1.0000	0.9999	0.9988	0.9779	0.9013	0.7582	0.5739	0.3887
17	5							1.0000	0.9999	0.9953	0.9681	0.8943	0.7653	0.5968
17	6								1.0000	0.9992	0.9917	0.9623	0.8929	0.7752
17	7									0.9999	0.9983	0.9891	0.9598	0.8954
17	8									1.0000	0.9997	0.9974	0.9876	0.9597
17	9										1.0000	0.9995	0.9969	0.9873
17	10										1.0000	0.9999	0.9994	0.9968
17	11											1.0000	0.9999	0.9993
17	12												1.0000	0.9999
17	13													1.0000
18	0	0.9822	0.9646	0.9474	0.9137	0.8345	0.6951	0.5780	0.3972	0.1501	0.0536	0.0180	0.0056	0.0016
18	1	0.9998	0.9994	0.9987	0.9964	0.9862	0.9505	0.8997	0.7735	0.4503	0.2241	0.0991	0.0395	0.0142
18	2	1.0000	1.0000	1.0000	0.9999	0.9993	0.9948	0.9843	0.9419	0.7338	0.4797	0.2713	0.1353	0.0600
18	3				1.0000	1.0000	0.9996	0.9982	0.9891	0.9018	0.7202	0.5010	0.3057	0.1646
18	4						1.0000	0.9998	0.9985	0.9718	0.8794	0.7164	0.5187	0.3327
18	5							1.0000	0.9998	0.9936	0.9581	0.8671	0.7175	0.5344

n	c	0.001	0.002	0.003	0.005	0.01	0.02	0.03	0.05	0.10	0.15	0.20	0.25	0.30
										p				
18	6								1.0000	0.9988	0.9882	0.9487	0.8610	0.7217
18	7									0.9998	0.9973	0.9837	0.9431	0.8593
18	8									1.0000	0.9995	0.9957	0.9807	0.9404
18	9										0.9999	0.9991	0.9946	0.9790
18	10										1.0000	0.9998	0.9988	0.9939
18	11											1.0000	0.9998	0.9986
18	12												1.0000	0.9997
18	13													1.0000
19	0	0.9812	0.9627	0.9445	0.9092	0.8262	0.6812	0.5606	0.3774	0.1351	0.0456	0.0144	0.0042	0.0011
19	1	0.9998	0.9993	0.9985	0.9960	0.9847	0.9454	0.8900	0.7547	0.4203	0.1985	0.0829	0.0310	0.0104
19	2	1.0000	1.0000	1.0000	0.9999	0.9991	0.9939	0.9817	0.9335	0.7054	0.4413	0.2369	0.1113	0.0462
19	3				1.0000	1.0000	0.9995	0.9978	0.9868	0.8850	0.6841	0.4551	0.2631	0.1332
19	4						1.0000	0.9998	0.9980	0.9648	0.8556	0.6733	0.4654	0.2822
19	5							1.0000	0.9998	0.9914	0.9463	0.8369	0.6678	0.4739
19	6								1.0000	0.9983	0.9837	0.9324	0.8251	0.6655
19	7									0.9997	0.9959	0.9767	0.9225	0.8180
19	8									1.0000	0.9992	0.9933	0.9713	0.9161
19	9										0.9999	0.9984	0.9911	0.9674
19	10										1.0000	0.9997	0.9977	0.9895
19	11											1.0000	0.9995	0.9972
19	12												0.9999	0.9994
19	13												1.0000	0.9999
19	14													1.0000
20	0	0.9802	0.9608	0.9417	0.9046	0.8179	0.6676	0.5438	0.3585	0.1216	0.0388	0.0115	0.0032	0.0008
20	1	0.9998	0.9993	0.9984	0.9955	0.9831	0.9401	0.8802	0.7358	0.3917	0.1756	0.0692	0.0243	0.0076
20	2	1.0000	1.0000	1.0000	0.9999	0.9990	0.9929	0.9790	0.9245	0.6769	0.4049	0.2061	0.0913	0.0355
20	3				1.0000	1.0000	0.9994	0.9973	0.9841	0.8670	0.6477	0.4114	0.2252	0.1071
20	4						1.0000	0.9997	0.9974	0.9568	0.8298	0.6296	0.4148	0.2375
20	5							1.0000	0.9997	0.9887	0.9327	0.8042	0.6172	0.4164
20	6								1.0000	0.9976	0.9781	0.9133	0.7858	0.6080
20	7									0.9996	0.9941	0.9679	0.8982	0.7723
20	8									0.9999	0.9987	0.9900	0.9591	0.8867
20	9									1.0000	0.9998	0.9974	0.9861	0.9520
20	10										1.0000	0.9994	0.9961	0.9829
20	11											0.9999	0.9991	0.9949
20	12											1.0000	0.9998	0.9987
20	13												1.0000	0.9997
20	14													1.0000

n	c	p												
		0.001	0.002	0.003	0.005	0.01	0.02	0.03	0.05	0.10	0.15	0.20	0.25	0.30
25	0	0.9753	0.9512	0.9276	0.8822	0.7778	0.6035	0.4670	0.2774	0.0718	0.0172	0.0038	0.0008	0.0001
25	1	0.9997	0.9988	0.9974	0.9931	0.9742	0.9114	0.8280	0.6424	0.2712	0.0931	0.0274	0.0070	0.0016
25	2	1.0000	1.0000	0.9999	0.9997	0.9980	0.9868	0.9620	0.8729	0.5371	0.2537	0.0982	0.0321	0.0090
25	3			1.0000	1.0000	0.9999	0.9986	0.9938	0.9659	0.7636	0.4711	0.2340	0.0962	0.0332
25	4					1.0000	0.9999	0.9992	0.9928	0.9020	0.6821	0.4207	0.2137	0.0905
25	5						1.0000	0.9999	0.9988	0.9666	0.8385	0.6167	0.3783	0.1935
25	6							1.0000	0.9998	0.9905	0.9305	0.7800	0.5611	0.3407
25	7								1.0000	0.9977	0.9745	0.8909	0.7265	0.5118
25	8									0.9995	0.9920	0.9532	0.8506	0.6769
25	9									0.9999	0.9979	0.9827	0.9287	0.8106
25	10									1.0000	0.9995	0.9944	0.9703	0.9022
25	11										0.9999	0.9985	0.9893	0.9558
25	12										1.0000	0.9996	0.9966	0.9825
25	13											0.9999	0.9991	0.9940
25	14											1.0000	0.9998	0.9982
25	15												1.0000	0.9995
25	16													0.9999
25	17													1.0000
30	0	0.9704	0.9417	0.9138	0.8604	0.7397	0.5455	0.4010	0.2146	0.0424	0.0076	0.0012	0.0002	0.0000
30	1	0.9996	0.9983	0.9963	0.9901	0.9639	0.8795	0.7731	0.5535	0.1837	0.0480	0.0105	0.0020	0.0003
30	2	1.0000	1.0000	0.9999	0.9995	0.9967	0.9783	0.9399	0.8122	0.4114	0.1514	0.0442	0.0106	0.0021
30	3			1.0000	1.0000	0.9998	0.9971	0.9881	0.9392	0.6474	0.3217	0.1227	0.0374	0.0093
30	4					1.0000	0.9997	0.9982	0.9844	0.8245	0.5245	0.2552	0.0979	0.0302
30	5						1.0000	0.9998	0.9967	0.9268	0.7106	0.4275	0.2026	0.0766
30	6							1.0000	0.9994	0.9742	0.8474	0.6070	0.3481	0.1595
30	7								0.9999	0.9922	0.9302	0.7608	0.5143	0.2814
30	8								1.0000	0.9980	0.9722	0.8713	0.6736	0.4315
30	9									0.9995	0.9903	0.9389	0.8034	0.5888
30	10									0.9999	0.9971	0.9744	0.8943	0.7304
30	11									1.0000	0.9992	0.9905	0.9493	0.8407
30	12										0.9998	0.9969	0.9784	0.9155
30	13										1.0000	0.9991	0.9918	0.9599
30	14											0.9998	0.9973	0.9831
30	15											0.9999	0.9992	0.9936
30	16											1.0000	0.9998	0.9979
30	17												0.9999	0.9994
30	18												1.0000	0.9998
30	19													1.0000

表 A. 2 　标准正态分布表

$$\Phi(x) = \frac{1}{\sqrt{2\pi}}\int_{-\infty}^{x} \mathrm{e}^{-\frac{t^2}{2}}\,\mathrm{d}t \quad (x \geqslant 0) = 1-\alpha$$

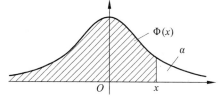

x	0.00	0.01	0.02	0.03	0.04	0.05	0.06	0.07	0.08	0.09
0.0	0.5000	0.5040	0.5080	0.5120	0.5160	0.5199	0.5239	0.5279	0.5319	0.5359
0.1	0.5398	0.5438	0.5478	0.5517	0.5557	0.5596	0.5636	0.5675	0.5714	0.5753
0.2	0.5793	0.5832	0.5871	0.5910	0.5948	0.5987	0.6026	0.6064	0.6103	0.6141
0.3	0.6179	0.6217	0.6255	0.6293	0.6331	0.6368	0.6406	0.6443	0.6480	0.6517
0.4	0.6554	0.6591	0.6628	0.6664	0.6700	0.6736	0.6772	0.6808	0.6844	0.6879
0.5	0.6915	0.6950	0.6985	0.7019	0.7054	0.7088	0.7123	0.7157	0.7190	0.7224
0.6	0.7257	0.7291	0.7324	0.7357	0.7389	0.7422	0.7454	0.7486	0.7517	0.7549
0.7	0.7580	0.7611	0.7642	0.7673	0.7703	0.7734	0.7764	0.7794	0.7823	0.7852
0.8	0.7881	0.7910	0.7939	0.7967	0.7995	0.8023	0.8051	0.8078	0.8106	0.8133
0.9	0.8159	0.8186	0.8212	0.8238	0.8264	0.8289	0.8355	0.8340	0.8365	0.8389
1.0	0.8413	0.8438	0.8461	0.8485	0.8508	0.8531	0.8554	0.8577	0.8599	0.8621
1.1	0.8643	0.8665	0.8686	0.8708	0.8729	0.8749	0.8770	0.8790	0.8810	0.8830
1.2	0.8849	0.8869	0.8888	0.8907	0.8925	0.8944	0.8962	0.8980	0.8997	0.9015
1.3	0.9032	0.9049	0.9066	0.9082	0.9099	0.9115	0.9131	0.9147	0.9162	0.9177
1.4	0.9192	0.9207	0.9222	0.9236	0.9251	0.9265	0.9279	0.9292	0.9306	0.9319
1.5	0.9332	0.9345	0.9357	0.9370	0.9382	0.9394	0.9406	0.9418	0.9430	0.9441
1.6	0.9452	0.9463	0.9474	0.9484	0.9495	0.9505	0.9515	0.9525	0.9535	0.9545
1.7	0.9554	0.9564	0.9573	0.9582	0.9591	0.9599	0.9608	0.9616	0.9625	0.9633
1.8	0.9641	0.9648	0.9656	0.9664	0.9672	0.9678	0.9686	0.9693	0.9700	0.9706
1.9	0.9713	0.9719	0.9726	0.9732	0.9738	0.9744	0.9750	0.9756	0.9762	0.9767
2.0	0.9772	0.9778	0.9783	0.9788	0.9793	0.9798	0.9803	0.9808	0.9812	0.9817
2.1	0.9821	0.9826	0.9830	0.9834	0.9838	0.9842	0.9846	0.9850	0.9854	0.9857
2.2	0.9861	0.9864	0.9868	0.9871	0.9874	0.9878	0.9881	0.9884	0.9887	0.9890
2.3	0.9893	0.9896	0.9898	0.9901	0.9904	0.9906	0.9909	0.9911	0.9913	0.9916
2.4	0.9918	0.9920	0.9922	0.9925	0.9927	0.9929	0.9931	0.9932	0.9934	0.9936
2.5	0.9938	0.9940	0.9941	0.9943	0.9945	0.9946	0.9948	0.9949	0.9951	0.9952
2.6	0.9953	0.9955	0.9956	0.9957	0.9959	0.9960	0.9961	0.9962	0.9963	0.9964
2.7	0.9965	0.9966	0.9967	0.9968	0.9969	0.9970	0.9971	0.9972	0.9973	0.9974
2.8	0.9974	0.9975	0.9976	0.9977	0.9977	0.9978	0.9979	0.9979	0.9980	0.9981
2.9	0.9981	0.9982	0.9982	0.9983	0.9984	0.9984	0.9985	0.9985	0.9986	0.9986
x	0.0	0.1	0.2	0.3	0.4	0.5	0.6	0.7	0.8	0.9
3	0.9987	0.9990	0.9993	0.9995	0.9997	0.9998	0.9998	0.9999	0.9999	1.0000

表 A.3   泊松分布表

$$P(X \geqslant c) = \sum_{k=c}^{+\infty} \frac{\lambda^k}{k!} e^{-\lambda}$$

c	$\lambda=0.1$	$\lambda=0.2$	$\lambda=0.3$	$\lambda=0.4$	$\lambda=0.5$	$\lambda=0.6$	$\lambda=0.7$
0	1.000 000	1.000 000	1.000 000	1.000 000	1.000 000	1.000 000	1.000 000
1	0.095 163	0.181 269	0.259 182	0.329 680	0.393 469	0.451 188	0.503 415
2	0.004 679	0.017 523	0.036 936	0.061 552	0.090 204	0.121 901	0.155 805
3	0.000 155	0.001 148	0.003 599	0.007 926	0.014 388	0.023 115	0.034 142
4	0.000 003	0.000 057	0.000 266	0.000 776	0.001 752	0.003 358	0.005 753
5	0.000 000	0.000 002	0.000 016	0.000 061	0.000 172	0.000 394	0.000 786
6	0.000 000	0.000 000	0.000 001	0.000 004	0.000 014	0.000 039	0.000 090
7	0.000 000	0.000 000	0.000 000	0.000 000	0.000 001	0.000 003	0.000 009
8	0.000 000	0.000 000	0.000 000	0.000 000	0.000 000	0.000 000	0.000 001

c	$\lambda=0.8$	$\lambda=0.9$	$\lambda=1.0$	$\lambda=1.2$	$\lambda=1.4$	$\lambda=1.6$	$\lambda=1.8$
0	1.000 000	1.000 000	1.000 000	1.000 000	1.000 000	1.000 000	1.000 000
1	0.550 671	0.593 430	0.632 121	0.698 806	0.753 403	0.798 103	0.834 701
2	0.191 208	0.227 518	0.264 241	0.337 373	0.408 167	0.475 069	0.537 163
3	0.047 423	0.062 857	0.080 301	0.120 513	0.166 502	0.216 642	0.269 379
4	0.009 080	0.013 459	0.018 988	0.033 769	0.053 725	0.078 813	0.108 708
5	0.001 411	0.002 344	0.003 660	0.007 746	0.014 253	0.023 682	0.036 407
6	0.000 184	0.000 343	0.000 594	0.001 500	0.003 201	0.006 040	0.010 378
7	0.000 021	0.000 043	0.000 083	0.000 251	0.000 622	0.001 336	0.002 569
8	0.000 002	0.000 005	0.000 010	0.000 037	0.000 107	0.000 260	0.000 562
9	0.000 000	0.000 000	0.000 001	0.000 005	0.000 016	0.000 045	0.000 110
10	0.000 000	0.000 000	0.000 000	0.000 001	0.000 002	0.000 007	0.000 019
11	0.000 000	0.000 000	0.000 000	0.000 000	0.000 000	0.000 001	0.000 003

c	$\lambda=2.0$	$\lambda=2.5$	$\lambda=3.0$	$\lambda=3.5$	$\lambda=4.0$	$\lambda=4.5$	$\lambda=5.0$
0	1.000 000	1.000 000	1.000 000	1.000 000	1.000 000	1.000 000	1.000 000
1	0.864 665	0.917 915	0.950 213	0.969 803	0.981 684	0.988 891	0.993 262
2	0.593 994	0.712 703	0.800 852	0.864 112	0.908 422	0.938 901	0.959 572
3	0.323 324	0.456 187	0.576 810	0.679 153	0.761 897	0.826 422	0.875 348
4	0.142 877	0.242 424	0.352 768	0.463 367	0.566 530	0.657 704	0.734 974
5	0.052 653	0.108 822	0.184 737	0.271 555	0.371 163	0.467 896	0.559 507
6	0.016 564	0.042 021	0.083 918	0.142 386	0.211 870	0.297 070	0.384 039
7	0.004 534	0.014 187	0.033 509	0.065 288	0.110 674	0.168 949	0.237 817
8	0.001 097	0.004 247	0.011 905	0.026 739	0.051 134	0.086 586	0.133 372
9	0.000 237	0.001 140	0.003 803	0.009 874	0.021 363	0.040 257	0.068 094
10	0.000 046	0.000 277	0.001 102	0.003 315	0.008 132	0.017 093	0.031 828
11	0.000 008	0.000 062	0.000 292	0.001 019	0.002 840	0.006 669	0.013 695
12	0.000 001	0.000 013	0.000 071	0.000 289	0.000 915	0.002 404	0.005 453
13	0.000 000	0.000 002	0.000 016	0.000 076	0.000 274	0.000 805	0.002 019
14	0.000 000	0.000 000	0.000 003	0.000 019	0.000 076	0.000 252	0.000 698
15	0.000 000	0.000 000	0.000 001	0.000 004	0.000 020	0.000 074	0.000 226
16	0.000 000	0.000 000	0.000 000	0.000 001	0.000 005	0.000 020	0.000 069
17	0.000 000	0.000 000	0.000 000	0.000 000	0.000 001	0.000 005	0.000 020
18	0.000 000	0.000 000	0.000 000	0.000 000	0.000 000	0.000 001	0.000 005
19	0.000 000	0.000 000	0.000 000	0.000 000	0.000 000	0.000 000	0.000 001

表 A.4　t 分布表

$$P\{t(n) \geqslant t_a(n)\} = \alpha$$

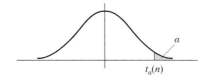

α / n	0.20	0.15	0.10	0.05	0.025	0.01	0.005
1	1.376	1.963	3.0777	6.3138	12.7062	31.8207	63.6574
2	1.061	1.386	1.8856	2.9200	4.3027	6.9646	9.9248
3	0.978	1.250	1.6377	2.3534	3.1824	4.5407	5.8409
4	0.941	1.190	1.5332	2.1318	2.7764	3.7469	4.6041
5	0.920	1.156	1.4759	2.0150	2.5706	3.3649	4.0322
6	0.906	1.134	1.4398	1.9432	2.4469	3.1427	3.7074
7	0.896	1.119	1.4149	1.8946	2.3646	2.9980	3.4995
8	0.889	1.108	1.3968	1.8595	2.3060	2.8965	3.3554
9	0.883	1.100	1.3830	1.8331	2.2622	2.8214	3.2498
10	0.879	1.093	1.3722	1.8125	2.2281	2.7638	3.1693
11	0.876	1.088	1.3634	1.7959	2.2010	2.7181	3.1058
12	0.873	1.083	1.3562	1.7823	2.1788	2.6810	3.0545
13	0.870	1.079	1.3502	1.7709	2.1604	2.6503	3.0123
14	0.868	1.076	1.3450	1.7613	2.1448	2.6245	2.9768
15	0.866	1.074	1.3406	1.7531	2.1315	2.6025	2.9467
16	0.865	1.071	1.3368	1.7459	2.1199	2.5835	2.9208
17	0.863	1.069	1.3334	1.7396	2.1098	2.5669	2.8982
18	0.862	1.067	1.3304	1.7341	2.1009	2.5524	2.8784
19	0.861	1.066	1.3277	1.7291	2.0930	2.5395	2.8609
20	0.860	1.064	1.3253	1.7247	2.0860	2.5280	2.8453
21	0.859	1.063	1.3232	1.7207	2.0796	2.5177	2.8314
22	0.858	1.061	1.3212	1.7171	2.0739	2.5083	2.8188
23	0.858	1.060	1.3195	1.7139	2.0687	2.4999	2.8073
24	0.857	1.059	1.3178	1.7109	2.0639	2.4922	2.7969
25	0.856	1.058	1.3163	1.7081	2.0595	2.4851	2.7874
26	0.856	1.058	1.3150	1.7056	2.0555	2.4786	2.7787
27	0.855	1.057	1.3137	1.7033	2.0518	2.4727	2.7707
28	0.855	1.056	1.3125	1.7011	2.0484	2.4671	2.7633
29	0.854	1.055	1.3114	1.6991	2.0452	2.4620	2.7564
30	0.854	1.055	1.3104	1.6973	2.0423	2.4573	2.7500
31	0.8535	1.0541	1.3095	1.6955	2.0395	2.4528	2.7440
32	0.8531	1.0536	1.3086	1.6939	2.0369	2.4487	2.7385
33	0.8527	1.0531	1.3077	1.6924	2.0345	2.4448	2.7333
34	0.8524	1.0526	1.3070	1.6909	2.0322	2.4411	2.7284
35	0.8521	1.0521	1.3062	1.6896	2.0301	2.4377	2.7238
36	0.8518	1.0516	1.3055	1.6883	2.0281	2.4345	2.7195
37	0.8515	1.0512	1.3049	1.6871	2.0262	2.4314	2.7154
38	0.8512	1.0508	1.3042	1.6860	2.0244	2.4286	2.7116
39	0.8510	1.0504	1.3036	1.6849	2.0227	2.4258	2.7079
40	0.8507	1.0501	1.3031	1.6839	2.0211	2.4233	2.7045
41	0.8505	1.0498	1.3025	1.6829	2.0195	2.4208	2.7012
42	0.8503	1.0494	1.3020	1.6820	2.0181	2.4185	2.6981
43	0.8501	1.0491	1.3016	1.6811	2.0167	2.4163	2.6951
44	0.8499	1.0488	1.3011	1.6802	2.0154	2.4141	2.6923
45	0.8497	1.0485	1.3006	1.6794	2.0141	2.4121	2.6896

表 A.5　χ^2 分布表

$$P\{\chi^2(n) \geqslant \chi_\alpha^2(n)\} = \alpha$$

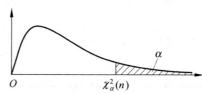

n	$\alpha=0.995$	0.99	0.975	0.95	0.90	0.75
1	0.0000	0.0002	0.0010	0.0039	0.0158	0.1015
2	0.0100	0.0201	0.0506	0.1026	0.2107	0.5754
3	0.0717	0.1148	0.2158	0.3518	0.5844	1.2125
4	0.2070	0.2971	0.4844	0.7107	1.0636	1.9226
5	0.4118	0.5543	0.8312	1.1455	1.6103	2.6746
6	0.6757	0.8721	1.2373	1.6354	2.2041	3.4546
7	0.9893	1.2390	1.6899	2.1673	2.8331	4.2549
8	1.3444	1.6465	2.1797	2.7326	3.4895	5.0706
9	1.7349	2.0879	2.7004	3.3251	4.1682	5.8988
10	2.1558	2.5582	3.2470	3.9403	4.8652	6.7372
11	2.6032	3.0535	3.8157	4.5748	5.5778	7.5841
12	3.0738	3.5706	4.4038	5.2260	6.3038	8.4384
13	3.5650	4.1069	5.0087	5.8919	7.0415	9.2991
14	4.0747	4.6604	5.6287	6.5706	7.7895	10.1653
15	4.6009	5.2294	6.2621	7.2609	8.5468	11.0365
16	5.1422	5.8122	6.9077	7.9616	9.3122	11.9122
17	5.6973	6.4077	7.5642	8.6718	10.0852	12.7919
18	6.2648	7.0149	8.2307	9.3904	10.8649	13.6753
19	6.8439	7.6327	8.9065	10.1170	11.6509	14.5620
20	7.4338	8.2604	9.5908	10.8508	12.4426	15.4518
21	8.0336	8.8972	10.2829	11.5913	13.2396	16.3444
22	8.6427	9.5425	10.9823	12.3380	14.0415	17.2396
23	9.2604	10.1957	11.6885	13.0905	14.8480	18.1373
24	9.8862	10.8563	12.4011	13.8484	15.6587	19.0373
25	10.5196	11.5240	13.1197	14.6114	16.4734	19.9393
26	11.1602	12.1982	13.8439	15.3792	17.2919	20.8434
27	11.8077	12.8785	14.5734	16.1514	18.1139	21.7494
28	12.4613	13.5647	15.3079	16.9279	18.9392	22.6572
29	13.1211	14.2564	16.0471	17.7084	19.7677	23.5666
30	13.7867	14.9535	16.7908	18.4927	20.5992	24.4776
31	14.4577	15.6555	17.5387	19.2806	21.4336	25.3901
32	15.1340	16.3622	18.2908	20.0719	22.2706	26.3041
33	15.8152	17.0735	19.0467	20.8665	23.1102	27.2194
34	16.5013	17.7891	19.8062	21.6643	23.9522	28.1361
35	17.1917	18.5089	20.5694	22.4650	24.7966	29.0540
36	17.8868	19.2326	21.3359	23.2686	25.6433	29.9730
37	18.5859	19.9603	22.1056	24.0749	26.4921	30.8933
38	19.2888	20.6914	22.8785	24.8839	27.3430	31.8146
39	19.9958	21.4261	23.6543	25.6954	28.1958	32.7369
40	20.7066	22.1642	24.4331	26.5093	29.0505	33.6603
41	21.4208	22.9056	25.2145	27.3256	29.9071	34.5846
42	22.1384	23.6501	25.9987	28.1440	30.7654	35.5099
43	22.8596	24.3976	26.7854	28.9647	31.6255	36.4361
44	23.5836	25.1480	27.5745	29.7875	32.4871	37.3631
45	24.3110	25.9012	28.3662	30.6123	33.3504	38.2910

续表

n	$\alpha=0.25$	0.1	0.05	0.025	0.01	0.005
1	1.3233	2.7055	3.8415	5.0239	6.6349	7.8794
2	2.7726	4.6052	5.9915	7.3778	9.2104	10.5965
3	4.1083	6.2514	7.8147	9.3484	11.3449	12.8381
4	5.3853	7.7794	9.4877	11.1433	13.2767	14.8602
5	6.6257	9.2363	11.0705	12.8325	15.0863	16.7496
6	7.8408	10.6446	12.5916	14.4494	16.8119	18.5475
7	9.0371	12.0170	14.0671	16.0128	18.4753	20.2777
8	10.2189	13.3616	15.5073	17.5345	20.0902	21.9549
9	11.3887	14.6837	16.9190	19.0228	21.6660	23.5893
10	12.5489	15.9872	18.3070	20.4832	23.2093	25.1881
11	13.7007	17.2750	19.6752	21.9200	24.7250	26.7569
12	14.8454	18.5493	21.0261	23.3367	26.2170	28.2997
13	15.9839	19.8119	22.3620	24.7356	27.6882	29.8193
14	17.1169	21.0641	23.6848	26.1189	29.1412	31.3194
15	18.2451	22.3071	24.9958	27.4884	30.5780	32.8015
16	19.3689	23.5418	26.2962	28.8453	31.9999	34.2671
17	20.4887	24.7690	27.5871	30.1910	33.4087	35.7184
18	21.6049	25.9894	28.8693	31.5264	34.8052	37.1564
19	22.7178	27.2036	30.1435	32.8523	36.1908	38.5821
20	23.8277	28.4120	31.4104	34.1696	37.5663	39.9969
21	24.9348	29.6151	32.6706	35.4789	38.9322	41.4009
22	26.0393	30.8133	33.9245	36.7807	40.2894	42.7957
23	27.1413	32.0069	35.1725	38.0756	41.6383	44.1814
24	28.2412	33.1962	36.4150	39.3641	42.9798	45.5584
25	29.3388	34.3816	37.6525	40.6465	44.3140	46.9280
26	30.4346	35.5632	38.8851	41.9231	45.6416	48.2898
27	31.5284	36.7412	40.1133	43.1945	46.9628	49.6450
28	32.6205	37.9159	41.3372	44.4608	48.2782	50.9936
29	33.7109	39.0875	42.5569	45.7223	49.5878	52.3355
30	34.7997	40.2560	43.7730	46.9792	50.8922	53.6719
31	35.8871	41.4217	44.9853	48.2319	52.1914	55.0025
32	36.9730	42.5847	46.1942	49.4804	53.4857	56.3280
33	38.0575	43.7452	47.3999	50.7251	54.7754	57.6483
34	39.1408	44.9032	48.6024	51.9660	56.0609	58.9637
35	40.2228	46.0588	49.8018	53.2033	57.3420	60.2746
36	41.3036	47.2122	50.9985	54.4373	58.6192	61.5811
37	42.3833	48.3634	52.1923	55.6680	59.8926	62.8832
38	43.4619	49.5126	53.3835	56.8955	61.1620	64.1812
39	44.5395	50.6598	54.5722	58.1201	62.4281	65.4753
40	45.6160	51.8050	55.7585	59.3417	63.6908	66.7660
41	46.6916	52.9485	56.9424	60.5606	64.9500	68.0526
42	47.7662	54.0902	58.1240	61.7767	66.2063	69.3360
43	48.8400	55.2302	59.3035	62.9903	67.4593	70.6157
44	49.9129	56.3685	60.4809	64.2014	68.7096	71.8923
45	50.9849	57.5053	61.6562	65.4101	69.9569	73.1660

表A.6　F分布表

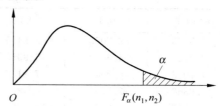

$$P\{F(n_1,n_2) \geqslant F_\alpha(n_1,n_2)\} = \alpha$$

$\alpha = 0.10$

n_2＼n_1	1	2	3	4	5	6	7	8	9	10	12	15	20	24	30	40	60	120	$+\infty$
1	39.86	49.50	53.59	55.83	57.24	58.20	58.91	59.44	59.86	60.19	60.71	61.22	61.74	62.00	62.26	62.53	62.79	63.06	63.33
2	8.53	9.00	9.16	9.24	9.29	9.33	9.35	9.37	9.38	9.39	9.41	9.42	9.44	9.45	9.46	9.47	9.47	9.48	9.49
3	5.54	5.46	5.39	5.34	5.31	5.28	5.27	5.25	5.24	5.23	5.22	5.20	5.18	5.18	5.17	5.16	5.15	5.14	5.13
4	4.54	4.32	4.19	4.11	4.05	4.01	3.98	3.95	3.94	3.92	3.90	3.87	3.84	3.83	3.82	3.80	3.79	3.78	3.76
5	4.06	3.78	3.62	3.52	3.45	3.40	3.37	3.34	3.32	3.30	3.27	3.24	3.21	3.19	3.17	3.16	3.14	3.12	3.10
6	3.78	3.46	3.29	3.18	3.11	3.05	3.01	2.98	2.96	2.94	2.90	2.87	2.84	2.82	2.80	2.78	2.76	2.74	2.72
7	3.59	3.26	3.07	2.96	2.88	2.83	2.78	2.75	2.72	2.70	2.67	2.63	2.59	2.58	2.56	2.54	2.51	2.49	2.47
8	3.46	3.11	2.92	2.81	2.73	2.67	2.62	2.59	2.56	2.54	2.50	2.46	2.42	2.40	2.38	2.36	2.34	2.32	2.29
9	3.36	3.01	2.81	2.69	2.61	2.55	2.51	2.47	2.44	2.42	2.38	2.34	2.30	2.28	2.25	2.23	2.21	2.18	2.16
10	3.29	2.92	2.73	2.61	2.52	2.46	2.41	2.38	2.35	2.32	2.28	2.24	2.20	2.18	2.16	2.13	2.11	2.08	2.06
11	3.23	2.86	2.66	2.54	2.45	2.39	2.34	2.30	2.27	2.25	2.21	2.17	2.12	2.10	2.08	2.05	2.03	2.00	1.97
12	3.18	2.81	2.61	2.48	2.39	2.33	2.28	2.24	2.21	2.19	2.15	2.10	2.06	2.04	2.01	1.99	1.96	1.93	1.90
13	3.14	2.76	2.56	2.43	2.35	2.28	2.23	2.20	2.16	2.14	2.10	2.05	2.01	1.98	1.96	1.93	1.90	1.88	1.85
14	3.10	2.73	2.52	2.39	2.31	2.24	2.19	2.15	2.12	2.10	2.05	2.01	1.96	1.94	1.91	1.89	1.86	1.83	1.80
15	3.07	2.70	2.49	2.36	2.27	2.21	2.16	2.12	2.09	2.06	2.02	1.97	1.92	1.90	1.87	1.85	1.82	1.79	1.76
16	3.05	2.67	2.46	2.33	2.24	2.18	2.13	2.09	2.06	2.03	1.99	1.94	1.89	1.87	1.84	1.81	1.78	1.75	1.72
17	3.03	2.64	2.44	2.31	2.22	2.15	2.10	2.06	2.03	2.00	1.96	1.91	1.86	1.84	1.81	1.78	1.75	1.72	1.69
18	3.01	2.62	2.42	2.29	2.20	2.13	2.08	2.04	2.00	1.98	1.93	1.89	1.84	1.81	1.78	1.75	1.72	1.69	1.66
19	2.99	2.61	2.40	2.27	2.18	2.11	2.06	2.02	1.98	1.96	1.91	1.86	1.81	1.79	1.76	1.73	1.70	1.67	1.63
20	2.97	2.59	2.38	2.25	2.16	2.09	2.04	2.00	1.96	1.94	1.89	1.84	1.79	1.77	1.74	1.71	1.68	1.64	1.61
21	2.96	2.57	2.36	2.23	2.14	2.08	2.02	1.98	1.95	1.92	1.87	1.83	1.78	1.75	1.72	1.69	1.66	1.62	1.59
22	2.95	2.56	2.35	2.22	2.13	2.06	2.01	1.97	1.93	1.90	1.86	1.81	1.76	1.73	1.70	1.67	1.64	1.60	1.57
23	2.94	2.55	2.34	2.21	2.11	2.05	1.99	1.95	1.92	1.89	1.84	1.80	1.74	1.72	1.69	1.66	1.62	1.59	1.55
24	2.93	2.54	2.33	2.19	2.10	2.04	1.98	1.94	1.91	1.88	1.83	1.78	1.73	1.70	1.67	1.64	1.61	1.57	1.53
25	2.92	2.53	2.32	2.18	2.09	2.02	1.97	1.93	1.89	1.87	1.82	1.77	1.72	1.69	1.66	1.63	1.59	1.56	1.52
26	2.91	2.52	2.31	2.17	2.08	2.01	1.96	1.92	1.88	1.86	1.81	1.76	1.71	1.68	1.65	1.61	1.58	1.54	1.50
27	2.90	2.51	2.30	2.17	2.07	2.00	1.95	1.91	1.87	1.85	1.80	1.75	1.70	1.67	1.64	1.60	1.57	1.53	1.49
28	2.89	2.50	2.29	2.16	2.06	2.00	1.94	1.90	1.87	1.84	1.79	1.74	1.69	1.66	1.63	1.59	1.56	1.52	1.48
29	2.89	2.50	2.28	2.15	2.06	1.99	1.93	1.89	1.86	1.83	1.78	1.73	1.68	1.65	1.62	1.58	1.55	1.51	1.47
30	2.88	2.49	2.28	2.14	2.05	1.98	1.93	1.88	1.85	1.82	1.77	1.72	1.67	1.64	1.61	1.57	1.54	1.50	1.46
35	2.85	2.46	2.25	2.11	2.02	1.95	1.90	1.85	1.82	1.79	1.74	1.69	1.63	1.60	1.57	1.53	1.50	1.46	1.41
40	2.84	2.44	2.23	2.09	2.00	1.93	1.87	1.83	1.79	1.76	1.71	1.66	1.61	1.57	1.54	1.51	1.47	1.42	1.38
50	2.81	2.41	2.20	2.06	1.97	1.90	1.84	1.80	1.76	1.73	1.68	1.63	1.57	1.54	1.50	1.46	1.42	1.38	1.33
60	2.79	2.39	2.18	2.04	1.95	1.87	1.82	1.77	1.74	1.71	1.66	1.60	1.54	1.51	1.48	1.44	1.40	1.35	1.29
80	2.77	2.37	2.15	2.02	1.92	1.85	1.79	1.75	1.71	1.68	1.63	1.57	1.51	1.48	1.44	1.40	1.36	1.31	1.24
120	2.75	2.35	2.13	1.99	1.90	1.82	1.77	1.72	1.68	1.65	1.60	1.55	1.48	1.45	1.41	1.37	1.32	1.26	1.19
$+\infty$	2.71	2.30	2.08	1.94	1.85	1.77	1.72	1.67	1.63	1.60	1.55	1.49	1.42	1.38	1.34	1.30	1.24	1.17	1.00

$\alpha=0.05$　　　　　　　　　　　　　　　　　　　　　　　　　　续表

n_1 \ n_2	1	2	3	4	5	6	7	8	9	10	12	15	20	24	30	40	60	120	$+\infty$
1	161.45	199.50	215.71	224.58	230.16	233.99	236.77	238.88	240.54	241.88	243.90	245.95	248.02	249.05	250.10	251.14	252.20	253.25	254.31
2	18.51	19.00	19.16	19.25	19.30	19.33	19.35	19.37	19.38	19.40	19.41	19.43	19.45	19.45	19.46	19.47	19.48	19.49	19.50
3	10.13	9.55	9.28	9.12	9.01	8.94	8.89	8.85	8.81	8.79	8.74	8.70	8.66	8.64	8.62	8.59	8.57	8.55	8.53
4	7.71	6.94	6.59	6.39	6.26	6.16	6.09	6.04	6.00	5.96	5.91	5.86	5.80	5.77	5.75	5.72	5.69	5.66	5.63
5	6.61	5.79	5.41	5.19	5.05	4.95	4.88	4.82	4.77	4.74	4.68	4.62	4.56	4.53	4.50	4.46	4.43	4.40	4.36
6	5.99	5.14	4.76	4.53	4.39	4.28	4.21	4.15	4.10	4.06	4.00	3.94	3.87	3.84	3.81	3.77	3.74	3.70	3.67
7	5.59	4.74	4.35	4.12	3.97	3.87	3.79	3.73	3.68	3.64	3.57	3.51	3.44	3.41	3.38	3.34	3.30	3.27	3.23
8	5.32	4.46	4.07	3.84	3.69	3.58	3.50	3.44	3.39	3.35	3.28	3.22	3.15	3.12	3.08	3.04	3.01	2.97	2.93
9	5.12	4.26	3.86	3.63	3.48	3.37	3.29	3.23	3.18	3.14	3.07	3.01	2.94	2.90	2.86	2.83	2.79	2.75	2.71
10	4.96	4.10	3.71	3.48	3.33	3.22	3.14	3.07	3.02	2.98	2.91	2.85	2.77	2.74	2.70	2.66	2.62	2.58	2.54
11	4.84	3.98	3.59	3.36	3.20	3.09	3.01	2.95	2.90	2.85	2.79	2.72	2.65	2.61	2.57	2.53	2.49	2.45	2.40
12	4.75	3.89	3.49	3.26	3.11	3.00	2.91	2.85	2.80	2.75	2.69	2.62	2.54	2.51	2.47	2.43	2.38	2.34	2.30
13	4.67	3.81	3.41	3.18	3.03	2.92	2.83	2.77	2.71	2.67	2.60	2.53	2.46	2.42	2.38	2.34	2.30	2.25	2.21
14	4.60	3.74	3.34	3.11	2.96	2.85	2.76	2.70	2.65	2.60	2.53	2.46	2.39	2.35	2.31	2.27	2.22	2.18	2.13
15	4.54	3.68	3.29	3.06	2.90	2.79	2.71	2.64	2.59	2.54	2.48	2.40	2.33	2.29	2.25	2.20	2.16	2.11	2.07
16	4.49	3.63	3.24	3.01	2.85	2.74	2.66	2.59	2.54	2.49	2.42	2.35	2.28	2.24	2.19	2.15	2.11	2.06	2.01
17	4.45	3.59	3.20	2.96	2.81	2.70	2.61	2.55	2.49	2.45	2.38	2.31	2.23	2.19	2.15	2.10	2.06	2.01	1.96
18	4.41	3.55	3.16	2.93	2.77	2.66	2.58	2.51	2.46	2.41	2.34	2.27	2.19	2.15	2.11	2.06	2.02	1.97	1.92
19	4.38	3.52	3.13	2.90	2.74	2.63	2.54	2.48	2.42	2.38	2.31	2.23	2.16	2.11	2.07	2.03	1.98	1.93	1.88
20	4.35	3.49	3.10	2.87	2.71	2.60	2.51	2.45	2.39	2.35	2.28	2.20	2.12	2.08	2.04	1.99	1.95	1.90	1.84
21	4.32	3.47	3.07	2.84	2.68	2.57	2.49	2.42	2.37	2.32	2.25	2.18	2.10	2.05	2.01	1.96	1.92	1.87	1.81
22	4.30	3.44	3.05	2.82	2.66	2.55	2.46	2.40	2.34	2.30	2.23	2.15	2.07	2.03	1.98	1.94	1.89	1.84	1.78
23	4.28	3.42	3.03	2.80	2.64	2.53	2.44	2.37	2.32	2.27	2.20	2.13	2.05	2.01	1.96	1.91	1.86	1.81	1.76
24	4.26	3.40	3.01	2.78	2.62	2.51	2.42	2.36	2.30	2.25	2.18	2.11	2.03	1.98	1.94	1.89	1.84	1.79	1.73
25	4.24	3.39	2.99	2.76	2.60	2.49	2.40	2.34	2.28	2.24	2.16	2.09	2.01	1.96	1.92	1.87	1.82	1.77	1.71
26	4.23	3.37	2.98	2.74	2.59	2.47	2.39	2.32	2.27	2.22	2.15	2.07	1.99	1.95	1.90	1.85	1.80	1.75	1.69
27	4.21	3.35	2.96	2.73	2.57	2.46	2.37	2.31	2.25	2.20	2.13	2.06	1.97	1.93	1.88	1.84	1.79	1.73	1.67
28	4.20	3.34	2.95	2.71	2.56	2.45	2.36	2.29	2.24	2.19	2.12	2.04	1.96	1.91	1.87	1.82	1.77	1.71	1.65
29	4.18	3.33	2.93	2.70	2.55	2.43	2.35	2.28	2.22	2.18	2.10	2.03	1.94	1.90	1.85	1.81	1.75	1.70	1.64
30	4.17	3.32	2.92	2.69	2.53	2.42	2.33	2.27	2.21	2.16	2.09	2.01	1.93	1.89	1.84	1.79	1.74	1.68	1.62
35	4.12	3.27	2.87	2.64	2.49	2.37	2.29	2.22	2.16	2.11	2.04	1.96	1.88	1.83	1.79	1.74	1.68	1.62	1.56
40	4.08	3.23	2.84	2.61	2.45	2.34	2.25	2.18	2.12	2.08	2.00	1.92	1.84	1.79	1.74	1.69	1.64	1.58	1.51
50	4.03	3.18	2.79	2.56	2.40	2.29	2.20	2.13	2.07	2.03	1.95	1.87	1.78	1.74	1.69	1.63	1.58	1.51	1.44
60	4.00	3.15	2.76	2.53	2.37	2.25	2.17	2.10	2.04	1.99	1.92	1.84	1.75	1.70	1.65	1.59	1.53	1.47	1.39
80	3.96	3.11	2.72	2.49	2.33	2.21	2.13	2.06	2.00	1.95	1.88	1.79	1.70	1.65	1.60	1.54	1.48	1.41	1.32
120	3.92	3.07	2.68	2.45	2.29	2.18	2.09	2.02	1.96	1.91	1.83	1.75	1.66	1.61	1.55	1.50	1.43	1.35	1.25
$+\infty$	3.84	3.00	2.60	2.37	2.21	2.10	2.01	1.94	1.88	1.83	1.75	1.67	1.57	1.52	1.46	1.39	1.32	1.22	1.00

$\alpha=0.025$　　　　　　　　　　　　　　　　　　　　　　　　　　　　　　续表

n_1 / n_2	1	2	3	4	5	6	7	8	9	10	12	15	20	24	30	40	60	120	$+\infty$
1	647.79	799.48	864.15	899.60	921.83	937.11	948.20	956.64	963.28	968.63	976.72	984.87	993.08	997.27	1001.4	1005.6	1009.8	1014.0	1018.3
2	38.51	39.00	39.17	39.25	39.30	39.33	39.36	39.37	39.39	39.40	39.41	39.43	39.45	39.46	39.46	39.47	39.48	39.49	39.50
3	17.44	16.04	15.44	15.10	14.88	14.73	14.62	14.54	14.47	14.42	14.34	14.25	14.17	14.12	14.08	14.04	13.99	13.95	13.90
4	12.22	10.65	9.98	9.60	9.36	9.20	9.07	8.98	8.90	8.84	8.75	8.66	8.56	8.51	8.46	8.41	8.36	8.31	8.26
5	10.01	8.43	7.76	7.39	7.15	6.98	6.85	6.76	6.68	6.62	6.52	6.43	6.33	6.28	6.23	6.18	6.12	6.07	6.02
6	8.81	7.26	6.60	6.23	5.99	5.82	5.70	5.60	5.52	5.46	5.37	5.27	5.17	5.12	5.07	5.01	4.96	4.90	4.85
7	8.07	6.54	5.89	5.52	5.29	5.12	4.99	4.90	4.82	4.76	4.67	4.57	4.47	4.41	4.36	4.31	4.25	4.20	4.14
8	7.57	6.06	5.42	5.05	4.82	4.65	4.53	4.43	4.36	4.30	4.20	4.10	4.00	3.95	3.89	3.84	3.78	3.73	3.67
9	7.21	5.71	5.08	4.72	4.48	4.32	4.20	4.10	4.03	3.96	3.87	3.77	3.67	3.61	3.56	3.51	3.45	3.39	3.33
10	6.94	5.46	4.83	4.47	4.24	4.07	3.95	3.85	3.78	3.72	3.62	3.52	3.42	3.37	3.31	3.26	3.20	3.14	3.08
11	6.72	5.26	4.63	4.28	4.04	3.88	3.76	3.66	3.59	3.53	3.43	3.33	3.23	3.17	3.12	3.06	3.00	2.94	2.88
12	6.55	5.10	4.47	4.12	3.89	3.73	3.61	3.51	3.44	3.37	3.28	3.18	3.07	3.02	2.96	2.91	2.85	2.79	2.72
13	6.41	4.97	4.35	4.00	3.77	3.60	3.48	3.39	3.31	3.25	3.15	3.05	2.95	2.89	2.84	2.78	2.72	2.66	2.60
14	6.30	4.86	4.24	3.89	3.66	3.50	3.38	3.29	3.21	3.15	3.05	2.95	2.84	2.79	2.73	2.67	2.61	2.55	2.49
15	6.20	4.77	4.15	3.80	3.58	3.41	3.29	3.20	3.12	3.06	2.96	2.86	2.76	2.70	2.64	2.59	2.52	2.46	2.40
16	6.12	4.69	4.08	3.73	3.50	3.34	3.22	3.12	3.05	2.99	2.89	2.79	2.68	2.63	2.57	2.51	2.45	2.38	2.32
17	6.04	4.62	4.01	3.66	3.44	3.28	3.16	3.06	2.98	2.92	2.82	2.72	2.62	2.56	2.50	2.44	2.38	2.32	2.25
18	5.98	4.56	3.95	3.61	3.38	3.22	3.10	3.01	2.93	2.87	2.77	2.67	2.56	2.50	2.44	2.38	2.32	2.26	2.19
19	5.92	4.51	3.90	3.56	3.33	3.17	3.05	2.96	2.88	2.82	2.72	2.62	2.51	2.45	2.39	2.33	2.27	2.20	2.13
20	5.87	4.46	3.86	3.51	3.29	3.13	3.01	2.91	2.84	2.77	2.68	2.57	2.46	2.41	2.35	2.29	2.22	2.16	2.09
21	5.83	4.42	3.82	3.48	3.25	3.09	2.97	2.87	2.80	2.73	2.64	2.53	2.42	2.37	2.31	2.25	2.18	2.11	2.04
22	5.79	4.38	3.78	3.44	3.22	3.05	2.93	2.84	2.76	2.70	2.60	2.50	2.39	2.33	2.27	2.21	2.14	2.08	2.00
23	5.75	4.35	3.75	3.41	3.18	3.02	2.90	2.81	2.73	2.67	2.57	2.47	2.36	2.30	2.24	2.18	2.11	2.04	1.97
24	5.72	4.32	3.72	3.38	3.15	2.99	2.87	2.78	2.70	2.64	2.54	2.44	2.33	2.27	2.21	2.15	2.08	2.01	1.94
25	5.69	4.29	3.69	3.35	3.13	2.97	2.85	2.75	2.68	2.61	2.51	2.41	2.30	2.24	2.18	2.12	2.05	1.98	1.91
26	5.66	4.27	3.67	3.33	3.10	2.94	2.82	2.73	2.65	2.59	2.49	2.39	2.28	2.22	2.16	2.09	2.03	1.95	1.88
27	5.63	4.24	3.65	3.31	3.08	2.92	2.80	2.71	2.63	2.57	2.47	2.36	2.25	2.19	2.13	2.07	2.00	1.93	1.85
28	5.61	4.22	3.63	3.29	3.06	2.90	2.78	2.69	2.61	2.55	2.45	2.34	2.23	2.17	2.11	2.05	1.98	1.91	1.83
29	5.59	4.20	3.61	3.27	3.04	2.88	2.76	2.67	2.59	2.53	2.43	2.32	2.21	2.15	2.09	2.03	1.96	1.89	1.81
30	5.57	4.18	3.59	3.25	3.03	2.87	2.75	2.65	2.57	2.51	2.41	2.31	2.20	2.14	2.07	2.01	1.94	1.87	1.79
35	5.48	4.11	3.52	3.18	2.96	2.80	2.68	2.58	2.50	2.44	2.34	2.23	2.12	2.06	2.00	1.93	1.86	1.79	1.70
40	5.42	4.05	3.46	3.13	2.90	2.74	2.62	2.53	2.45	2.39	2.29	2.18	2.07	2.01	1.94	1.88	1.80	1.72	1.64
50	5.34	3.97	3.39	3.05	2.83	2.67	2.55	2.46	2.38	2.32	2.22	2.11	1.99	1.93	1.87	1.80	1.72	1.64	1.55
60	5.29	3.93	3.34	3.01	2.79	2.63	2.51	2.41	2.33	2.27	2.17	2.06	1.94	1.88	1.82	1.74	1.67	1.58	1.48
80	5.22	3.86	3.28	2.95	2.73	2.57	2.45	2.35	2.28	2.21	2.11	2.00	1.88	1.82	1.75	1.68	1.60	1.51	1.40
120	5.15	3.80	3.23	2.89	2.67	2.52	2.39	2.30	2.22	2.16	2.05	1.94	1.82	1.76	1.69	1.61	1.53	1.43	1.31
$+\infty$	5.02	3.69	3.12	2.79	2.57	2.41	2.29	2.19	2.11	2.05	1.94	1.83	1.71	1.64	1.57	1.48	1.39	1.27	1.00

$\alpha=0.01$　　　　　　　　　　　　　　　　　　　　　　　　　　续表

n_2\n_1	1	2	3	4	5	6	7	8	9	10	12	15	20	24	30	40	60	120	$+\infty$
1	4052.2	4999.3	5403.5	5624.3	5764.0	5859.0	5928.3	5981.0	6022.4	6055.9	6106.7	6157.0	6208.7	6234.3	6260.4	6286.4	6313.0	6339.5	6365.6
2	98.50	99.00	99.16	99.25	99.30	99.33	99.36	99.38	99.39	99.40	99.42	99.43	99.45	99.46	99.47	99.48	99.48	99.49	99.50
3	34.12	30.82	29.46	28.71	28.24	27.91	27.67	27.49	27.34	27.23	27.05	26.87	26.69	26.60	26.50	26.41	26.32	26.22	26.13
4	21.20	18.00	16.69	15.98	15.52	15.21	14.98	14.80	14.66	14.55	14.37	14.20	14.02	13.93	13.84	13.75	13.65	13.56	13.46
5	16.26	13.27	12.06	11.39	10.97	10.67	10.46	10.29	10.16	10.05	9.89	9.72	9.55	9.47	9.38	9.29	9.20	9.11	9.02
6	13.75	10.92	9.78	9.15	8.75	8.47	8.26	8.10	7.98	7.87	7.72	7.56	7.40	7.31	7.23	7.14	7.06	6.97	6.88
7	12.25	9.55	8.45	7.85	7.46	7.19	6.99	6.84	6.72	6.62	6.47	6.31	6.16	6.07	5.99	5.91	5.82	5.74	5.65
8	11.26	8.65	7.59	7.01	6.63	6.37	6.18	6.03	5.91	5.81	5.67	5.52	5.36	5.28	5.20	5.12	5.03	4.95	4.86
9	10.56	8.02	6.99	6.42	6.06	5.80	5.61	5.47	5.35	5.26	5.11	4.96	4.81	4.73	4.65	4.57	4.48	4.40	4.31
10	10.04	7.56	6.55	5.99	5.64	5.39	5.20	5.06	4.94	4.85	4.71	4.56	4.41	4.33	4.25	4.17	4.08	4.00	3.91
11	9.65	7.21	6.22	5.67	5.32	5.07	4.89	4.74	4.63	4.54	4.40	4.25	4.10	4.02	3.94	3.86	3.78	3.69	3.60
12	9.33	6.93	5.95	5.41	5.06	4.82	4.64	4.50	4.39	4.30	4.16	4.01	3.86	3.78	3.70	3.62	3.54	3.45	3.36
13	9.07	6.70	5.74	5.21	4.86	4.62	4.44	4.30	4.19	4.10	3.96	3.82	3.66	3.59	3.51	3.43	3.34	3.25	3.17
14	8.86	6.51	5.56	5.04	4.69	4.46	4.28	4.14	4.03	3.94	3.80	3.66	3.51	3.43	3.35	3.27	3.18	3.09	3.00
15	8.68	6.36	5.42	4.89	4.56	4.32	4.14	4.00	3.89	3.80	3.67	3.52	3.37	3.29	3.21	3.13	3.05	2.96	2.87
16	8.53	6.23	5.29	4.77	4.44	4.20	4.03	3.89	3.78	3.69	3.55	3.41	3.26	3.18	3.10	3.02	2.93	2.84	2.75
17	8.40	6.11	5.19	4.67	4.34	4.10	3.93	3.79	3.68	3.59	3.46	3.31	3.16	3.08	3.00	2.92	2.83	2.75	2.65
18	8.29	6.01	5.09	4.58	4.25	4.01	3.84	3.71	3.60	3.51	3.37	3.23	3.08	3.00	2.92	2.84	2.75	2.66	2.57
19	8.18	5.93	5.01	4.50	4.17	3.94	3.77	3.63	3.52	3.43	3.30	3.15	3.00	2.92	2.84	2.76	2.67	2.58	2.49
20	8.10	5.85	4.94	4.43	4.10	3.87	3.70	3.56	3.46	3.37	3.23	3.09	2.94	2.86	2.78	2.69	2.61	2.52	2.42
21	8.02	5.78	4.87	4.37	4.04	3.81	3.64	3.51	3.40	3.31	3.17	3.03	2.88	2.80	2.72	2.64	2.55	2.46	2.36
22	7.95	5.72	4.82	4.31	3.99	3.76	3.59	3.45	3.35	3.26	3.12	2.98	2.83	2.75	2.67	2.58	2.50	2.40	2.31
23	7.88	5.66	4.76	4.26	3.94	3.71	3.54	3.41	3.30	3.21	3.07	2.93	2.78	2.70	2.62	2.54	2.45	2.35	2.26
24	7.82	5.61	4.72	4.22	3.90	3.67	3.50	3.36	3.26	3.17	3.03	2.89	2.74	2.66	2.58	2.49	2.40	2.31	2.21
25	7.77	5.57	4.68	4.18	3.85	3.63	3.46	3.32	3.22	3.13	2.99	2.85	2.70	2.62	2.54	2.45	2.36	2.27	2.17
26	7.72	5.53	4.64	4.14	3.82	3.59	3.42	3.29	3.18	3.09	2.96	2.81	2.66	2.58	2.50	2.42	2.33	2.23	2.13
27	7.68	5.49	4.60	4.11	3.78	3.56	3.39	3.26	3.15	3.06	2.93	2.78	2.63	2.55	2.47	2.38	2.29	2.20	2.10
28	7.64	5.45	4.57	4.07	3.75	3.53	3.36	3.23	3.12	3.03	2.90	2.75	2.60	2.52	2.44	2.35	2.26	2.17	2.06
29	7.60	5.42	4.54	4.04	3.73	3.50	3.33	3.20	3.09	3.00	2.87	2.73	2.57	2.49	2.41	2.33	2.23	2.14	2.03
30	7.56	5.39	4.51	4.02	3.70	3.47	3.30	3.17	3.07	2.98	2.84	2.70	2.55	2.47	2.39	2.30	2.21	2.11	2.01
35	7.42	5.27	4.40	3.91	3.59	3.37	3.20	3.07	2.96	2.88	2.74	2.60	2.44	2.36	2.28	2.19	2.10	2.00	1.89
40	7.31	5.18	4.31	3.83	3.51	3.29	3.12	2.99	2.89	2.80	2.66	2.52	2.37	2.29	2.20	2.11	2.02	1.92	1.80
50	7.17	5.06	4.20	3.72	3.41	3.19	3.02	2.89	2.78	2.70	2.56	2.42	2.27	2.18	2.10	2.01	1.91	1.80	1.68
60	7.08	4.98	4.13	3.65	3.34	3.12	2.95	2.82	2.72	2.63	2.50	2.35	2.20	2.12	2.03	1.94	1.84	1.73	1.60
80	6.96	4.88	4.04	3.56	3.26	3.04	2.87	2.74	2.64	2.55	2.42	2.27	2.12	2.03	1.94	1.85	1.75	1.63	1.49
120	6.85	4.79	3.95	3.48	3.17	2.96	2.79	2.66	2.56	2.47	2.34	2.19	2.03	1.95	1.86	1.76	1.66	1.53	1.38
$+\infty$	6.63	4.61	3.78	3.32	3.02	2.80	2.64	2.51	2.41	2.32	2.18	2.04	1.88	1.79	1.70	1.59	1.47	1.32	1.00

表 A.7 相关系数检验表

$$P\{|r| > r_\alpha\} = \alpha$$

$n-2$	$\alpha=0.25$	$\alpha=0.1$	$\alpha=0.05$	$\alpha=0.025$	$\alpha=0.01$	$\alpha=0.005$
1	0.9239	0.9877	0.9969	0.9992	0.9999	1.0000
2	0.7500	0.9000	0.9500	0.9750	0.9900	0.9950
3	0.6347	0.8054	0.8783	0.9237	0.9587	0.9740
4	0.5579	0.7293	0.8114	0.8680	0.9172	0.9417
5	0.5029	0.6694	0.7545	0.8166	0.8745	0.9056
6	0.4612	0.6215	0.7067	0.7713	0.8343	0.8697
7	0.4284	0.5822	0.6664	0.7318	0.7977	0.8359
8	0.4016	0.5494	0.6319	0.6973	0.7646	0.8046
9	0.3793	0.5214	0.6021	0.6669	0.7348	0.7759
10	0.3603	0.4973	0.5760	0.6400	0.7079	0.7496
11	0.3438	0.4762	0.5529	0.6159	0.6835	0.7255
12	0.3295	0.4575	0.5324	0.5943	0.6614	0.7034
13	0.3168	0.4409	0.5140	0.5748	0.6411	0.6831
14	0.3054	0.4259	0.4973	0.5570	0.6226	0.6643
15	0.2952	0.4124	0.4821	0.5408	0.6055	0.6470
16	0.2860	0.4000	0.4683	0.5258	0.5897	0.6308
17	0.2775	0.3887	0.4555	0.5121	0.5751	0.6158
18	0.2698	0.3783	0.4438	0.4993	0.5614	0.6018
19	0.2627	0.3687	0.4329	0.4875	0.5487	0.5886
20	0.2561	0.3598	0.4227	0.4764	0.5368	0.5763
21	0.2500	0.3515	0.4132	0.4660	0.5256	0.5647
22	0.2443	0.3438	0.4044	0.4563	0.5151	0.5537
23	0.2390	0.3365	0.3961	0.4472	0.5052	0.5434
24	0.2340	0.3297	0.3882	0.4386	0.4958	0.5336
25	0.2293	0.3233	0.3809	0.4305	0.4869	0.5243
26	0.2248	0.3172	0.3739	0.4228	0.4785	0.5154
27	0.2207	0.3115	0.3673	0.4155	0.4705	0.5070
28	0.2167	0.3061	0.3610	0.4085	0.4629	0.4990
29	0.2130	0.3009	0.3550	0.4019	0.4556	0.4914
30	0.2094	0.2960	0.3494	0.3956	0.4487	0.4840
35	0.1940	0.2746	0.3246	0.3681	0.4182	0.4518
40	0.1815	0.2573	0.3044	0.3456	0.3932	0.4252
45	0.1712	0.2429	0.2876	0.3267	0.3721	0.4028
50	0.1624	0.2306	0.2732	0.3106	0.3542	0.3836
60	0.1483	0.2108	0.2500	0.2845	0.3248	0.3522
70	0.1373	0.1954	0.2319	0.2641	0.3017	0.3274
80	0.1285	0.1829	0.2172	0.2475	0.2830	0.3072
90	0.1211	0.1726	0.2050	0.2336	0.2673	0.2903
100	0.1149	0.1638	0.1946	0.2219	0.2540	0.2759
150	0.0939	0.1339	0.1593	0.1818	0.2083	0.2266
200	0.0813	0.1161	0.1381	0.1577	0.1809	0.1968

附录 B 排列与组合简介

我们先看下面的问题.

从甲地到乙地,可以乘火车,也可以乘汽车.一天中,火车有 3 班,汽车有 2 班,那么一天中,乘坐这些交通工具从甲地到乙地共有多少种不同的走法?

因为一天中乘火车有 3 种走法,乘汽车有 2 种走法,每一种走法都可以从甲地到乙地,所以共有 3+2=5 种不同的走法.

一般地,有如下原理.

分类计数原理:完成一件事,有 n 类办法,在第 1 类办法中有 m_1 种不同的方法,在第 2 类办法中有 m_2 种不同的方法,……,在第 n 类办法中有 m_n 种不同的方法.那么完成这件事共有

$$N = m_1 + m_2 + \cdots + m_n \tag{B.1}$$

种不同的方法.

再看下面的问题.

从甲地到乙地,要从甲地先乘火车到丙地,再于次日从丙地乘汽车到乙地.一天中,火车有 3 班,汽车有 2 班,那么两天中,从甲地到乙地共有多少种不同的走法?

这个问题与前一问题不同.在前一问题中,采用乘火车或乘汽车中的任何一种方式,都可以从甲地到乙地.而在这个问题中,必须经过先乘火车后乘汽车两个步骤,才能从甲地到乙地.

因为乘火车有 3 种走法,乘汽车有 2 种走法,所以乘一次火车再接着乘一次汽车从甲地到乙地,共有 3×2=6 种不同的走法.

一般地,我们有如下原理.

分步计数原理:完成一件事,需要分成 n 个步骤,做第 1 步有 m_1 种不同的方法,做第 2 步有 m_2 种不同的方法,……,做第 n 步有 m_n 种不同的方法.那么完成这件事共有

$$N = m_1 \times m_2 \times \cdots \times m_n \tag{B.2}$$

种不同的方法.

再看下面的问题.

从 a,b,c 这 3 个字母中,每次取出 2 个按一定的顺序排成一列,求共有多少种不同的排列方法?

解决这个问题分两步:第 1 步,先确定左边的字母,在 a,b,c 这 3 个字母中任取 1 个,有 3 种方法;第 2 步,确定右边的字母,当左边的确定后,右边的字母只能从余下 2 个字母中去取,有 2 种方法.

根据分步计数原理,从 3 个字母中,每次取出 2 个按一定的顺序排成一列,共有 3×2=6 种不同的排法.所有的排法是:ab,ac,ba,bc,ca,cb.

一般地,从 n 个不同元素中取出 $m(m \leqslant n)$ 个元素,按照一定的顺序排成一列,叫做从 n 个不同元素中取出 m 个元素的一个**排列**.

根据排列的定义,两个排列相同,当且仅当两个排列的元素完全相同,且元素的排列顺序也相同.

排列数:从 n 个不同元素中取出 $m(m \leqslant n)$ 个元素的所有排列的个数,叫做从 n 个不同元素中取出 m 个元素的排列数,用符号 A_n^m 表示.

在上述定义中,

$$A_n^m = n(n-1)(n-2)\cdots(n-m+1). \tag{B.3}$$

还可以写成

$$A_n^m = \frac{n!}{(n-m)!}. \tag{B.4}$$

特别地,如果一个排列中 n 个不同元素全部取出,叫做 n 个不同元素的一个**全排列**.这时在排列数公式中,$m=n$,即有

$$A_n^n = n!. \tag{B.5}$$

例 B.1 计算:

(1) A_{16}^3; (2) A_6^6; (3) A_5^3.

解 (1) $A_{16}^3 = 16 \times 15 \times 13 = 3360$;

(2) $A_6^6 = 6! = 720$;

(3) $A_5^3 = 5 \times 4 \times 3 = 60$.

例 B.2 有 5 本不同的书,从中选 3 本送给 3 名同学,每人各 1 本,共有多少种不同的送法?

解 从 5 本不同的书中选出 3 本分别送给 3 名同学,对应于从 5 个元素中任取 3 个元素的一个排列,因此不同送法的种数是

$$A_5^3 = 5 \times 4 \times 3 = 60.$$

答:共有 60 种不同的送法.

我们看下面的问题.

从甲、乙、丙 3 名同学中选出 2 名去参加一项活动,有多少种不同的选法?

这个问题是从 3 名同学中选出 2 名参加一项活动,所选出的 2 名同学之间并无顺序关系,因而它是从 3 个不同的元素中取出 2 个,不管怎样的顺序并成一组,求一共有多少组.很明显,从 3 名同学中选出 2 名,不同的选法有 3 种:

甲、乙, 乙、丙, 丙、甲.

这就是我们下面所要研究的组合问题.

一般地,从 n 个不同元素中取出 $m(m \leqslant n)$ 个元素并成一组,叫做从 n 个不同元素中取出 m 个元素的一个**组合**.

组合数:从 n 个不同元素中取出 $m(m \leqslant n)$ 个元素的所有组合的个数,叫做从 n 个不同元素中取出 m 个元素的组合数,用符号 C_n^m 表示.

上述定义中,

$$C_n^m = \frac{n(n-1)(n-2)\cdots(n-m+1)}{m!}, \tag{B.6}$$

还可以写成

$$C_n^m = \frac{n!}{m!(n-m)!}. \tag{B.7}$$

从排列与组合的定义可以知道,排列与元素的顺序有关,而组合与顺序无关.如果两个组合中的元素完全相同,那么不管元素的顺序如何,都是相同的组合.只有当两个组合中的元素不完全相同时,才是不同的组合.

例 B.3　计算:

(1) C_7^4; (2) C_{10}^7.

解　(1) $C_7^4 = \dfrac{7 \times 6 \times 5 \times 4}{4!} = 35$;

(2) 解法 1: $C_{10}^7 = \dfrac{10 \times 9 \times 8 \times 7 \times 6 \times 5 \times 4}{7!} = 120$;

解法 2: $C_{10}^7 = \dfrac{10!}{7!\ 3!} = \dfrac{10 \times 9 \times 8}{3!} = 120$.

在例 B.3 中,我们算得

$$C_{10}^7 = \frac{10!}{7!3!} = \frac{10 \times 9 \times 8}{3!} = 120,$$

又

$$C_{10}^3 = \frac{10 \times 9 \times 8}{3!} = 120,$$

即

$$C_{10}^3 = C_{10}^7.$$

于是,我们得到组合数的一个重要性质.

例 B.4　在 100 件产品中,有 98 件合格品、2 件次品.从这 100 件产品中任意取出 3 件,一共有多少种不同的抽法?

解　所求的不同抽法的种数,就是从 100 件产品中取出 3 件的组合数

$$C_{100}^3 = \frac{100 \times 99 \times 98}{3!} = 161\ 700.$$

答:共有 161 700 种抽法.

性质 1　　　　　　　　　$C_n^m = C_n^{n-m}$.(证明略)

为简化计算,当 $m > \dfrac{n}{2}$ 时,通常将计算 C_n^m 改为计算 C_n^{n-m}.

并且为了使上面的公式在 $m = n$ 时也能成立,我们规定

$$C_n^0 = 1.$$

其实,组合数还有另一重要性质.

性质 2　　　　　　　　　$C_{n+1}^m = C_n^m + C_n^{m-1}$.(证明略)

参 考 文 献

[1]　盛骤,谢式千,潘承毅.概率论与数理统计[M].北京:高等教育出版社,2001.

[2]　王玉民.概率论与数理统计[M].北京:中国农业出版社,2009.

[3]　李贤平.概率论基础[M].北京:高等教育出版社,1997.

[4]　魏宗舒,等.概率论与数理统计教程[M].北京:高等教育出版社,1983.

[5]　王梓坤.概率论基础及其应用[M].北京:科学出版社,1976.

[6]　何迎晖,闵华玲.数理统计[M].北京:高等教育出版社,1989.

[7]　耿素云,张立昂.概率统计[M].北京:北京大学出版社,1989.

[8]　王荣鑫.数理统计[M].西安:西安交通大学出版社,1979.

[9]　中山大学数学力学系.概率论与数理统计[M].北京:人民教育出版社,1983.

[10]　谢永钦.概率论与数理统计[M].北京:北京邮电大学出版社,2009.

[11]　王松桂,等.概率论与数理统计[M].北京:科学出版社,2009.

[12]　于义良,等.概率统计及其应用[M].北京:高等教育出版社,2010.

[13]　汤大林.概率论与数理统计[M].天津:天津大学出版社,2009.

[14]　程述汉,等.大学数学——概率论与数理统计[M].北京:高等教育出版社,2010.

[15]　刘舒强.概率论与数理统计[M].天津:天津大学出版社,2003.